高等院校计算机教育系列教材

软件项目综合实践教程——C/C++篇
(微课版)

梁新元　杨永斌　主　编
朱超平　严　玥　刘　波　副主编

清華大学出版社
北　京

内容简介

C/C++语言影响深远，应用广泛，能够训练良好的逻辑思维。为了适应新工科对学生解决复杂工程问题的能力要求，本书以培养 C/C++综合应用能力为核心目标，突出实践性、综合性、工程性和学习性。内容主要包括结构化设计方法、迭代编程实现方法和常用数据结构(结构体数组、顺序表、链表、顺序表类和链表类)的基本应用。书中介绍了面向过程的结构化和面向对象的设计方法，提供了层层递进、梯度提升的多个信息管理系统案例，展示了使用常用数据结构实现项目的迭代开发过程。本书从学习者的角度出发，通过循序渐进、由浅入深的方式讲解知识，达到学以致用、轻松入门和快速提高，开辟从弱基础到高水平的 C/C++编程提升之路。本教材致力于培养学生利用 C/C++语言核心知识进行项目综合实践的能力，强化“五个能力”(即分析设计能力、代码规范能力、错误调试能力、阅读程序能力和编写程序能力)的提升。

本书不仅可以作为普通高等院校计算机类、电子信息类和其他理工科类等专业 C/C++语言综合设计实践的教材，也适用于 C/C++语言程序设计的其他初学者作为自学教材。

图书在版编目(CIP)数据

软件项目综合实践教程：C/C++篇：微课版/梁新元，杨永斌主编. —北京：清华大学出版社，2023.4
高等院校计算机教育系列教材
ISBN 978-7-302-63178-1

Ⅰ. ①软… Ⅱ. ①梁… ②杨… Ⅲ. ①C 语言—程序设计—高等学校—教材 Ⅳ. ①TP312.8

中国国家版本馆 CIP 数据核字(2023)第 052638 号

责任编辑：石 伟
封面设计：杨玉兰
责任校对：周剑云
责任印制：杨 艳
出版发行：清华大学出版社
网 址：http://www.tup.com.cn, http://www.wqbook.com
地 址：北京清华大学学研大厦 A 座 邮 编：100084
社 总 机：010-83470000 邮 购：010-62786544
投稿与读者服务：010-62776969, c-service@tup.tsinghua.edu.cn
质量反馈：010-62772015, zhiliang@tup.tsinghua.edu.cn
课件下载：http://www.tup.com.cn, 010-62791865
印 装 者：三河市君旺印务有限公司
经 销：全国新华书店
开 本：185mm×260mm 印 张：20 字 数：483 千字
版 次：2023 年 5 月第 1 版 印 次：2023 年 5 月第 1 次印刷
定 价：59.00 元

产品编号：096383-01

序　　言

对分课堂是我 2014 年开始在复旦大学首先尝试的一种新型教学模式，对变革传统课堂教学，提升教学质量，增强学生的学习积极性，有显著的效果。从那时到现在，我在全国很多教师培训项目中介绍过对分。

梁新元老师是接触对分较早的一位老师，2016 年参与了我在苏州进行的培训。他是一位超级认真、对学生极其负责的好老师。但他回去用对分授课一开始并不顺利，碰到一些问题，就搁置了。但不用对分，传统课堂的问题解决不了，梁老师感觉还是需要用对分才能彻底解决问题。2018 年在厦门，他再次参加了对分课堂的培训，找到了感觉，实践中获得了很大的突破。受到鼓舞，2019 年，他在北京第三次参加对分课堂培训，在首期全国高校对分课堂教师发展师研修班又学习了 4 天。

从此之后，梁老师在对分之路上一路前行。他真诚、用心，讲逻辑、讲证据，不断实践、反复调整，教学效果有极其明显的提升，学生也非常喜爱他的课堂。2019 年开始，他不仅自己用，还大量推广，完成了数十场对分课堂的培训和讲座，听众达到数千人。他亲自指导几十位教师实践对分课堂，成为对分课堂先锋教师中的佼佼者。

对分课堂是教学方法，但方法和内容是要紧密融合的，教学内容主要体现在教材上，教材的重要性不言而喻。遗憾的是，我们当前的本科教学相对缺乏优秀的教材，问题十分紧迫、严峻。如果遵循西方教材的发展路径，这个问题需要相当漫长的时间才有可能得以缓解。对分课堂的出现，带来了教学模式的变革，也对教材提出了新的要求，有可能创造一套编写教材的新理念和新方法。

国内教材仿照苏联，内容过多、过难、过于学术化，按照学科逻辑编排，需要教师做深度解读。国外很多优秀教材，内容丰富、图文并茂，考虑学生的学习过程，适合学生自学。对分课堂是教与学的平衡，所以，适合对分的教材应该是上述两种教材逻辑的结合。根据这个思路，我提出了“对分教材”的概念。这样的教材，每个章节都包括三个部分，核心知识、案例素材和学习任务。

梁老师的这本教材，立足对分课堂模式，打破了主要服务于讲授的传统教材，提供了丰富案例素材，在理论要点与案例素材之间形成教学留白，给学生以自主学习的空间，形成探索应用型人才培养的教材模式。

按照对分教材的要求，本教材每章均包括理论要点、案例解析和实践运用三个部分，分别提供核心知识、案例素材和学习任务。使用时，教师讲授要点，并展示理论在案例中的应用，学生理解理论、研读案例，进行实践，然后开展同伴讨论，最后教师答疑解惑。这样的教材，让教师的任务变得清晰明确，与对分流程自然贴合。

随着新一轮科技革命与产业变革的到来，我国高等学校需要提高工程专业的人才培养质量，需要变革教学模式，重构教学内容。本书是梁新元老师多年教学经验与教学成果的

结晶，是综合实践类课程中教学内容创新的新探索，价值很大。使用这本教材进行教学，能让学生更容易掌握编程方法，培育软件开发的工程思维，形成解决复杂问题的实践能力。

这本教材开辟了新工科教材建设的新阶段，它的意义是极其深远的。我深信，这本教材将会受到广大学生的热烈欢迎。我要衷心感谢梁老师对对分课堂的实践和推广，特别是基于对分模式，对程序设计类基础课程做出巨大贡献！未来，很多人一定会持有跟我相同的看法。

张学新

复旦大学心理学教授、对分课堂创始人

课件.zip

前　言

前言与本书简介.mp4

随着新技术、新产业的发展，工程教育正面临巨大机遇与挑战，提升国家硬实力和国际竞争力需要新工科。新工科建设是高等教育主动应对新一轮科技革命与产业变革的战略行动，对人才质量的提升提出了更高要求。新工科需要培养大批具有较强行业背景知识、工程实践能力、胜任行业需求的应用型和技能型人才。根据新工科的要求，计算机专业的教育需要培养解决复杂工程问题的能力，培养具备工程实践能力、能满足社会需求的人才。

新工科建设面临的现实问题亟待解决。首先，学生的工程实践能力不足，与新工科的要求相距甚远。C/C++语言几十年来影响深远，应用非常广泛，可以用于编写系统程序和应用程序，如开发游戏、服务器、信息安全、多媒体、算法、嵌入式系统、物联网和人工智能等应用。C/C++语言能够训练良好的逻辑思维，通常作为计算机类专业和理工科专业的入门语言。新工科要求学生能高质量完成 C/C++语言项目代码。但是，学完 C/C++语言后，大量的学生仍然不会编写较为复杂的程序。其次，缺乏合适的新工科教材。新工科要求学生具有组织各种库函数解决复杂工程问题的能力，C/C++项目综合实践中需要用到大量的函数，需要考虑多个程序文件、多个函数之间的交互作用，如何才能有机组织形成一个完整的工程项目？这是培养学生解决复杂工程问题的良好机会。但是，当前工科教学模式传统，教学内容落后，缺乏解决这种问题的新工科教材。

作者致力于编写适用于新工科人才培养的教材。本书希望在综合实践类课程中探索教学内容创新，培养学生能更好地适应未来职业发展、满足新工科要求。为了培养学生解决复杂问题的编程实践能力，本书致力于提供更加容易学会编程的路径，借助最简单的方法形成逻辑思维、工程思维和计算思维。书中主要项目案例是作者近十年参与教学改革的成果，经过多年教学验证，能有效提升学生的编程实践能力，具有较强的普适性。

全书共 9 章，每章均包括理论要点、案例解析和实践运用。第 1 章综合实践的需求和目标为初学者确定学习目标，第 2 章结构化设计介绍语言基础和设计方法，第 3 章迭代编程实现介绍实现方法，第 4 章结构体数组的基本应用为初学者提供简单系统的实现方法，第 5 章软件系统的开发流程介绍复杂系统开发方法，第 6 章顺序表的基本应用介绍通用系统集成方法，第 7 章链表的基本应用介绍链表实现方法，第 8 章顺序表类实现面向对象编程介绍复杂系统集成方法，第 9 章链表类实现面向对象编程介绍通用链表实现方法。附录 A 主要介绍专业版代码规范和企业级代码规范，附录 B 主要介绍软件开发环境(Dev-C++和 Visual Studio 2010)的使用，附录以二维码形式出现。

本书主要特点有实践性、综合性、工程性和学习性。

第一个特点是实践性，强调核心语法，聚焦实践能力。为了适应新工科对学生应具有

解决复杂工程问题能力的要求，全书紧紧围绕提升学生综合编程实践能力的核心目标，重点展示项目的设计和开发过程。首先，强调核心语法知识。为了提升学生的学习信心、减轻学生思想负担，坚持理论够用的原则，致力于利用 C/C++语言核心知识进行程序设计，书中只列出常用的知识点。其次，聚焦实践能力培养。本书始终坚持把实践应用放在第一位，通过知识的实践应用，培养学生项目实践的能力。初学者要把学习编程语言的焦点集中在编程实践上，落实“做中学”的学习理念，多用多实践，不死抠语法，不拘泥于知识细节。

第二个特点是综合性，突出综合应用，形成整合能力。首先，以项目为牵引，实现 C/C++的数组、函数、指针、结构体、文件和类等大部分知识的整合，突出综合应用。其次，实现跨课程整合，通过项目形成整合能力。综合实践中不仅要用到 C/C++的基础知识，而且还要用到“数据结构”课程中讲解的常用数据结构(结构体数组、顺序表、链表、顺序表类和链表类)、常用排序算法(直接插入排序、直接选择排序和冒泡排序)和查找算法(顺序查找和二分查找)。此外，还会用到“软件工程”课程中讲解的软件开发流程知识。

第三个特点是工程性，强化工程思维，培养工匠精神。首先，养成工程思维。全书以项目为核心，使学生掌握良好的工程化方法(软件设计方法、迭代编程方法、测试方法、排错方法等)，形成初步的软件项目思维，具备解决复杂问题的能力。其次，注重工程伦理，培养追求卓越的工匠精神。代码规范是程序员之间相互交流的重要方式，在编程实践中需要养成良好的编程习惯，形成工程性编程规范。软件开发是一个不断改进的迭代过程，编程需要有追求卓越的工匠精神，才能为社会提供良好的软件作品。

第四个特点是学习性，体现对分精神，具有易学习性。首先，体现对分精神，兼顾教与学的平衡。对分课堂是复旦大学张学新教授提出的中国原创教学模式，经过千百位教师实践，教学效果良好，深受师生欢迎。按照对分课堂教材的编写要求，每章包括理论要点、案例解析和实践运用三个部分。理论要点给出本章及后续章节所需要的理论知识概要，书中没有详尽阐述知识点，相关细节由学生自己查询。案例解析提供学习素材，展示理论要点的实际应用。通过实践运用提供不同的学习任务，实现单项训练和综合训练。其次，具有易学习性。本书从学习者的角度采用逐步迭代的方式讲解编程过程，让学生容易阅读、容易学习。本书第 2~9 章采用层层递进的编写方式，构建从弱基础到高水平的编程提升之路，通过循序渐进的项目案例，实现学生对 C/C++编程的轻松入门和快速提高。多年教学实践证明，编程基础薄弱的学生，只需要学习第 4 章案例，采用迭代的方式就能完成数百行代码的项目，迅速提高实践能力，收获满满的成就感，提升编程信心。为了便于学习，书中给出了所有案例的完整源代码以及运行结果图，供学生阅读、分析、领悟和超越。

本教材全程邀请“对分课堂”创始人、复旦大学张学新教授作为撰写指导。全书 9 章，由梁新元给出写作提纲和基本要求。第 3、5 章由梁新元编写，第 7、9 章由杨永斌编写，第 4 章由朱超平编写，第 6 章由严玥编写，第 1、2 章由刘波编写，第 8 章和附录由

王田编写。最后由梁新元统编定稿。写作过程中校稿和绘图等方面得到陈海波、陈小容、陈益、汪春峰、黄鑫、徐欢、俞拓城等同学的大力支持，在此特别感谢。

本书受到重庆市大数据智能化类特色专业建设项目(重庆工商大学 计算机特色建设专业〔62011600705〕)重点资助，还受到其他一些项目联合资助，主要有：中国关心下一代十三五国家规划重点课题“中国原创教学模式‘对分课堂’教学实践研究”子课题“对分课堂教学法在计算机程序设计类课程教学研究”(GGWEDU016-G0167)，重庆市教育教学改革研究项目“工程教育专业认证和新工科背景下的计算机类专业人才培养模式改革与实践”(203424)和“计算机实验教学及创新云桌面的研究与实践”(213207)，重庆市教育科学规划课题“‘双一流’背景下基于 SPOC 混合教学模式的构建与应用研究”(2018-GX-023)，重庆工商大学教改项目“新工科背景下程序设计类课程‘对分课堂’教学模式的实践与探索”(2019310)和“高级程序设计(C&C++)”(204024)，在此一并致谢。

本书所有代码在 Visual Studio 2010 开发环境下通过测试，并尽量做到代码缩进 4 个空格，双元运算符前后各空一格。尽管本书基于多年的教学实践，历经数月的编写和反复校对，但是由于作者水平有限，仍有可能存在不足，恳请读者批评指正，以便修改。本书提供 PPT 课件、案例源代码、视频和附录等电子资源，以方便教学和学习，需要时可联系出版社或者本人。

重庆工商大学　梁新元

习题案例答案及课件获取方式.pdf

目 录

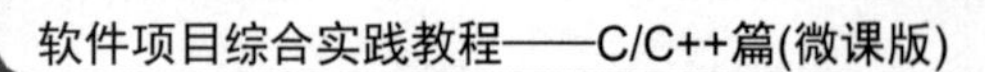

高等院校计算机教育系列教材

第 1 章

综合实践的需求和目标

1.1 理 论 要 点

理论要点.mp4

本章主要目的是让学生理解新工科背景下国家对人才质量的要求，理解企业职业岗位的要求和综合设计实践需要达到的目标，了解能力目标达成的方式。本章期望学生能明确自己的学习目标，找出职业定位和企业需求之间的差距，明白 C/C++学习中需要掌握的技能和需要培养的职业素养。因此，本章没有必须要掌握的知识点，只需要作为阅读材料了解即可。同时希望学生明白，学习 C/C++最核心的能力是编程实践能力，需要注重实践能力的培养，掌握正确的学习方法。

1.1.1 新工科教育需求

人才培养是高等院校最根本的任务，人才培养质量是高校的生命线。随着新技术、新产业的发展，工业 4.0、中国制造 2025 等战略规划的提出和实施，工程教育在世界范围内正面临着巨大的机遇与挑战，提升国家硬实力和国际竞争力需要“新工科”，新工科建设是高等教育主动应对新一轮科技革命与产业变革的战略行动。2017 年，教育部组织高校形成了“复旦共识”“天大行动”和“北京指南”的新工科建设“三部曲”，新工科成为当前教育的热点。2018 年，教育部公布首批 612 个新工科研究与实践项目，升级计算机类专业等传统工科，提高人才培养质量。教育部高等学校计算机类专业教学指导委员会副主任蒋宗礼教授认为，新工科背景下的教育基本理念要从面向课程的教育转向面向产业需求的教育，而面向产业需求的教育就要求培养拥有解决复杂工程问题的能力、能满足社会需求的人才；计算机专业的工程教育要将培养学生解决复杂工程问题的能力作为人才培养的基本定位，需要将工程实践能力通过教学活动落实并有效达成。事实上，近年来中国大力推行国际工程教育认证，同样体现了新工科的要求。国际工程教育认证要求工科专业要面向产业界和工业界培养人才，强调培养学生在专业领域的职业实践能力，培养学生解决复杂工程问题的能力是本科教育的主要任务。

程序设计类课程需要落实新工科和工程认证的要求，提高学生的工程实践能力，培养学生解决复杂工程问题的能力。程序设计类课程主要包括“C 语言程序设计”“C++程序设计”“C#程序设计”“Java 程序设计”“Python 程序设计”“Web 开发”等语言工具类课程，还包括“数据结构”和“算法分析与设计”等课程。在新工科背景下，程序设计类课程的专业核心能力主要包括识记(语法)知识的能力、阅读程序的能力、修改程序错误的

能力、编写程序的能力、测试程序的能力、程序逻辑思维的能力以及系统分析和设计的能力。这些能力是程序设计类课程要求的核心专业能力，同时也是新工科需要的核心专业能力。程序设计类课程是实践性非常强的课程，主要锻炼学生的编程实践能力。编写程序的能力是最重要的能力，没有编写程序的能力，学生就无法进行系统分析和设计。

当然，还要具有总结归纳能力、口头表达能力、沟通交流能力、团队合作精神和合作能力、创新思维和创新能力，这部分能力可以说是任何专业都需要的能力，反映了学生的综合素养。这些能力围绕核心专业能力服务，是新工科的核心素养部分。实践能力是创新能力的基础，没有实践能力就无法进行创新。

1.1.2　职业岗位要求

C/C++语言是近几十年来影响最为深远的程序设计语言，在它的基础上诞生了 C#和 Java 等非常流行并且极具生产力的程序设计语言。“C/C++语言程序设计”课程是高等学校计算机类专业的基础课，也是很多理工科专业的必修课，基本上是本科生接触计算机程序设计的第一门语言。C/C++语言的应用非常广泛，既可以用于编写系统程序，又可以编写应用程序，还可用于嵌入式系统和物联网应用的开发。同时，C/C++语言也是进一步学习 C#和 Java 等程序设计语言的基础，因此，对大多数学习者来说，C/C++语言是作为编程入门语言、训练逻辑思维的最佳选择。

学习 C/C++语言后再加上一些专业课程的学习，具备程序设计、编码、测试和维护能力，可以从事嵌入式软件开发，也可以从事人工智能、服务器、信息安全、多媒体、算法等开发工作。结合综合设计实践的学习内容，这里主要根据嵌入式软件开发相关岗位的招聘要求，归纳出职位描述和职业岗位要求。企业岗位招聘要求具体案例见“1.2　案例解析”。

1. 职位描述

完成软件开发的需求分析、功能设计、产品开发文档和设计文档编写(如软件结构图设计和流程图设计)、代码实现、软件测试(如单元测试和集成测试)、系统维护、产品使用说明书编写等。

2. 任职要求

(1) 熟悉 C/C++等编程语言之一，具备扎实的编程功底。

(2) 熟悉软件开发流程，掌握面向对象分析和设计(OOA/OOD)方法，具有很强的分析设计能力，有系统软件开发或应用软件开发经验。

(3) 善于解决问题和分析问题，具有优秀的逻辑思维能力。

(4) 具有很强的维护能力。

(5) 能够独立处理和完成所负责的任务，能承受一定的工作压力。

(6) 有较强的沟通能力，善于沟通交流。

(7) 具有很强的学习能力，善于自我激励，对解决挑战性问题充满热情。

(8) 善于合作，能够与团队紧密配合完成所负责的工作。

(9) 勤奋敬业、吃苦耐劳、有强烈的责任心，具备良好的职业道德。

1.1.3　综合实践目标

根据软件开发相关岗位的职业岗位要求，综合设计实践需要培养学生具备较强的编程、分析、设计、测试、维护能力，提高学生的实践能力，培养学生解决复杂工程问题的能力。首先，需要在 C/C++方面具有扎实的编程功底，具备较强的编程实践能力。其次，能够撰写相关技术文档，具有初步的分析和设计能力。再次，能够初步使用软件测试方法，具备初步的代码规范意识，具备初步的软件质量保障能力。最后，具有良好的综合素养，具备初步的学习能力，能够独立完成一定的编程工作，具有初步的沟通合作能力，具备初步的职业道德规范意识。能力目标与岗位要求的对应关系如图 1-1 所示。

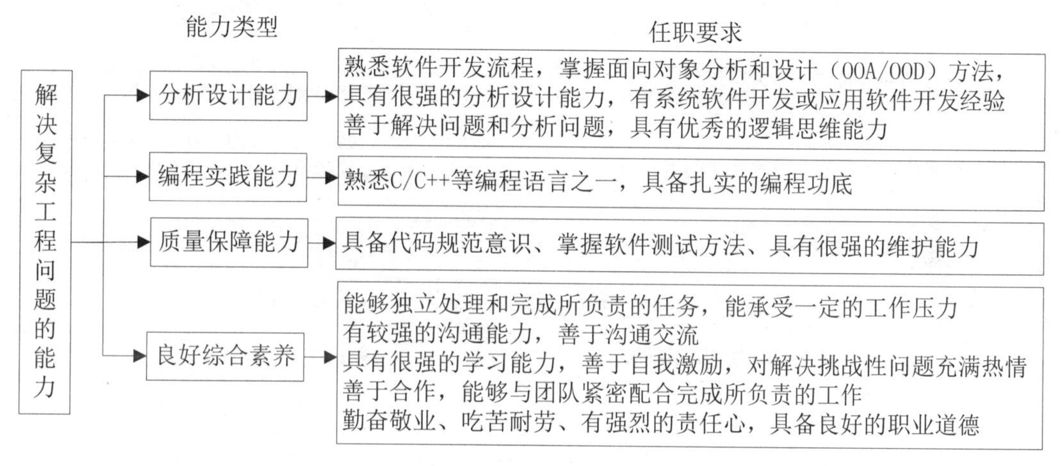

图 1-1　能力目标与岗位要求的对应关系

1.1.4　目标达成方式

1. 编程能力的达成

编程能力主要体现在编程实践中，综合设计实践需要完成一定量的编程任务。例如，代码行达到一定数量；能够熟练地综合运用 C/C++常用语法、基本控制结构、数组、指针、函数、结构体、类、封装、继承、多态、排序算法、查找算法等知识完成特定领域的功能；同时，能够熟练地运用编程工具实现代码。

2. 测试程序能力的达成

软件测试能力通过综合设计实践报告中的测试内容来展示，可以从合法值、非法值、边界值和特殊值四个方面设计测试用例并给出测试结论。通过测试能够发现程序存在的错误，并善于解决存在的问题，从而具备维护软件并保障软件质量的能力。软件测试方法见 5.1 节，使用 Dev-C++和 VS2010 工具排错方法见附录 B 软件开发环境。

3. 系统分析和设计能力的达成

系统分析和设计能力主要通过撰写综合设计实践报告来体现，即主要通过完成需求分析、软件结构设计和界面设计、流程图和编写伪代码(即类似代码但又不能执行的符号表示)等来体现，主要训练学生的书面报告能力，可反映学生的系统分析和设计水平，训练逻辑

思维能力。

4. 综合素质的达成

这里将口头表达能力、沟通交流能力、团队合作精神、创新思维和创新能力、学习能力、职业道德统称为综合素质(又称为综合素养)。口头表达能力可以通过小组讨论和汇报交流来体现，沟通交流能力和团队合作精神可以在小组合作、小组讨论中充分训练。创新思维和创新能力可以通过独特新颖的求解方法、一题多解、有难度问题的解法来训练。学习能力要求学生具有一定的学习新知识的能力。职业道德可以从作品质量和敬业精神方面来体现，需要学生提供规范的代码和设计报告，能够独立完成自己的任务，勤奋敬业、吃苦耐劳，有一定的责任心。各种能力目标的达成方式如图 1-2 所示。

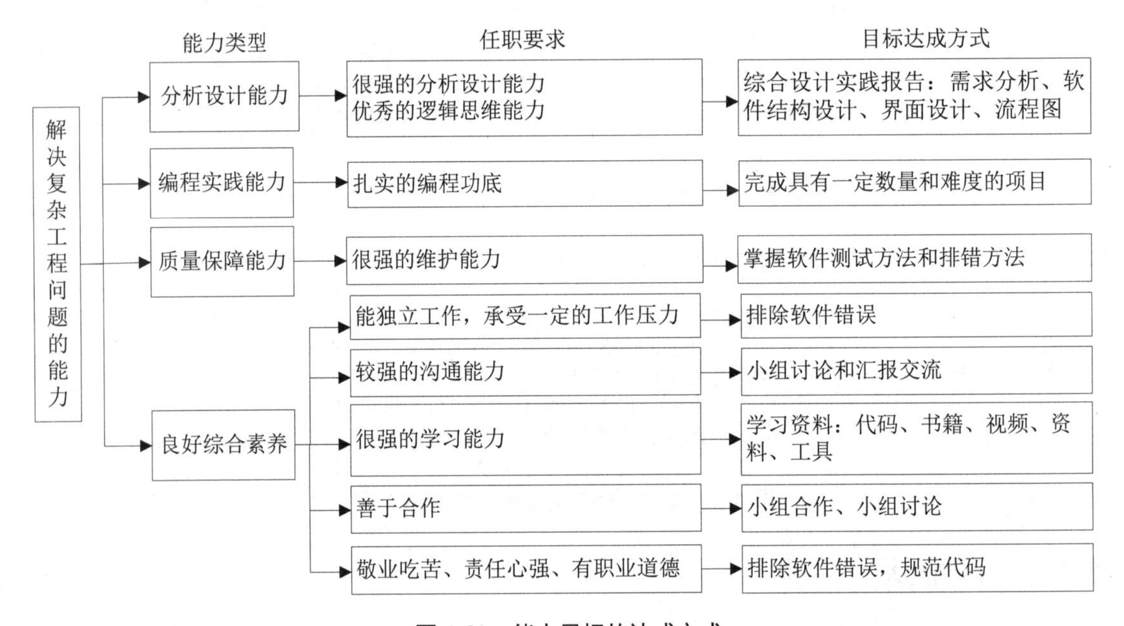

图 1-2　能力目标的达成方式

1.2 案例解析

为了理解职业岗位的要求，这里列出了一些企业招聘岗位要求，主要涉及嵌入式开发、物联网应用和算法等领域的岗位。

案例解析.mp4

岗位 1　C 语言开发工程师

岗位职责：

(1) 按照公司的技术规范开发软件，根据指定的进度完成开发任务的编码及单元测试，并对代码质量负责。

(2) 按照产品开发流程，协助完成软件开发过程中各种文档的编制、检查、批准与归档工作。

(3) 参加相关经验交流会，积累组织过程知识，提高个人的整体开发水平。

任职要求：

(1) 熟悉 C/C++语言，至少熟练使用一种开发语言。
(2) 熟悉常用数据结构及算法，计算机系统的基本原理及应用。
(3) 掌握计算机网络、数据库、编译原理等计算机基础理论知识及其应用。

岗位 2　C 嵌入式开发工程师

岗位职责：

(1) 负责嵌入式产品的程序开发。
(2) 负责嵌入式 Linux 操作系统的移植和开发(内核移植、文件系统移植)。
(3) 负责程序流程图设计，程序开发、调试、维护、版本管理等。
(4) 编写相关开发文档、设计文档、使用说明等。

任职要求：

(1) 熟练掌握 C 语言，了解汇编语言，熟悉 Shell/Python 脚本语言。
(2) 有嵌入式环境下 Linux 平台的内核/文件系统移植经验。
(3) 具备 Linux 操作系统下程序编译调试技术，能够独立完成内核移植。
(4) 最好了解 ARM 等硬件知识，具有良好的英文资料和文献阅读能力。
(5) 善于沟通交流，自我激励。

岗位 3　嵌入式软件工程师

岗位职责：

(1) 负责嵌入式驱动程序开发。
(2) 负责嵌入式应用程序开发。
(3) 负责与嵌入式计算有关的算法以及通信和信号处理算法的设计和开发。

任职要求：

(1) 本科及以上学历，计算机、电子、通信等相关专业毕业，3 年以上相关工作经验。
(2) 熟练使用 C/C++语言开发。
(3) 至少熟悉 ucOS/Ⅱ、FreeOS、RT-Thread、SylixOS、VxWorks 等强实时操作系统中的一种。
(4) 熟悉实时系统的相关概念、数字高可靠的相关概念。
(5) 具有嵌入式驱动层程序的开发经验。
(6) 熟悉以太网、USART、SPI、IIC、RS485、RS422 等基本通信方式。
(7) 有视频编解码、LoRa、Zigbee 等无线模组自组网相关开发经验者优先。
(8) 有较强的学习能力、语言表达能力、文档撰写能力，有较强的团队合作精神，工作认真负责。

岗位 4　嵌入式工程师

岗位职责：

(1) 负责基于 ARM 或 Linux 的软件开发。

(2) 按照研发流程要求，完成软件的功能设计、文档编写、代码实现、单元测试和集成测试。

(3) 负责软件升级维护。

(4) 对研发的软件质量与进度负责。

(5) 能够与团队紧密配合完成所负责的工作。

(6) 能够独立处理和完成所负责的任务。

任职要求：

(1) 本科及以上学历，2 年以上工作经验。

(2) 精通 C/C++语言，熟悉单片机程序开发，有 STM32 系列的单片机开发经验。有 Linux 应用开发经验者优先。

(3) 能看懂电路图，根据电路图完成程序的编写。

(4) 熟悉 IIC、USB、SPI、USART、CAN、TCP/IP 等。

(5) 熟悉 EtherCat、PROFINET 等工业现场总线。

(6) 有 FPGA 开发经验者优先。

(7) 有机器人控制器系统开发经验者优先。

(8) 能熟练使用示波器等电子测量设备。

岗位 5　物联网软件工程师

岗位职责：

(1) 负责物联网模组定制功能固件的开发和设计。

(2) 按计划要求独立完成模组功能的代码编写，功能的单元测试，保证代码质量。

(3) 负责模组产品的测试用例编写，以及开发文档的编写。

(4) 跟踪和学习行业内的先进技术，负责产品固件的维护、升级和功能迭代开发。

任职要求：

(1) 计算机相关专业，本科及以上学历。

(2) 熟悉 C 语言编程，熟悉嵌入式单片机系统开发；对物联网技术有一定的了解。

(3) 具有 Socket(TCP/IP 协议栈)网络通信开发经验和 Linux 系统开发经验者优先。

(4) 有较强的自学和理解能力，并有强烈的求知欲和上进心。

(5) 富有激情，有较强的责任心和团队意识。

岗位 6　应用软件工程师

岗位职责：

(1) 负责 Android/Linux/Free Rtos/Zephyr 等平台软件的需求分析架构设计与开发、系统集成与维护工作。

(2) 负责 Android/Linux/Free Rtos/Zephyr 等平台的优化、系统问题分析与解决。

(3) 负责 Android/Linux/Free Rtos/Zephyr 等平台上新技术的研究及实现。

(4) 负责 Windows/Linux 应用程序的设计、开发和维护。

(5) 分析和解决产品项目对应的应用软件客户问题。

任职要求：

(1) 计算机/通信/信号处理/电子/自动化/软件工程等相关专业本科及以上学历。

(2) 熟悉 C/C++/C#/Java/Python/Shell/Go/Kotlin 等编程语言之一，具备扎实的编程功底。

(3) 熟悉软件开发流程，掌握面向对象分析和设计(OOA/OOD)方法，有实际软件开发或应用软件开发经验者优先；或者熟悉 Android 或 Linux 多媒体框架，有相关理论知识和实践经验者优先；或者熟悉 Qt 开发工具，有相关理论知识和实践经验者优先；或者熟悉数据库基本原理、数据库设计基本原则和相关工具者优先。

(4) 积极主动、充满热情、学习能力强、善于沟通、具有良好的团队协作能力。

岗位 7　C++研发工程师

岗位职责：

负责智能工业机器人相关软件(智能视觉、智能路径规划软件)开发。

任职要求：

(1) 熟悉 Ubuntu 操作系统，熟练掌握 C++的编程。

(2) 熟悉 C++编译链接流程，会使用 Git、CMake 等工具。

(3) 熟悉 Qt 界面开发，具备 Qt 软件开发的实际工程化经验。

(4) 熟悉 OpenGL 等工具，掌握基本的计算机图形学知识者优先。

岗位 8　3D 视觉算法工程师

岗位职责：

负责 3D 视觉相关算法的开发、优化和维护。

任职要求：

(1) 有一定机器学习基础及 C++的编程基础。

(2) 具备熟练的英文文献和资料的阅读能力。

(3) 熟悉 OpenCV、Open3D、PCL 等常用视觉库。

(4) 具备扎实的机器视觉基础，熟悉经典的图像处理算法，熟悉 3D 成像原理、相机内外参标定、点云滤波和配准。

(5) 有结构光/ToF/双目相机的开发、研究经验者优先。

(6) 能够对算法进行加速，如使用过 CUDA、OpenMP 等优先。

(7) 有板载边缘设备开发和部署经验者优先。

1.3　实践运用

1.3.1　基础练习

(1) 你的职业定位是什么？你想从事什么职业岗位的工作？

(2) 你从事该职业岗位需要具备哪些职业技能和职业素养？

(3) 如果从事该职业岗位，你还需要学习哪些职业技能？还需要养成哪些职业素养？

1.3.2 综合练习

(1) 列出本课程需要培养的能力和素质要求，分析自己的能力和素质差距，提出解决的办法。

(2) 选择一个职业岗位，分析该岗位涉及的课程名称、职业技能和职业素养。

第 2 章

结构化设计

第 2 章源程序.zip

2.1 理 论 要 点

学法指导.mp4

本章主要目的是让学生对 C/C++语言基础知识有大致的了解，理解代码规范的重要性，能理解并掌握结构化设计方法，能画出流程图并实现代码编写。本章第 2.1 节主要介绍 C/C++语言的基础知识、代码规范方法以及结构化设计方法。第 2.2 节将知识运用于实践，通过结构化设计案例强化学生的基础知识。本章有些内容可能需要在学习完后续章节内容和实践过程后，再回头来阅读才能更好地理解。因此，对于看不懂的内容，可以先跳过。

通过本章的学习，希望学生明白，学会 C/C++最核心的能力是编程实践能力，需要掌握正确的学习方法。只有通过编程实践才能真正理解书中的代码和文字的含义，阅读本书最好的方法就是多实践、多写代码。典型的错误学习方法就是只读书，不动脑思考、不动手实践。不动脑思考就是只读文字、图表和代码，不愿意借助草稿纸、手机、平板和电脑等学习工具，形成自己的读书笔记、思维导图、知识对照表、运行过程图、变量变化表(程序中变量变化过程形成的表)等学习成果。“不积跬步无以至千里”，任何优秀的程序员都是从几十行的代码开始学习的。希望基础薄弱的学生能够耐心练习本章的案例代码。

2.1.1 语言基础知识

语言基础知识.mp4

综合设计实践中需要了解 C/C++常用基础知识、数据结构和算法，主要内容有数据类型、变量和指针、数组和字符串、循环结构、分支结构、输入/输出、函数、预处理命令、文件读写操作、常用数据结构、常用查找算法和排序算法。为了便于学生理解，这些内容将在本章和后续章节的理论要点中简单介绍，并进行归纳和比较。

“高级程序设计 C/C++”是完成综合设计实践、学习“数据结构”的基础。据调查，一些基础薄弱的学生背上了严重的思想包袱，认为 C/C++语言没学好就完不成综合设计实践、学不会“数据结构”，容易出现放弃的想法。事实上，完成综合设计实践和学习“数据结构”只需要掌握一些常用的基础知识，因此，学生需要树立学习信心。真正影响学习效果的根本原因是这些常用知识用得不熟练，缺乏实践能力，缺乏知识的整合能力。为了提高学生的学习信心，本书简化了 C/C++语言的要求，尝试采用这些常用知识，实现综合设计。本书试图通过熟练运用这些常用知识，提高学生的实践能力，提高综合分析与设计能力，提升成就感。如果常用的知识不熟悉、不熟练也不要紧，在编码实践过程中多用就

熟悉了。

当然，还有部分知识对基础薄弱的学生来说较难，例如指针、动态内存分配、链表、排序算法、二分查找算法、文件、类、继承、运算符重载等，这些知识适合编程基础扎实的学生掌握。基础薄弱的学生可以先跳过这些内容，等待基础练习掌握扎实后，再来选择需要的内容进行阅读和练习。

1. 数据类型

C 语言的主要数据类型有整型(int)、字符型(char)、浮点型或实型(单精度浮点型 float、双精度浮点型 double)、枚举类型 4 种基本类型，还有构造类型(数组和结构体，其中字符串就是字符数组)、指针类型和空类型(void，常用指针和函数返回值)。C++还增加了逻辑型(bool)、字符串型(string)和类，能够实现类的封装、继承和多态。首先，学生需要掌握这些基本类型(枚举类型不常使用)对应变量的使用，能够完成变量的定义、初始化、取值和赋值操作。其次，学生需要掌握数组和结构体数组的定义、初始化、取值和赋值操作。最后，编程熟练的学生还可以掌握类的使用等面向对象知识。

此外，typedef 用于自定义数据类型的别名“typedef int ElemType;”，第 5 章、第 6 章、第 8 章和第 9 章的案例都使用了它来定义结构体类型别名。当然，自定义结构体类型也可以不使用 typedef，而直接使用 struct 定义结构体类型。

2. 输入/输出

C 语言最常用的输入/输出函数是 scanf()/printf()，能处理基本数据类型，还有字符输入/输出函数 getchar()/putchar()和字符串输入/输出函数 gets()/puts()，如表 2-1 所示。C 语言输入/输出函数需要头文件 stdio.h(即标准输入/输出 standard input/output)，它们的使用如表 2-2 所示。C++的输入/输出与 C 语言不同，参见 8.1.3 节。

表 2-1　C 语言输入/输出函数

处理数据类型	输　入	输　出
多种数据类型	scanf()	printf()
字符	getchar()	putchar()
字符串	gets()	puts()

表 2-2　C 语言输入/输出函数的使用

类　型	输　入	输　出
整型	scanf(“%d”, &m);	printf(“%d”,m);
单精度浮点型	scanf(“%f”, &x);	printf(“%f”,x);
双精度浮点型	scanf(“%lf”, &x);	printf(“%f”,x);
字符型	scanf(“%c”, &ch)或 ch=getchar();	printf(“%c”,ch)或 putchar(ch);
字符串型	scanf(“%s”, &str)或 scanf(“%s”, str); gets(str);	printf(“%s”,str); puts(str);

特别注意：

(1) 在 scanf()函数中，变量前需要加上取地址符“&”，但输入字符串时可以不加。

(2) 输入双精度浮点型时，格式控制符由“%f”变成了“%lf”，但输出时仍然是“%f”。

3. 循环结构

在程序设计中，程序的流程控制主要由三种基本控制结构来实现：顺序结构、选择结构和循环结构。顺序结构表示依次执行语句或者模块，下面会详细讲解。

如果需要重复执行某些操作，就要用到循环结构。循环结构的特点是在给定条件成立时，反复执行某个程序段，直到条件不成立为止。因此，编程需要规定这些操作在什么情况下重复执行以及哪些操作需要反复执行。其中，给定的条件称为循环控制条件(简称循环条件)，反复执行的操作称为循环体。使用循环结构编程时，一定要首先明确 4 个关键要素：①循环控制变量的初值；②循环控制变量的修改；③循环条件；④循环体。

循环结构主要是 for、while 和 do…while 这 3 种循环语句，表达形式如表 2-3 所示。此外，还需要使用循环的中断语句 break，用于结束整个循环过程，不再判断循环条件是否成立。break 语句一般都与 if 语句配套使用来控制循环。

表 2-3　循环结构的一般形式

<table>
<tr><td>for 语句
for(循环控制变量的初值;循环条件;循环控制变量的修改)
{
　　循环体语句
}</td><td>while 语句
循环控制变量的初值
while (循环条件)
{
　　循环体语句
　　循环控制变量的修改
}</td></tr>
<tr><td>do…while 语句
循环控制变量的初值
do {
　　循环体语句
　　循环控制变量的修改
} while (循环条件);</td><td>break 语句
循环控制变量的初值
while (循环条件)
{
　　循环体语句
　　if (中断条件)
　　　　break
　　循环控制变量的修改
}</td></tr>
</table>

4. 选择结构

选择结构又称为分支结构，提供选择操作，主要有 if 单分支结构、if 双分支结构、if 多分支结构和 switch 多分支结构，它们的一般形式如表 2-4 所示。注意：if 中的条件适用于任何数据类型，但在 switch 语句中，表达式和常量表达式的值一般是整型 int 或字符型 char。

5. 预处理命令

C 语言用 define 定义常量，如“#define MAX 100”，C++用 const 定义常量，如

“const int MAX = 10;”。

表 2-4　分支结构的一般形式

用 if 语句实现单分支结构： if　(判断条件) 　　语句	用 if…else 语句实现双分支结构： if　(判断条件) 　　语句 1//符合条件 else 　　语句 2//不符合条件

用 if 语句实现多分支：
if　(条件 1)
　　语句 1
else if　(条件 2)
　　语句 2
…
else if　(条件 n-1)
　　语句 n-1
else
　　语句 n
	switch 语句实现多分支：
	switch (表达式)
	{
	　　case 常量表达式 1: 语句段 1; [break;]
	　　case 常量表达式 2: 语句段 2; [break;]
	　　…
	　　case 常量表达式 n: 语句段 n; [break;]
	　　[default:　　　　语句段 n+1;]
	}
	方括号[]表示可选项

include 命令表示文件包含，包含系统头文件和自定义头文件，可以实现多文件程序的系统集成。文件包含就是把一个指定文件嵌入到源文件中，然后再对源文件进行编译，有效减少了重复编程。系统头文件提供标准库函数，例如，#include <stdio.h>提供标准的输入/输出函数等，#include <stdio.h>成为每一个 C 语言程序必备内容。自定义头文件就是用户自己编写的头文件，见 6.1.2 节系统集成。系统集成不仅需要 include 头文件，还需要模块化编译语句#ifndef/#define/#endif，请参考 6.1.2 节系统集成。此外，软件开发环境中的多文件使用方法，请参考附录 B 中采用多文件实现项目集成的方法。

2.1.2　代码规范方法

代码规范方法.mp4

代码规范是业界默认的行规。规范的代码既有利于交流，又有利于保证代码质量。规范的代码既方便自己阅读，又方便他人阅读，从而有利于相互交流。同时，规范的代码排版使得程序阅读者更容易理解逻辑结构、发现错误、排除错误、提高代码质量。“代码千万行，注释第一行；代码不规范，同事两行泪”。不规范的代码，会造成软件维护很困难，从而使软件的维护成本很高。因此，代码规范成为软件工程师的基本工程伦理要求。

为了规范代码的书写、提高代码质量，本节提供了适合初学者的“简易版编程规范”，附录 A 提供了“专业版代码规范”和“企业级代码规范”。综合设计实践最低要求是达到简易版编程规范，建议每个学生都遵守“简易版编程规范”。如果想成为专业程序员，务必遵守“专业版代码规范”。

在平时编程中请尽量遵守以下的简易版编程规范。

(1) 注释规则：对程序功能、语句(或语句块)功能、变量作用进行简明扼要的说明。

注释 1-1 对程序功能进行注释。

注释 1-2 对每一个程序模块进行注释。

注释 1-3 对每一个变量的作用进行注释。

(2) 排版规则：采用适当方式(缩进、空格或空行)，使程序结构清晰。

排版 2-1 适当空行，每一个程序模块与其他模块之间至少空一行。

排版 2-2 每条语句占一行。

排版 2-3 花括号{和}单独占一行。

排版 2-4 建议 if、for、while 等结构的执行语句一律用花括号{}括起来(即使只有一条语句)。

排版 2-5 适当缩进，一般语句比上一层语句缩进 4 个空格。

排版 2-6 运算符和变量之间有一个空格，双元运算符前后各空一格。

(3) 标识符命名规则：命名常量、变量、函数名、类型名等，做到见名知意。

命名 3-1 符号常量的标识符用大写字母表示。

命名 3-2 变量名通常用小写字母。

命名 3-3 命名尽量用英语或英语缩写。

命名 3-4 每个变量定义的同时进行初始化。

命名 3-5 每个变量定义单独占一行。

图 2-1 给出了不规范代码和规范代码的示例，图 2-1(a)给出了不规范代码的示例，图 2-1(b)给出了规范代码的示例并在括号中标注了符合的规范条目(参见案例 2-3)。图 2-1(a)所示的代码规范性实在太差，切忌把代码写成这样让大家都讨厌的样子。“行家一出手，便知有没有；举手投足是功夫，简短代码显水平；抬眼一看全垃圾，谁还有心读下去”。

```
#include <stdio.h>
#define m 100
int main()
{   int i,n;
i=0;
 /*求和模块(while循环实现)*/
while (i <= m)
{     sum=sum + i; i=i+2;  }
printf("1~100之间的偶数和%5d\n",sum);
return 0;
}
```

(a) 不规范代码示例

```
/*求1~100之间偶数和并输出结果*/(注释1-1)
#include <stdio.h>
#define MAX 100(命名3-1)
int main()
{                    (排版2-3)
    /*定义变量*/ (注释1-2,排版2-5)
    int i = 0;//偶数，循环控制变量(注释1-3,命名3-2、3-4、3-5)
    int sum = 0; //累加和(注释1-3,命名3-2、3-3、3-4、3-5)
                                   (排版2-1)
    /*求和模块(while循环实现)*/(注释1-2)
    while (i <= MAX)
    {                              (排版2-4)
        sum = sum + i;             (排版2-5、2-6)
        i = i + 2;                 (排版2-2)
    }
                                   (排版2-1)
    /*输出结果*/(注释1-2)
    printf("1~100之间的偶数和%5d\n",sum);
                                   (排版2-1)
    return 0;
}
```

(b) 规范代码示例

图 2-1　不规范代码和规范代码的示例

2.1.3　结构化程序设计方法

结构化程序设计方法.mp4

在编程之前，学生需要掌握正确的程序设计方法，学会解决问题的逻辑思路和方法，才能有效地进行编程实现。本节介绍结构化程序设计方法，主要内容包括程序开发步骤、程序的模块结构、程序的结构化设计方法等，能够帮助学生有效地理清程序设计的思路，还能进一步学会软件设计的方法。

1. 程序开发步骤

程序开发可以分为5步，如图2-2所示。

(1) 明确任务，即要解决什么问题。

(2) 分析任务，设计问题的解决方案，即确定算法，最好能画出流程图。

(3) 采用编辑器(通常采用的集成开发环境工具有 Visual C++ 6.0、Dev-C++、VS2010等，使用方法可以参考附录B)编写程序代码，用C/C++语言描述算法。

(4) 在集成开发环境中完成编译和连接，排除程序中的语法错误。

(5) 运行程序并用数据进行测试，检查程序是否能够完成预定任务，调试并改正逻辑错误。

图2-2　程序开发步骤

算法是指为了解决某一个问题而采取的方法和步骤。算法可以用文字、流程图、代码和伪代码等工具表示，通常采用流程图表示。流程图的主要图形工具有起止框、输入/输出框、判断框、处理框和流程线，如图2-3所示。流程图通常需要处理顺序结构、循环结构和分支结构3种控制结构，可以参考本章案例2-1到案例2-6。

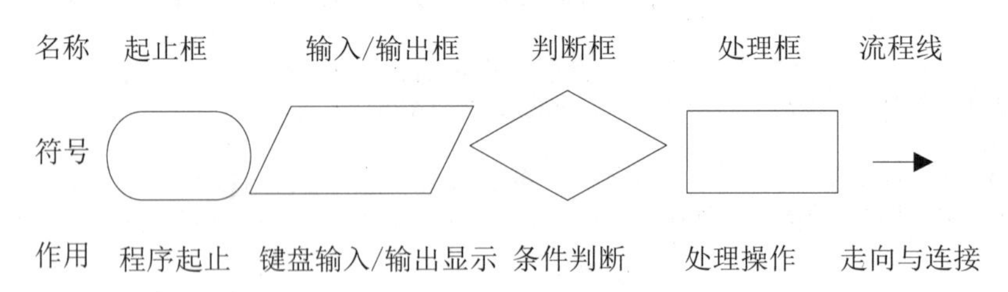

图2-3　流程图常用符号

2. 程序的模块结构

任何程序的设计框架都可以分成4个步骤：①定义变量；②取得数据；③处理数据；④输出结果，如图2-4(a)所示。其中，程序取得数据的方式主要有程序自带数据(初始化、中间赋值和系统随机生成等)和外部传入数据(键盘输入、函数参数、函数返回、文件读取、全局变量等)两类。

程序的模块化就是把一个程序按功能划分为多个部分，每个部分单独编码，然后再组合成一个整体。程序的模块结构是指一个程序由若干个子程序模块(简称子程序或模块)构成，一个模块实现一个特定的功能。所有的高级语言都支持子程序，用子程序实现特定的功能。程序的模块结构如图 2-4 所示。其中，图 2-4(a)表示程序的设计框架，图 2-4(b)表示一般程序的模块结构，图 2-4(c)表示具体程序实现求平均分的模块结构。

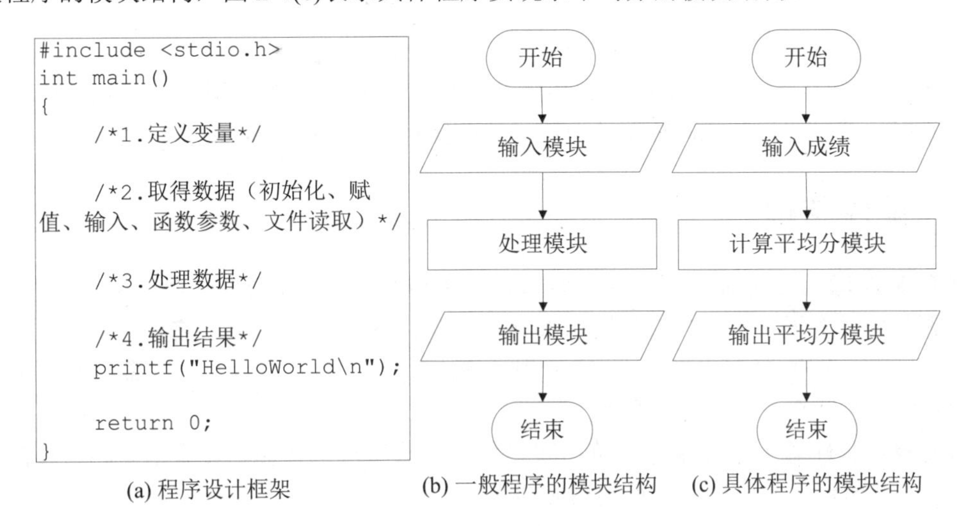

图 2-4　程序的模块结构

3. 程序的结构化设计方法

结构化程序设计的基本思想是自顶向下、逐步求精、模块化。实现结构化设计的具体方法是使用模块。这种结构便于自上而下地模块化编程。在这种编程风格中，首先需要解决整个系统的高层逻辑，然后再解决每个低层函数的细节。图 2-5 所示为模块调用结构。函数可以被多个程序使用，这样程序可以被重复使用，即重用性强。模块化程序设计可以把大型软件程序分割成小而独立的子程序(称为模块)，它们单独命名，是单个可调用的程序单元。这些模块经集成后成为一个软件系统，以满足系统需求。

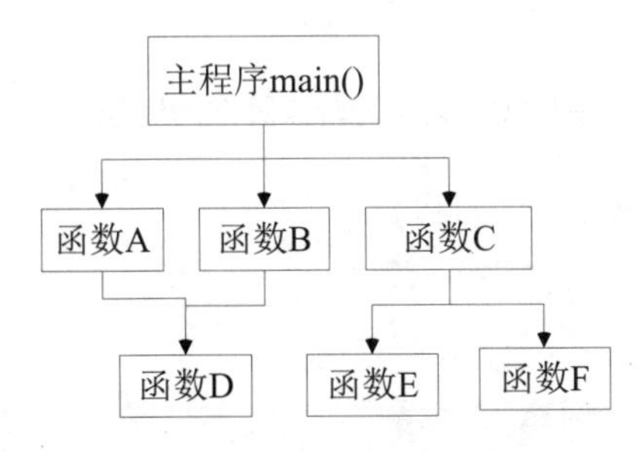

图 2-5　结构化的模块调用结构

结构化设计的优点是将一个较复杂的程序系统设计任务有效地分解成许多易于控制和处理的子任务，便于系统的开发和维护。采用模块分解与功能抽象，自顶向下、分而治之。程序结构按功能可划分为若干个基本模块，形成图 2-5 所示的树状结构。各模块间的关系尽可能简单，功能相对单一且独立；每一模块内部细节均是由顺序、选择或循环三种基本结构组成，可以用算法的流程图来表示模块的处理流程；模块之间的传输数据只允许通过调用模块来实现，不能使用其他方式(全局变量和文件)在模块之间传递数据。模块化设计方法的核心就是每个模块只做一件事情。采用结构化设计思想，可以简化复杂流程图的绘制，实现分层次设计，如案例 2-7 和案例 2-8 所示。

2.2 案 例 解 析

上节介绍了 C/C++语言的基础知识、代码规范方法和结构化程序设计方法，本节通过几个简单案例分别展示顺序结构、循环结构、分支结构、简单应用的结构化程序设计方法，同时展示基础知识和代码规范的应用。这些案例均采用 C 语言编写程序代码。

2.2.1 顺序结构

【案例 2-1】从键盘输入一个小写字母，将它转换成大写字母并输出结果。

问题分析：对于大小写转换问题的求解，主要有 3 步操作，而且它们之间的执行顺序是自上而下的，即顺序结构。在程序设计中，顺序结构的实现最简单，只需要将对应的操作按照执行的先后顺序进行排放即可。

确定算法：①输入小写字母字符；②转换成大写字母；③输出转换结果。该算法的流程图如图 2-6 所示，并根据算法得到相应的实现代码。

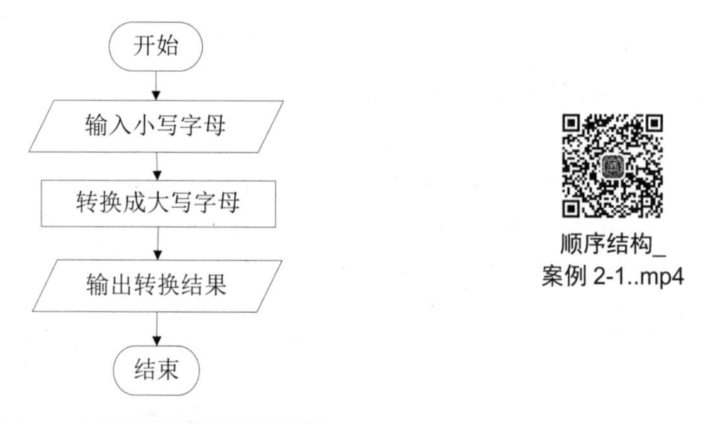

图 2-6 大小写转换算法的流程图

```
/*程序功能：小写字母转换为大写字母*/
#include <stdio.h>
int main()
{
    char ch = ' '; //小写的字符变量
    scanf("%c",&ch);
    ch = ch - 32;
    printf("%c",ch);

    return 0;
}   //example2-1.cpp
```

【案例 2-2】输入某位学生的英语、数学以及 C 语言 3 门课的成绩，并计算该学生的总分和平均分。

问题分析：该问题是典型的顺序结构，算法仍然是输入数据、进行计算和输出计算结果 3 个步骤，该算法的流程图如图 2-7 所示，下面根据算法得到相应的实现代码。

```
/*程序功能：求总分和平均分*/
#include <stdio.h>
int main( )
{
    /*定义变量*/
    int english = 0;                //英语成绩
    int math = 0;                   //数学成绩
    int cProgram = 0;               //C 语言成绩
    int sum = 0;                    //总成绩
    float average = 0;              //平均成绩

    /*输入数据*/
    printf("请输入英语成绩：");
    scanf("%d",&english);           //输入英语成绩
    printf("请输入数学成绩：");
    scanf("%d",&math);              //输入数学成绩
    printf("请输入 C 语言成绩：");
    scanf("%d",&cProgram);          //输入 C 语言成绩

    /*计算总分和平均分*/
    sum = english + math + cProgram;
    average = sum / 3.0;

    /*输出计算结果*/
    printf("英语:%d,数学:%d,C 语言:%d",english,math,cProgram);
    printf("该同学 3 门课的总成绩为%d,平均成绩为%8.2f\n",sum,average);

    return 0;
}  //example2-2.cpp
```

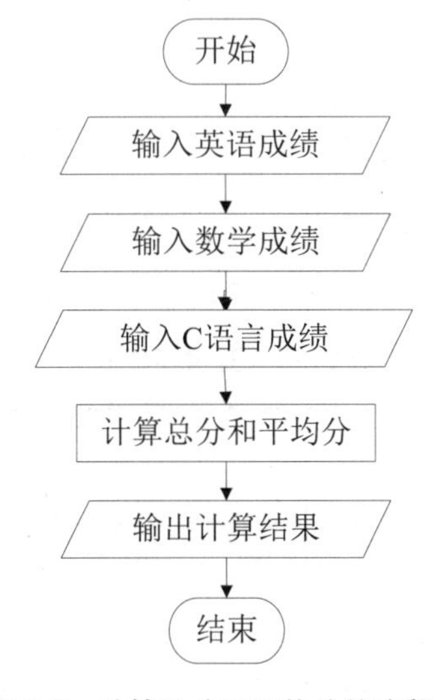

图 2-7　计算总分和平均分的流程图

顺序结构_
案例 2-2..mp4

2.2.2 循环结构

循环结构_案例 2-3..mp4

【案例 2-3】求 1～100 之间的偶数之和，并输出结果。

问题分析：求 1～100 之间的偶数之和，即 2+4+…+98+100，有 50 个数相加。因为要多次求和，运算步骤较多，所以是典型的循环结构。先定义 i 和 sum 两个变量。一个变量 i 用来做循环控制变量，初始值为 0，下次加 2，变成 2，再加 2 变成 4，依次变成 6、8、10、…、100 为止。另一个变量 sum 用于累加，初始值为 0，在变化的同时累加 i 的值，每次使 sum+i 赋予 sum，首次累加 sum=0，第 2 次累加 sum=2，第 3 次累加 sum=6，直至累加到 i=100 结束，最后输出累加和。

循环结构的流程图如图 2-8 所示，表示算法处理的过程。图 2-8(a)所示为用文字表示的流程图，图 2-8(b)所示为用符号表示的流程图。根据算法流程图可以得到相应的实现代码。变量变化表给出了算法和代码的变量变化处理过程，如表 2-5 所示，该表只展示了部分代码的处理。表中的代码行号是从第 1 行代码“#include <stdio.h>”开始计算的，第 7 行代码是“int sum = 0;”，第 12 行代码是“sum = sum + i;”，其值是 i 和 sum 执行该行代码后的结果。第 7 行代码是图 2-8(b)所示流程图中判断框前的初始化操作，第 12 行代码正好对应图 2-8(b)中判断框后执行的求和操作。

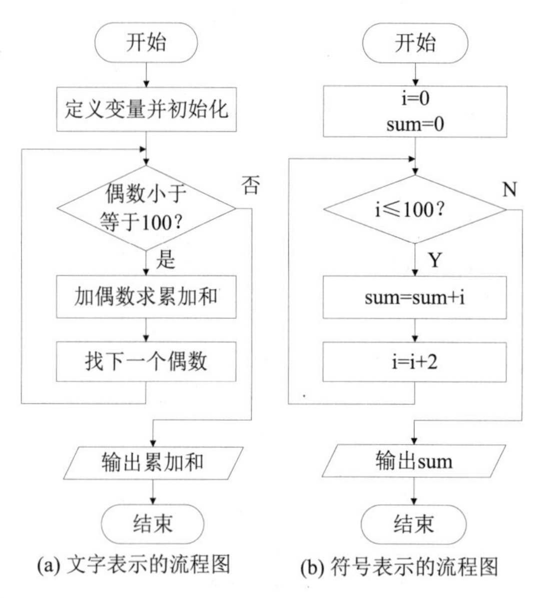

(a) 文字表示的流程图　　(b) 符号表示的流程图

图 2-8　求偶数和算法的循环结构流程图

表 2-5　变量变化表

代码行号	i	sum
7	0	0
12	0	0
12	2	2
12	4	6
12	6	12
12	8	20

说明：表格中的变量值是执行完该行代码的结果。

程序说明：代码行数字不是代码内容，只为标注用，实际编程时可以由开发工具提供。

```
/*程序功能：求 1～100 之间偶数和并输出结果*/
1  #include <stdio.h>
2  #define MAX 100        //定义常量，大写字母
3  int main()
4  {//花括号独占一行
5      /*定义变量*/
6      int i = 0;         //偶数，循环控制变量(行注释，缩进 4 个空格，定义并初始化)
7      int sum = 0;       //累加和(每个变量单独占一行，英文命名，小写字母)
8
9      /*程序块注释：求和模块(while 循环实现)*/
10     while (i <= MAX)
11     {
12         sum = sum + i;     //特别注意这里缩进 4 个空格
13         i = i + 2;         //双元运算符前后各空一格
14     }
15
16     /*输出结果*/
17     printf("1～100 之间的偶数和%5d\n",sum);
18
19     /*求和模块(for 循环实现)*/
20     sum = 0;
21     for (i = 0;i <= MAX;i = i+ 2)
22         sum = sum + i;
23     //模块之间空一行
24     /*输出结果*/
25     printf("1~100 之间的偶数和%5d\n",sum);
26
27     return 0;
28 }//example2-3.cpp
```

2.2.3　分支结构

本节介绍双分支结构、if 多分支结构和 switch 多分支结构的案例分析及其流程图。在绘制流程图时，学生很容易把多分支结构的流程图画错，希望学生认真理解多分支结构的流程图。

1. 双分支结构

双分支结构_
案例 2-4.mp4

【案例 2-4】 计算函数 f(x)的值。函数 f(x)如下所示，其中，a、b、c 为常数。

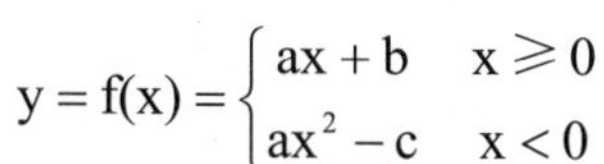

$$y = f(x) = \begin{cases} ax + b & x \geqslant 0 \\ ax^2 - c & x < 0 \end{cases}$$

算法分析：本题是一个数值运算问题，是典型的双分支结构。其中 f 代表要计算的函数值，该函数有两个不同的表达式，根据 x 的取值决定执行哪个表达式，算法如下：

(1) 将 a、b、c 和 x 的值输入到计算机。

(2) 判断如果条件 x≥0 成立，执行第(3)步，否则执行第(4)步。

(3) 按表达式 ax+b 计算出结果存放到 f 中，然后执行第(5)步。

(4) 按表达式 ax^2-c 计算出结果存放到 f 中，然后执行第(5)步。

(5) 输出 f 的值，算法结束。

根据以上分析，得到该算法的流程图，如图 2-9 所示，并根据算法得到相应的实现代码。

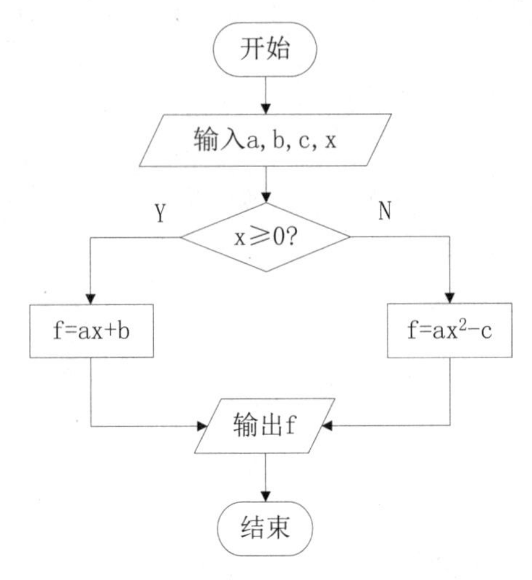

图 2-9　求函数值 f 算法的双分支结构流程图

```
/*程序功能：计算函数 f(x)的值，典型的双分支结构*/
# include <stdio.h>
int main()
{
    float x = 0; //自变量
    float y = 0; //函数值
    float a = 0; //常数
    float b = 0; //常数
    float c = 0; //常数

    printf("输入实数 a,b,c,x:");
    scanf("%f %f %f",&a,&b,&c);
    scanf("%f",&x);
    if (x >= 0)
        y = a * x + b;
    else
        y = a * x * x - c;
    printf("f(%.2f)=%.2f\n",x,y);

    return 0;
}  //example2-4.cpp
```

2. if 多分支结构

if 多分支结构_案例 2-5.mp4

【案例 2-5】计算三分段函数。

$$y = f(x) = \begin{cases} 0 & x < 0 \\ 4x/3 & 0 \leqslant x \leqslant 15 \\ 2.5x - 10.5 & x > 15 \end{cases}$$

这个问题是典型的 if 多分支结构，该算法的流程图如图 2-10 所示。根据算法得到下面相应的实现代码。

```
/*程序功能：计算三分段函数*/
# include <stdio.h>
int main()
{
    double x = 0; //自变量
    double y = 0; //函数值
    printf("输入实数 x:");
    scanf("%lf",&x);
    if (x < 0)
        y = 0;
    else if (x <= 15)
        y = 4 * x / 3;
    else
        y = 2.5 * x - 10.5;
    printf("f(%.2f)=%.2f\n",x,y);

    return 0;
} //example2-5.cpp
```

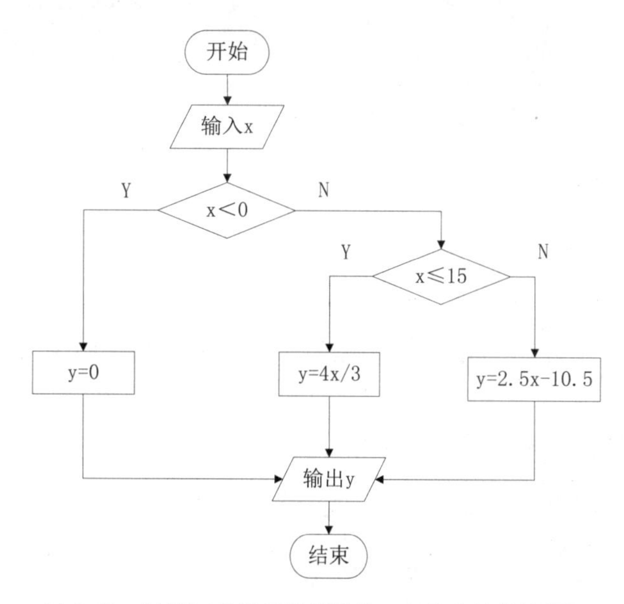

图 2-10　计算三分段函数算法的 if 多分支结构流程图

3. switch 多分支

【案例 2-6】星期转换问题。输入一个 0～6 的整数，对应输出星期日到星期六的英文单词。

这个问题是典型的 switch 多分支结构，该算法的流程图如图 2-11 所示，并根据算法得到相应的实现代码。

```
/*程序功能：数字星期转换为星期的英文单词*/
#include <stdio.h>
int main(){
    int day = 0; //数字星期
    scanf("%d",&day);
```

```
    switch (day) {
    case 0:
        printf("Sunday\n");
        break;
    case 1:
        printf( "Monday");
        break;
    case 2:
        printf( "Tuesday");
        break;
    case 3:
        printf( "Wednesday");
        break;
    case 4:
        printf( "Thursday");
        break;
    case 5:
        printf( "Friday");
        break;
    case 6:
        printf( "Saturday");
        break;
    default:
        printf( "超出范围" );
    }

    return 0;
} //example2-6.cpp
```

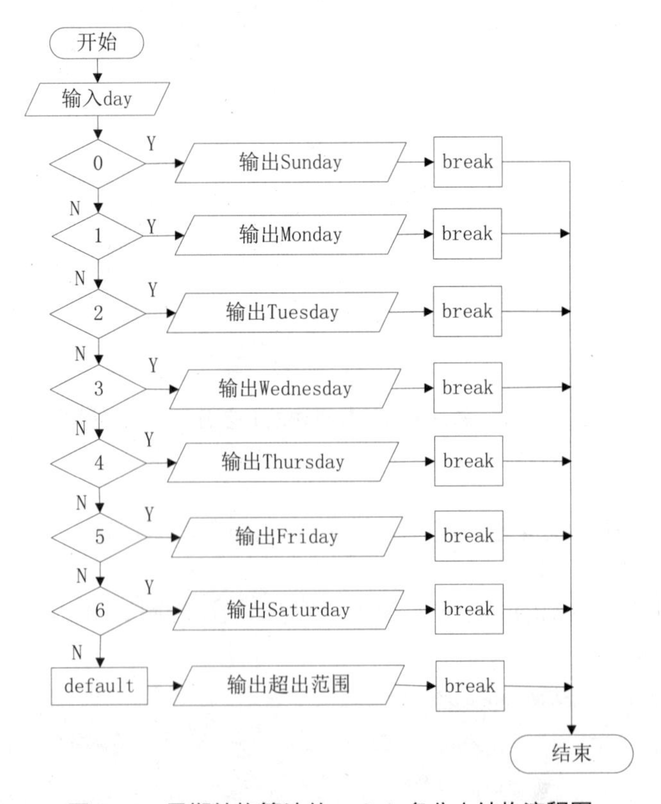

图 2-11　星期转换算法的 switch 多分支结构流程图

2.2.4　简单应用

【案例 2-7】判断素数。输入一个正整数 m，判断它是否为素数。

简单应用_
案例 2-7.mp4

分析：除了 1 和 m，不能被其他数整除。设 i 取值[2, m−1]，如果 m 不能被该区间上的任何一个数整除，即对每个 i 值，m%i 都不为 0，则 m 是素数。m−1 可以改为 sqrt(m)，即 m 的平方根。此外，只需要判断[2, m/2]区间是否存在能整除 m 的数，就可以判断 m 是否为素数；如果找到一个 i，且 2≤i≤m/2，则 m 肯定不是素数；如果没有找到，m 就是素数。

对于比较复杂的问题，可以采用结构化程序设计的思想“自顶向下、逐步求精、模块化”，实现对流程图的分层设计，如图 2-12 所示。首先得到总体思路的流程图，确定求解问题的基本思路，如图 2-12(a)所示。然后设计判断素数模块的流程图，可以得到 2 种流程图，如图 2-12(b)和图 2-12(c)所示。接下来设计输出模块的流程图，如图 2-12(d)所示。在分层设计的基础上，可以将图 2-12 所示的 3 个流程图整合为一个完整的流程图，如图 2-13 所示。

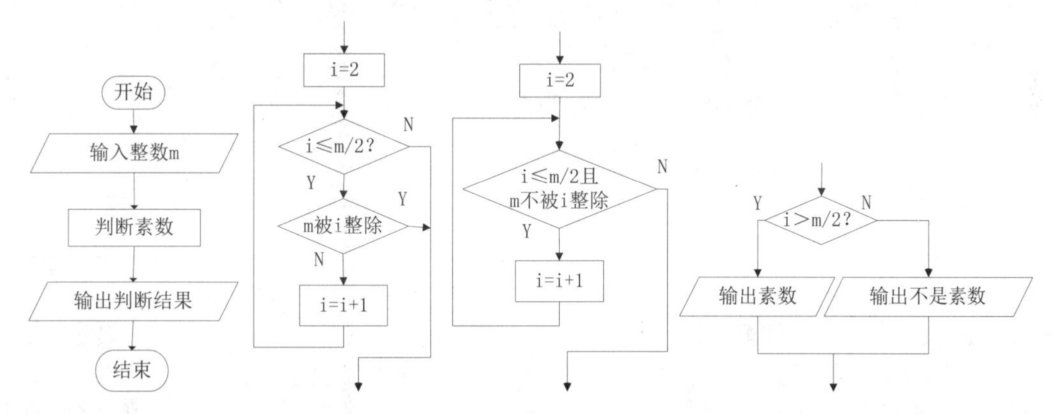

(a) 总体思路 (b) 判断素数的流程图 1 (c) 判断素数的流程图 2　　(d) 输出判断结果

图 2-12　流程图的分层设计

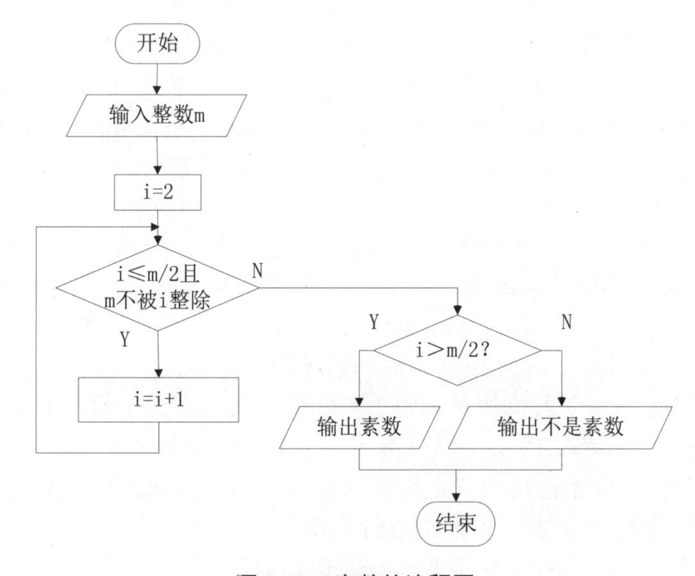

图 2-13　完整的流程图

根据算法流程图写出以下程序代码。

```
/*程序功能：判断一个整数是否为素数*/
#include <stdio.h>
int main()
{
    int m = 0; //正整数，被除数
    int i = 0; //因数，除数，循环控制变量

    /*输入模块*/
    printf("输入一个正整数：");
    scanf ("%d", &m);

    /*判断模块*/
    for (i = 2; i <= m/2; i++) //m/2 可以改为 m-1 或 m 的平方根 sqrt(m)
        if (m%i == 0) break;

    /*输出判断结果模块*/
    if (i > m/2)    //m/2 可以改为 m-1 或 m 的平方根 sqrt(m)
        printf("%d 是素数！\n", m);
    else
        printf("%d 不是素数！\n", m);

    return 0;
} //example2-7.cpp
```

【案例 2-8】在歌手大赛中有若干裁判为歌手打分，计算歌手最后得分的方法是：去掉一个最高分和一个最低分，取剩余成绩的平均分。输入歌手成绩时以-1 作为结束标记。

简单应用_案例 2-8.mp4

分析解决问题的思路和方法。结构化程序设计的基本思想是“自顶向下、逐步求精和模块化”。

第一步，确定解决问题的基本思路和步骤。得到总体的流程图，解决问题的基本思路如图 2-14(a)所示。

第二步，确定数据的输入方式，即确定输入函数、变量的个数、数据类型和名称。

(1) scanf()。优点：能完成多种数据类型的输入。缺点：需要在变量前加上取地址符&。

(2) 常用整数或浮点数变量名：x、y、z、grade/score、total/sum、average、n/m/num。

第三步，确定计算平均分模块的处理方式，即确定模块结构和计算过程。

(1) 确定处理模块的结构：顺序结构、选择结构或循环结构。

(2) 循环结构需要确定采用当型还是直到型，采用 for、while 还是 do…while。for 是当型循环结构，循环次数通常确定；while 是当型循环，循环次数确定或不确定都可；do…while 是直到型循环，循环次数确定或不确定都可。

(3) 确定循环控制变量、循环控制条件和循环次数。

分析：该问题也是一个求累加和。由于不知道输入数据的个数，无法事先确定循环次数。因此，可以用一个特殊的数据作为正常输入数据的结束标志，例如选用一个-1 作为结束标志。也就是说，循环条件可以确定为输入成绩 score 为非负数，即 score≥0。通过分析得到求平均分模块的流程图，如图 2-14(b)所示。

第四步，确定处理结果的输出方式，即确定输出函数。

printf()。优点：能完成多种数据类型的输出。缺点：输出格式较复杂。

第五步，整合以上的分析结果，得到整个算法的处理流程图。通过分析得到细化的求平均分模块的流程图，如图 2-14(c)所示。

第六步，进一步调整流程图。根据上一步得到的算法流程图，将其中的处理文字采用类似代码进行符号化，得到类代码的算法流程图。通过分析得到接近代码的完整流程图，如图 2-14(d)所示。

第七步，根据算法流程图写出程序代码。在电脑上进行调试、编译、连接和执行，最后得到正确的运行结果。

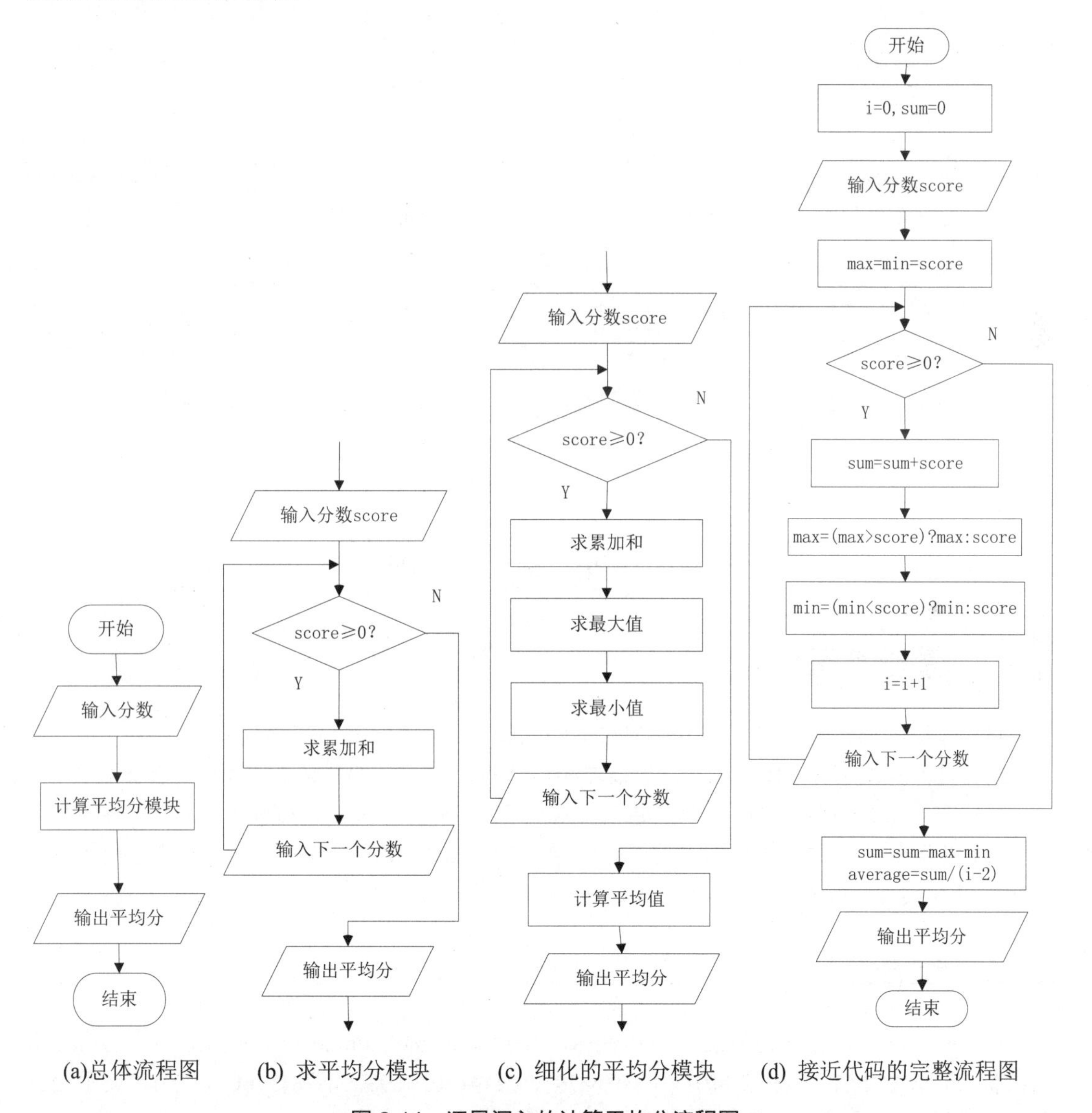

(a)总体流程图　(b) 求平均分模块　(c) 细化的平均分模块　(d) 接近代码的完整流程图

图 2-14　逐层深入的计算平均分流程图

```
/*程序功能：歌手大赛评分，先去掉最高分和最低分，再计算平均分，输入-1 结束*/
#include <stdio.h>
int main(){
    int i = 0;              //评委个数
```

```
    float score = 0;          //分数
    float max = 0;            //最高分
    float min = 0;            //最低分
    float sum = 0;            //总分
    float average = 0;        //平均分

    /*输入分数*/
    printf("请输入得分(<0 结束): ");
    scanf( "%f" , &score);

    /*计算平均分*/
    max=min=score;
    while (score>= 0) {
        sum = sum + score;
        max=(max>score)?max:score;
        min=(min<score)?min:score;
        i++;
        scanf ("%f", &score);
    }
    sum=sum-max-min;
    average=sum/(i-2);

    /*输出平均分*/
    printf("Grade average is %.2f\n", average);

    return 0;
} //example2-8.cpp
```

2.3 实践运用

2.3.1 基础练习

(1) 给出案例 2-3 的 do…while 循环的流程图、变量变化表和实现代码。

(2) 设计算法求 1～100 之间的奇数之和，并输出结果。给出流程图和实现代码。

(3) 如果将案例 2-5 的第一个判断条件 x<0 改为 x<15，应该如何修改流程图和代码？

(4) 在案例 2-8 中，如果将循环 while 结构改为 do…while 结构，如何设计流程图、变量变化表并实现代码？

2.3.2 综合练习

(1) 把成绩分数转换为等级。任意输入一个百分制成绩 grade，要求输出相应的成绩等级：优(90 分以上)、良(80～89)、中(70～79)、及格(60～69)、不及格(60 以下)。要求设计算法流程图、变量变化表并实现代码。

(2) 在案例 2-8 中，如果将求和、求最大值和求最小值独立为 3 个模块，如何设计流程图并实现代码？

(3) 求 200 以内的全部素数，每行输出 10 个。采用结构化程序设计方法设计分层的流程图并实现代码。

第3章

迭代编程实现

第3章源程序.zip

3.1 理论要点

学法指导.mp4

本章介绍迭代编程的实现方法、程序排错方法、函数实现方式、指针与数组，通过几个简单案例(输出字母和超市计费)学习如何从简单到复杂，逐步完成一个小的项目程序。本章主要目的是让学生掌握迭代编程的实现方法，学会正确的编程实现方法，不要贪多求快，只想读一遍最后阶段的代码，而是需要耐心阅读和验证迭代过程中的代码。初学者需要树立“基础不牢地动山摇，慢就是快”的理念。因此，强烈建议初学者将案例程序分解为若干模块，采用若干步骤，逐步迭代进行验证；还可以采用迭代的思想完成编程任务，发现和纠正程序的错误，逐步掌握基本排错方法，积累调试技巧。

特别提醒：系统地学习、思考和练习方法，比傻读书、死扣语法细节和胡乱练习题目更有效。本书特别反对死扣语法细节，妄想记忆和掌握每一个语法细节，这是愚蠢、笨拙的读书和学习方法，是无法学会编程的；也反对写出几十行、几百行代码后才运行程序并修正错误，这种写法容易出现大量错误甚至无法修改。

学习方法：学习编程语言最重要的方式是用迭代的方法进行思考、设计、编程和改错，把最常用的语法规则和函数用熟练就行，不常用的规则和函数只要学会查书和查百度就行。简单地说，就是必须明白编程语言的学习方法，而不是重点记忆语法规则，否则就是徒劳无功的，甚至越努力越失败，最后给自己封上一句话“我不适合编程或我不适合学计算机”来安慰自己，显得有点悲凉。

此外，查资料也是学习编程的一种有效方法，但是必须学会查资料的正确方法。查资料的正确方法是指需要有一定基础知识，再开始有方向地查询资料，才能理解资料的内涵。这个基础是指具有一定的编程基本功，掌握程序设计的基本术语、基本框架和基本用法，能正确输入或者输出，能正确描述程序错误。查资料的错误方法是指没有任何基础知识就开始胡乱查资料，就像无头苍蝇一样，由于资料种类繁多，常常会导致看不懂深奥、陌生的专业名词，而且这些资料对解决问题没有任何帮助，查了不仅没用，还会起反作用，让自己丧失学习信心。例如，输入浮点型变量 x 时，却把语句 scanf(“%f”, &x)错写为了 scanf(“%d”, x)，这种错误很难百度出来。总结起来，错误的学习方式就是“枉费心机记语法，头脑爆炸装知识，仍然不会编程；没有基础乱百度，于事无补反作用，信心丧失不编程”。

3.1.1 迭代编程思想

迭代编程思想.mp4

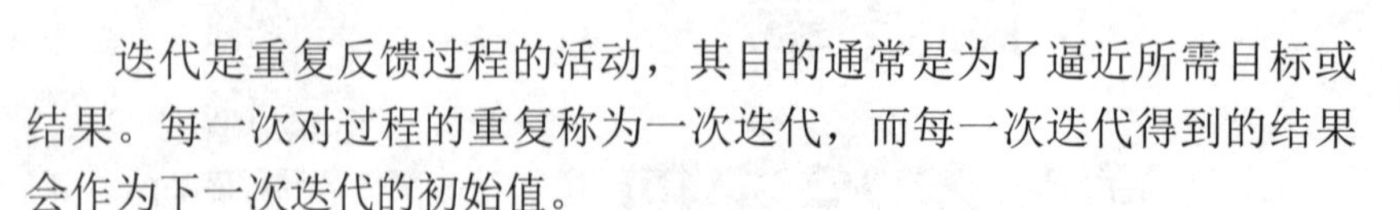

迭代是重复反馈过程的活动，其目的通常是为了逼近所需目标或结果。每一次对过程的重复称为一次迭代，而每一次迭代得到的结果会作为下一次迭代的初始值。

软件的迭代式开发也被称作迭代增量式开发或迭代进化式开发。每次只设计和实现软件产品的一部分，逐步完成的方法称为迭代式开发，每次设计和实现的一个阶段称为一次迭代。软件开发无法一次性完全满足用户需求，可以先开发出一个版本。在使用过程中，对软件进行升级维护，开发新功能，不断完善。通俗地说，软件迭代开发就是一遍又一遍地做相应的工作，最终完成一个成熟的产品。迭代的作用就是减少错误、完善功能、增加功能，迭代的核心思想是增加、修改、完善。

事实上，任何软件产品都是逐步迭代完成、迭代完善的。根据软件迭代的思想，我们可以把软件程序分解为若干模块，采用若干步骤，逐步迭代实现，迭代编程实现程序的层层递进。通过长期教学实践发现，学生采用迭代的思想进行编程，不仅更容易理解程序的编写过程从而读懂程序，而且能更轻松地学会编程、写出代码，还能更快速地发现错误、解决错误并完成任务。即使编程基础薄弱的学生，只要愿意学习，耐心坚持，采用本书的迭代编程方法并模仿本书的设计案例，也能完成几百行甚至上千行的代码，体会到学习的成就感，找到学习的自信心。由于迭代编程方法的有效性，笔者选择迭代编程方法作为本书的核心方法，后续所有案例都采用迭代方式实现。

为了便于学生掌握迭代编程思想，这里提出了编程套路，搭建了程序的学习路径和实现思路框架。

编程套路的口诀“一朵小花一世界，一条语句一迭代；一座森林一美景，一个模块一迭代；先搭框架后代码，括号引号成对打；编程套路突破口，反复演练方掌握。”对于不会编程的初学者，采用“一条语句一迭代”的方法实现代码，能快速地提高编程能力并学会编程；对于编程熟练的学生，采用“一个模块一迭代”的方法实现代码，能减少大量错误从而提高编程效率。

3.1.2 程序排错方法

程序排错方法.mp4

程序在计算机上编译运行时，可能会出现各种各样的问题和错误。每个编程的人都会遇到错误，采用迭代编程方法可以减少错误，但无法避免错误。因此，排错很重要，编写程序需要熟悉开发工具(Dev-C++和 VS2010 的使用见附录 B 软件开发环境)的调试工具，掌握基本的排错方法，通过排除错误保证程序质量，积累程序的调试技巧。“出错不可怕，改错才重要。不会排错就不会编程，学习编程从排错开始。”

程序错误有编译错误和逻辑错误，编译错误又分为运行错误和语法错误，它们的对比如表 3-1 所示。每类错误的排除方法都不同，建议用小本本记录一下错误出现的条件、错误运行截图和错误提示，需要积累经验、查询网络(如查百度)或求助他人。“排错需要做五读，一读编译信息、二读运行结果、三读程序代码、四读诊断变量、五读连接运行。”

表 3-1　各种错误原因及排除方法的对照表

错误类型	错误结果	错误原因	排错方法
运行错误	程序不能运行	运行环境或配置环境不对	看错误列表，查百度资料；求他人帮助，改配置环境
语法错误	程序不能运行	语法不对或书写符号错误	错误千万条，只排第一条；排完第一条，编译继续找
逻辑错误	能运行但结果错	逻辑思路错误	看到结果输中间，启用 Debug 常用键；逻辑错误真费神，方法掌握都能排

运行错误造成程序无法运行，是由于运行环境和配置环境不对造成的，情况比较复杂，很难统一回答。要针对不同问题有针对性地解决，可以根据“看错误列表，查百度资料”的结果，调整软件配置。这类问题初学者容易遇到，问题种类不多，熟悉开发工具后就不易出现了。

语法错误主要是由于对语言的语法不熟悉造成的，如缺少头文件或者输入符号错误，使得程序编译出错无法运行。主要原因有缺少支持相应库函数的头文件、函数名称错误、变量名错误、缺少分号、引号括号不配对、英文标点符号写成中文标点符号等。这是最常见的错误，也是初学者最容易犯的错误，但改正这类错误比较简单、容易解决。排错方法主要是看“错误列表”，规则是“错误千万条，只排第一条；排完第一条，编译继续找”。

逻辑错误是由于逻辑思路错误造成的，程序虽然能运行，但结果不正确。这类错误无法由编译器提示，较难排除。排错方法主要有输出法和 Debug 方法。输出法就是输出运行变量的中间结果，Debug 方法就是用专业的方法工具排错。VS2010 的 Debug 方法排错需要采用 F5、F9、F10、F11 等常用键，Ctrl+F5 组合键正常运行、F5 键进行调试运行、F9 键设置或取消断点、F10 键逐语句执行(不进入函数体内)、F11 键逐语句执行(进入函数体内)。Debug 的具体操作方法参考附录 B，提供了 Dev-C++和 VS2010 常用调试技巧。“语法错误看列表，逻辑错误看结果；语法错误排第一，逻辑错误输中间。语法错误较简单，逻辑错误真费神；掌握输出 Debug，逻辑错误都能排。”总结逻辑错误的排错方法是“看到结果输中间，启用 Debug 常用键；逻辑错误真费神，方法掌握都能排”。

友情提示：不经一番寒彻骨，怎得梅花扑鼻香？排错常常要经历一个痛苦而漫长的过程，有时一个小错误也要折腾半天，“人非圣贤，孰能无过？”学生需要在实践中不断地积累经验，更需要有不服输的精神，不轻易放弃、耐心坚持、不断完善，并培养良好的工匠精神。熟能生巧，量变引起质变。事实上，编程过程中遇到的问题很多，只有多记录多总结，才能更熟悉程序的秉性，更容易驯服这些错误怪兽，使得错误更少、排错更快，自己的编程实践能力自然就提高了。例如，输入浮点型变量 x 时，很容易把语句 scanf(“%f”, &x)错写成 scanf(“%d”, &x)或者 scanf(“%f”, x)。这种错误初学者往往不知道错在哪里，熟练后就很容易排除。其实，正确的输入/输出函数的用法就在表 2-2 中，学生需要多练习才能体会到它的正确使用用法。正应了辛弃疾的词“众里寻他千百度，蓦然回首，那人却在，灯火阑珊处”。用法本朴实，只是你没在意。

3.1.3 指针与数组

指针与数组.mp4

程序可以通过变量名直接使用普通变量，还可以通过指针和引用间接地使用变量。由于学生容易混淆普通变量、指针和引用的使用，这里给出它们在定义、初始化、赋值、取值和修改方面的区别，如表 3-2 所示。其中，引用是 C++增加的功能。

表 3-2 各种类型变量使用的对照表

使用方式	定 义	初 始 化	赋 值	取 值	修 改
普通变量	int n;	int n = 0;	n = 10;	int m = n;	n = 20;
指针	int *p;	int *p = &n;	p = &n;	int m = *p;	*p = 20;
引用	int &r;	int &r = n;	不能单独赋值	int m = r;	r = 20;

学生需要掌握一维数组、字符串和结构体数组的定义、初始化和使用。字符串常用函数主要有长度函数 strlen()、比较函数 strcmp()、子串查找函数 strstr()和复制函数 strcpy()。其中，结构体数组将在第 4 章和第 5 章中进行介绍。

指针主要包括指向普通变量、结构体、一维数组、结构体数组和函数的指针及其使用。指针主要用在第 7 章链表和第 9 章链表类中，第 7 章中还会用到返回值为指针型的函数。指针有一定难度，如果不使用指针，可以跳过相关内容。

说明：本书主要列出书中常用的知识点，不列出本书不常使用且较难理解的知识点，如二维数组、指向函数的指针、数组指针、指针数组、指针的指针等内容，从而减轻学生的负担。

3.1.4 函数实现方式

函数实现方式.mp4

函数非常重要，可以说，不会使用函数就不会编程。结构化程序设计要求每个模块只做一件事情，函数是实现模块化设计思想的主要载体，一个函数就是一个模块。从第 4 章开始会大量用到函数。

每个函数由声明、实现和调用 3 部分构成，如图 3-1(a)所示。函数声明包括函数返回值、函数名称和函数参数。本书提供了函数实现的编程口诀“函数需要先声明、后实现、再调用”，意思是首先需要实现函数的声明、再完成函数体的实现代码、最后才在 main()等主调函数中调用该函数，如图 3-1(b)所示。这种编写函数的顺序可以减少编程错误、提高编程效率。

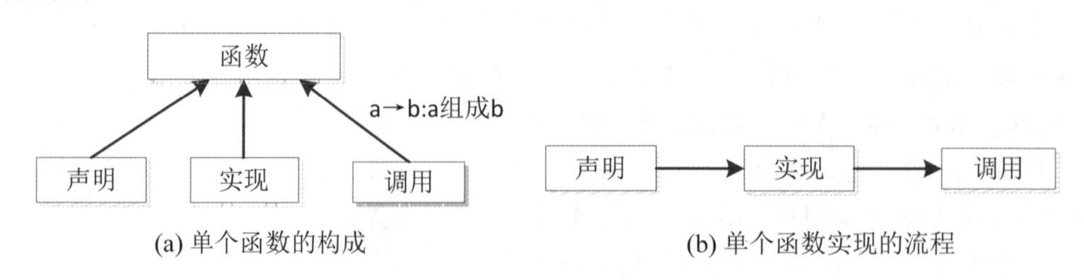

(a) 单个函数的构成　　(b) 单个函数实现的流程

图 3-1 单个函数的构成与实现流程

函数间进行数据传递的方式有函数参数、函数返回值、全局变量和文件 4 种。根据结构化程序设计要求“如果不存在调用或被调用关系，模块之间不能直接进行数据传输”，本书主要使用函数参数和函数返回值在函数之间进行数据传递，不主张使用全局变量和文件进行数据传递。全局变量会破坏代码的通用性、降低代码的可移植性，因此，反对使用全局变量。

函数参数是最常用的函数间数据传输的方式，使得函数具有良好的模块性、通用性和可移植性，使用函数参数才能真正学会综合设计并理解模块之间的关系。函数参数分为实参和形参，在定义函数时，函数括号中的变量名称为形式参数，简称形参，又称为函数参数；在主调函数中调用一个函数时，该函数括号中的参数名称为实际参数，简称实参，实参可以是常量、变量或表达式。简单地说，形参就是函数的参数，实参就是给形参传递的数据或变量。

形参和实参之间的函数参数传递方式主要有值传递、地址传递和引用传递 3 种，它们之间的对比如表 3-3 所示。值传递用普通变量做形参，如果用普通变量做实参，只能实现实参向形参的单向传递，形参发生变化不会影响实参的值。如果要双向传递，即形参变化会影响实参的值，则需要采用地址传递或引用传递。地址传递用数组或指针做形参，用数组或变量地址做实参。引用传递用引用型变量做形参，用普通变量做实参，函数体的代码和函数调用代码与普通变量相同，写起来比地址传递更容易。

表 3-3 常用函数参数传递方式的对照表

区别	值传递	地址传递	引用传递
作用	单向传递	双向传递	双向传递
难度	容易	难	容易
形参	x 和 y	x 和 y	x 和 y
实参	a 和 b	a 和 b	a 和 b
声明	void swap(int x,int y)	void swap(int *x,int *y)	void swap(int &x,int &y)
调用	swap(a,b)	swap(&a,&b)	swap(a,b)

建议形参和实参的命名使用有意义的英文，例如，形参名用 name，实参名用 str_name，这样更加容易区分，更多命名规则见附录 A 代码规范。

为了便于学生掌握正确的编写函数的方式，图 3-2 给出了多个函数的正确实现方式与错误实现方式的对照图。如果要实现多个函数，则需要先完成一个函数的声明、实现和调用，测试成功确保实现了函数功能之后，再编写下一个函数，如图 3-2(a)所示。事实上，一个函数就是一个模块，正确的编程方法是添加一个模块就进行一次迭代，本书的第 4 章就是使用的此方法进行编程。此外，由图 3-2(a)容易得到图 3-2(b)所示的流程图，这个流程图的实质是去掉了函数的声明、实现和调用的细节，只展示宏观的处理流程。典型的错误编程方式是完成了多个函数实现但不进行调用，最后阶段才测试函数、发现错误并排除故障，这样做容易出现多个函数造成的大量错误(几个错误、几十个错误甚至上百个错误)，使得没有信心排错，最后导致无法排除错误并完成程序的编写，如图 3-2(c)所示。教学实践中发现，采用完成多个函数实现代码再调用调试的错误编程方式，即使编程熟练的优秀学生，如果没有掌握正确的排错方法，也常常耗用几个小时甚至几天时间，也无法有效地排除函数的错误，只能干着急、甚至放弃。这里编一句错误方法的顺口溜“错误编程

苦恼多，看到错误莫奈何；快速完成多模块，错误调试熬白头。系统报错数百个，愁眉苦脸干着急；数天苦熬难排错，一声叹息说放弃”。

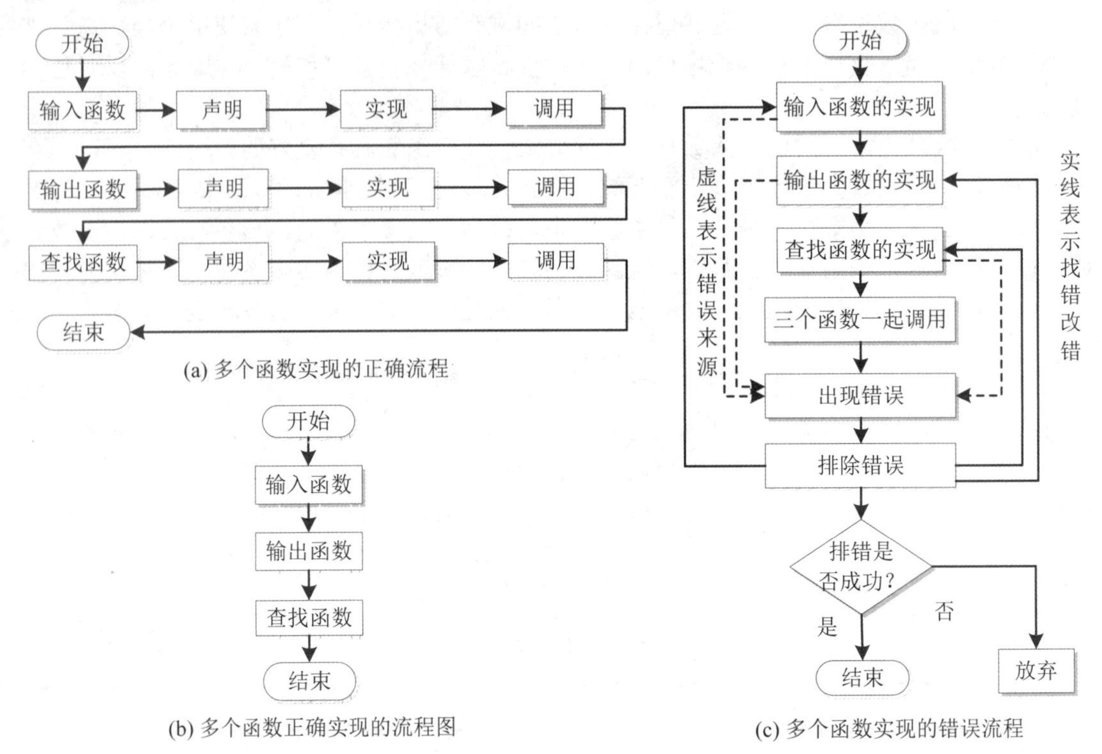

图 3-2　多个函数的正确实现方式与错误实现方式的对照图

3.2　案例解析

3.2.1　输出字母

输出字母案例 3-1.mp4

这里介绍输出字母这个简单程序的迭代过程，展示迭代编程思想的实现方法。

【案例 3-1】顺序输出 26 个英文小写字母。

```
/*程序功能：输出 26 个小写英文字母*/
#include <stdio.h>
int main()
{
    char ch = ' ';    //字符变量 ch
    int i = 0;        //i 是循环控制变量，用于控制循环次数

    /*循环结构，循环 26 次*/
    ch = 'a';                        //给变量赋值
    for (i = 0;i < 26;i++)           //i++表示 i=i+1
    {
       printf(" %c",ch);
       ch = ch + 1;
```

```
    }
    printf("\n");

    return 0;
} //example3-1-4.cpp
```

程序运行结果如图 3-3 所示。

```
a b c d e f g h i j k l m n o p q r s t u v w x y z
```

图 3-3　运行结果图

这里给出了案例 3-1 的迭代过程。学生切忌急躁，不要想一次就把整个程序都弄明白，而是要循序渐进地理解、修改、增加和完善整个程序。

第 1 次迭代只输出 helloworld，代码如下：

```
#include <stdio.h>
int main()
{
    printf("helloworld!\n");      //测试语句，后续迭代会删除

    return 0;
}//example3-1-1.cpp
```

第 2 次迭代完成变量定义，代码如下：

```
#include <stdio.h>
int main()
{
    char ch = ' ';   //字符变量 ch
    int i = 0;       //i 是循环控制变量，用于控制循环次数

    printf("helloworld!\n");

    return 0;
} //example3-1-2.cpp
```

第 3 次迭代增加 for 循环，代码如下：

```
#include <stdio.h>
int main()
{
    char ch = ' ';               //字符变量 ch
    int i = 0;                   //i 是循环控制变量，用于控制循环次数

    /*循环语句 for，循环 26 次*/
    ch = 'a';                    //给变量赋值
    for (i = 0;i < 26;i++)       //i++表示 i=i+1
    {
    }
    printf("helloworld!\n");

    return 0;
}//example3-1-3.cpp
```

第 4 次迭代完成循环体并修改语句“printf("helloworld!\n");”，得到最终代码见examplc3-1-4.cpp。

第 1～4 次迭代主要采用增加代码方式实现迭代，第 4 次迭代还修改了 printf()语句，代码就是案例开始的代码，这里省略。

下面第 5～7 次迭代通过修改来改变程序。

第 5 次迭代用 while 循环完成，用于理解 while 循环的作用，代码如下：

```
#include <stdio.h>
int main()
{
    char ch = ' ';          //字符变量 ch
    int i = 0;              //i 是循环控制变量，用于控制循环次数

    /*循环结构，循环 26 次*/
    ch = 'a';               //给变量赋值
    while (i < 26)          //循环条件
    {
        printf(" %c",ch);
        ch = ch + 1;
        i++;
    }

    printf("\n");

    return 0;
}//example3-1-5.cpp
```

第 6 次迭代用 do while 循环完成，用于理解 do while 循环的作用，代码如下：

```
#include <stdio.h>
int main()
{
    char ch = ' ';     //字符变量 ch
    int i = 0;         //i 是循环控制变量，用于控制循环次数

    /*循环结构，循环 26 次*/
    ch = 'a';               //给变量赋值
    do
    {
        printf(" %c",ch);
        ch = ch + 1;
        i++;
    } while (i < 26);   //循环条件

    printf("\n");

    return 0;
}//example3-1-6.cpp
```

第 7 次迭代修改循环语句、改变程序功能，代码如下：

```
#include <stdio.h>
int main(){            //左边的花括号可以放在上一行的末尾
```

```
    char ch = ' ';   //字符变量 ch
    int i = 0;       //i 是循环控制变量，用于控制循环次数

    /*循环结构*/
    ch = 'C';//给变量赋值
    do
    {
        printf(" %c",ch);
        ch = ch + 2;
        i = i + 3;
    } while (i < 20);//循环条件

    printf("\n");

    return 0;
}//example3-1-7.cpp
```

程序运行结果如图 3-4 所示。

图 3-4　运行结果图

3.2.2　超市计费

上一节的案例 3-1 给出了输出字母的迭代编程过程。为了让学生更好地理解迭代编程思想和方法，下面将给出超市计费系统的 3 个版本，通过小型项目来展示迭代编程过程。

1. 超市计费系统 1.0 版

【案例 3-2】超市计费系统 1.0 版。

超市计费_案例 3-2.mp4

(1) 问题描述。

利用迭代的方式开发超市计费系统 1.0 版。

(2) 问题分析。

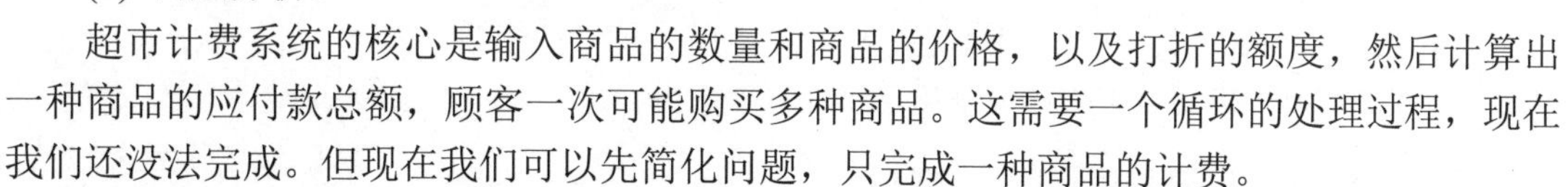

超市计费系统的核心是输入商品的数量和商品的价格，以及打折的额度，然后计算出一种商品的应付款总额，顾客一次可能购买多种商品。这需要一个循环的处理过程，现在我们还没法完成。但现在我们可以先简化问题，只完成一种商品的计费。

(3) 程序代码。

第 1 次迭代先完成最简单的输出界面，没有输入，只有输出。

```
/*超市计费系统 0.1 版*/
#include <stdio.h>
int main( )
{
    printf("超市计费系统 0.1 版\n");

    return 0;
} //example3-2-1.cpp
```

程序输出结果如图 3-5 所示。

超市计费系统0.1版

图 3-5　运行结果图

现在进行第 2 次迭代，我们分析购买一种商品的计费思路，采用自然语言描述算法。

```
/*超市计费系统 1.0 版，利用注释理清我们的编程思路*/
#include <stdio.h>
int main( )
{
    printf("超市计费系统 1.0 版\n");
    /*1. 输入商品的数量*/
    /*2. 输入商品的价格*/
    /*3. 输入打折的额度*/
    /*4. 计算并输出该商品的应付款*/

    return 0;
} //example3-2-2.cpp
```

根据我们所学的基本输入/输出，完成第 3 次迭代，得到 1.0 版。

```
#include <stdio.h>
int main()
{
    int num = 0;                //商品的数量
    double price = 0;           //商品的价格
    double discount = 0;        //商品打折额度，1 表示不打折，0.9 表示打 9 折
    printf("超市计费系统 1.0 版\n");

    /*1. 输入商品的数量*/
    printf("请输入商品的数量：");
    scanf("%d", &num);

    /*2. 输入商品的价格*/
    printf("请输入商品的价格：");
    scanf("%lf", &price);

    /*3. 输入打折的额度*/
    printf("请输入商品打折的额度：");
    scanf("%lf", &discount);

    /*4. 计算并输出该商品的应付款*/
    printf("你好，该种商品你应付：%.1f 元！\n", num * price * discount);

    return 0;
} //example3-2-3.cpp
```

程序运行结果如图 3-6 所示。

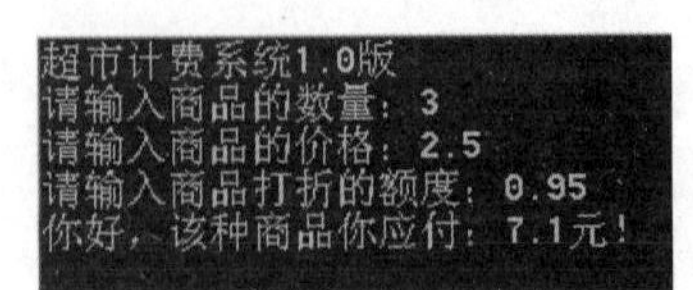

图 3-6　运行结果图

2. 超市计费系统 2.0 版

超市计费_
案例 3-3.mp4

【案例 3-3】在案例 3-2 超市计费系统 1.0 版的基础上，分别给出变量、函数和指针 3 种实现方式，形成 2.0 版。本版本不是严格意义上的版本更新，只是为了展示不同的实现方式，展示迭代的修改方式。

第 1 次迭代用变量实现，将整个程序分成定义变量、输入数据、计算结果并输出应付款 3 个部分。

```
#include <stdio.h>
int main()
{
    /*定义变量*/
    int num = 0;                //商品的数量
    float price = 0;            //商品的价格
    double discount = 0;        //商品打折额度，1 表示不打折，0.9 表示打 9 折
    double amount = 0;          //商品的总额

    /*输入数据*/
    printf("超市计费系统 2.0 版\n");
    printf("请输入商品的数量、单价和折扣：");
    scanf("%d%f%lf", &num,&price,&discount);

    /*计算结果并输出应付款*/
    amount = num * price * discount;
    printf("你好，该种商品你应付：%.1f 元！\n", amount);

    return 0;
} //example3-3-1.cpp
```

程序运行结果如图 3-7 所示。

```
超市计费系统2.0版
请输入商品的数量、单价和折扣：3 2.5 0.95
你好，该种商品你应付：7.1元!
```

图 3-7　运行结果图

第 2 次迭代用函数实现。

```
#include <stdio.h>
/*计算函数的实现(变量名可用单词前 4 个字母的缩写进行命名)*/
double computeAmount(int number,float pric,double disc)
{
    double amou = 0;  //商品的总额，应为浮点型
    amou = number * pric * disc;

    return amou;
}
int main()
{
    /*定义变量*/
    int num = 0;                //商品的数量
    float price = 0;            //商品的价格
```

```
    double discount = 0;     //商品打折额度，1表示不打折，0.9表示打9折
    double amount = 0;       //商品的总额

   /*输入数据*/
   printf("超市计费系统2.0版\n");
   printf("请输入商品的数量、单价和折扣：");
   scanf("%d%f%lf", &num,&price,&discount);

   /*计算结果并输出应付款*/
   amount = computeAmount(num,price,discount); //计算函数的调用
   printf("你好，该种商品你应付：%.1f元！\n", amount);

   return 0;
} //example3-3-2.cpp
```

程序修改了，但是运行界面没有发生变化，程序运行结果如图 3-7 所示。

第 3 次迭代用指针实现。在 example3-3-1.cpp 中增加指针的使用。

```
#include <stdio.h>
int main()
{
    /*定义变量*/
    int num = 0;               //商品的数量
    float price = 0;           //商品的价格
    double discount = 0;       //商品打折额度，1表示不打折，0.9表示打9折
    double amount = 0;         //商品的总额

    /*定义指针*/
    int *pNum = &num;                  //指向num的指针
    float *pPrice = &price;            //指向price的指针
    double *pDiscount = &discount;     //指向discount的指针

    /*输入数据*/
    printf("超市计费系统2.0版\n");
    printf("请输入商品的数量、单价和折扣：");
    scanf("%d%f%lf", pNum,pPrice,pDiscount);

    /*计算结果并输出应付款*/
    amount = (*pNum) * (*pPrice) * (*pDiscount);
    printf("你好，该种商品你应付：%.1f元！\n", amount);

    return 0;
} //example3-3-3.cpp
```

程序运行结果仍然如图 3-7 所示。

第 4 次迭代将指针作为函数参数实现。将函数参数从普通变量改为指针，将函数和指针结合，将数据输入放在函数中进行，简化 main()函数中的代码。

```
#include <stdio.h>
/*计算函数的实现
函数参数：pNum是指向商品数量的指针，pPrice是指向商品价格的指针，pDiscount是指向折扣的指针
```

```
返回值：该商品应付款总额*/
double computeAmount(int *pNum,float* pPrice,double* pDiscount)
{
    double amou = 0;           //商品的总额

    /*输入数据*/
    printf("超市计费系统 2.0 版\n");
    printf("请输入商品的数量、单价和折扣：");
    scanf("%d%f%lf", pNum,pPrice,pDiscount);

    /*计算结果*/
    amou = (*pNum) * (*pPrice) * (*pDiscount);

    return amou;
}
int main()
{
    /*定义变量*/
    int num = 0;               //商品的数量
    float price = 0;           //商品的价格
    double discount = 0;       //商品打折额度，1 表示不打折，0.9 表示打 9 折
    double amount = 0;         //商品的总额

    /*计算结果并输出应付款*/
    amount = computeAmount(&num,&price,&discount); //计算函数的调用
    printf("商品数量:%d 价格:%.1f 元 折扣:%.1f 折! \n", num,price,10*discount);
    printf("你好，该种商品你应付：%.1f 元! \n", amount);

    return 0;
}//example3-3-4.cpp
```

程序运行结果如图 3-8 所示。

```
超市计费系统2.0版
请输入商品的数量、单价和折扣：3 2.5 0.95
商品数量:3 价格:2.5元 折扣:9.5折!
你好，该种商品你应付：7.1元!
```

图 3-8　运行结果图

3. 超市计费系统 3.0 版

【案例 3-4】超市计费系统 3.0 版。

1) 问题描述

在案例 3-2 中我们已经完成了只对一种商品进行计费的超市计费系统的开发。现在考虑更为贴近实际的需求“对某个顾客某次购物的多种商品进行计费”。

超市计费_案例 3-4.mp4

2) 问题分析与设计

程序如何设计呢？其实计算机什么都不会，都是人在告诉计算机如何做，即计算机程序仅仅就是模拟我们的工作过程。现实生活中，我们如何实现多种商品的计费呢？逻辑很简单：处理第 1 种商品的应付总额，处理第 2 种商品的应付总额，……，直到最后一种商

品处理完，然后将总的应付额加起来输出即可。此时，程序需要循环地做某些事。在具体实现时，我们面临一个问题“什么时候计费结束？”，即如何表达某种商品是最后一种商品。会有多种解决办法，可以事先输入商品种数，还可以每种商品处理完后询问是否处理下一种商品。这里给出一种简单的方法，当用户输入商品数量为0时即宣告计费结束。

3) 迭代实现过程

(1) 第1次迭代，确定程序设计思路，处理多种商品。

```
#include <stdio.h>
#include <stdlib.h>
int main( ){
    /*1. 处理一种商品的计费*/
    /*2. 重复步骤1，直到最后一种商品计费完毕*/
    /*3. 输出本次购物总的应付金额*/

    system("pause");

    return 0;
}//example3-4-1.cpp
```

(2) 第2次迭代，处理多种商品，设计思路，确定程序总体结构。

在C语言中要表达重复做某件事，就需要引入程序流程控制中的循环控制语句。我们先用简单的do…while语句来表达。

```
#include <stdio.h>
#include <stdlib.h>
int main(){
    /* do
    {
        将该种商品的应付额加至应付总额中
    } while (该商品不是最后一种); */

    /*输出本次购物总的应付金额*/

    system("pause");

    return 0;
}//example3-4-2.cpp
```

(3) 第3次迭代，处理多种商品，设计思路实现。

本次迭代的难点是“1. 如何判断该商品是最后一种？2. 如何计费一种商品？”。显然，难点2已经在前面的开发中解决。难点1前面也已经提供了一种解决方法：当输入该种商品数量为0时，即表示再也没有商品需要计费了。程序从而演化为：

```
#include <stdio.h>
int main(){
    int num = 0;                    //商品的数量
    double price = 0;               //商品的价格
    double discount = 0;            //商品的折扣
    double total = 0;               //应付总额
    total = 0.0;                    //计费求和前先清0
    do
```

```
    {
        printf("请输入商品的数量：");
        scanf("%d", &num);
        if (num == 0)
        {
            break;                  //退出 do…while 语句，执行它后面的语句
        }
        printf("请输入商品的价格：");
        scanf("%lf", &price);
        printf("请输入商品的折扣：");
        scanf("%lf", &discount);
        total = total + num * price * discount;
    } while (num != 0);

    /*输出本次购物总的应付金额*/
    printf("您本次购物应付的金额为%.2f 元。", total);
    system("pause");

    return 0;
}//example3-4-3.cpp
```

(4) 第 4 次迭代，软件优化得到最终版本。

程序运行结果无误后，优化界面设计，增加标题和分隔线，然后适当增加注释等，得到最终版本。

```
/**
 * 功    能：简单的超市计费系统 3.0 版
 * 作    者：ABC
 * 开发日期：2021 年 7 月 24 日
 */
#include <stdio.h>
#include <stdlib.h>
int main()
{
    int num = 0;                //商品的数量
    double price = 0;           //商品的价格
    double discount = 0;        //商品的折扣
    double total = 0;           //应付总额

    printf("\t 欢迎使用简单超市购物计费系统！\n");
    printf("============================================\n");
    total = 0.0;
    do
    {
        printf("请输入商品的数量：");
        scanf("%d", &num);

        if (num == 0)
        {
            break;    //退出 do…while 语句，执行它后面的语句
        }
```

```
        printf("请输入商品的价格: ");
        scanf("%lf", &price);

        printf("请输入商品的折扣: ");
        scanf("%lf", &discount);

        total = total + num * price * discount;
        printf("\n");
    } while (num != 0);

    /*输出本次购物总的应付金额*/
    printf("\n==========================================\n");
    printf("您本次购物应付的金额为%.2f 元。\n", total);
    printf("欢迎您再次惠顾本超市，再见! \n");
    printf("==========================================\n");

    system("pause");

    return 0;
}//example3-4-4.cpp
```

3.3 实践运用

3.3.1 基础练习

(1) 请思考案例 3-1 中为什么会出现如图 3-4 所示的运行结果？尝试在 for、while 和 do…while 循环中作一些其他修改，体会程序代码的作用。

(2) 在案例 3-3 的第 2 次迭代中，如果将 main()函数中的所有变量定义在 computeAmount()函数中，会有什么后果？

(3) 在案例 3-3 的第 4 次迭代中，如果要将 computeAmount()函数中的指针型参数改为引用型参数，需要怎样修改？

(4) 在案例 2-8 中，如果将分数变量改为数组，程序应该如何修改？

(5) 在案例 2-8 中，如果将输入分数改为数组初始化，程序应该如何修改？

(6) 在案例 2-8 中，如果将输入分数改为系统随机生成分数，程序应该如何修改？

3.3.2 综合练习

(1) 在案例 2-8 中，如果将求和、求最大值和求最小值独立为 3 个模块，如何迭代实现代码？并进一步思考如何用函数来实现 3 个模块。

(2) 求 200 以内的全部素数，每行输出 10 个。采用迭代编程实现代码。

第4章 结构体数组的基本应用

第4章源程序.zip

4.1 理论要点

学法指导.mp4

本章开始将采用常用数据结构(结构体数组、顺序表、链表、顺序表类和链表类)实现信息管理系统。第 1 节理论要点部分主要介绍常用数据结构、数组、结构体、结构体数组、指向一维数组的指针、一维数组作为函数参数、动态内存分配、数组的插入和删除、常用文件读写、顺序查找算法和冒泡排序算法等基础知识，为阅读第 2 节扫清主要知识障碍。第 2 节介绍采用结构体数组实现学生信息管理系统，用一个简单案例解析项目的迭代开发过程，并提供了测试方案和测试结果。第 3 节给出实践运用供学生思考和练习，提高学生的理解能力、思考水平和实践能力。

本章希望学生学会简单项目的开发方法，掌握正确的项目学习方法。只有编程实践才能真正理解书中的代码和文字的含义，一定要多敲代码。正确的项目学习方法是指学生首先要看懂案例的设计思路和代码，再按照迭代顺序把代码敲一遍，并能根据第 3 节实践运用中的基础练习要求对项目代码进行适当修改，最后才开始编写代码实现自己选定的项目(第 4～9 章的综合练习提供了综合设计项目)。本章案例介绍了菜单的实现方法，经历了 11 次迭代实现了简单的学生信息管理系统，代码共 374 行，需要学生耐心阅读。

学会使用函数。函数非常重要，可以说，不会用函数就不会编程。从本章开始会大量用到函数，本书提供的函数实现编程口诀“函数需要先声明、后实现、再调用”，这样可以减少编程错误，提高编程效率。多个函数实现应按照“一个模块一迭代”的原则，即一个函数模块就进行一次迭代。

跳过难点知识。如果不使用指针、动态内存分配和文件，可以先跳过理论要点中的相关内容。阅读本章案例时，不熟悉文件操作的学生，可以先跳过数据存取，先阅读和实现后面的模块，不会影响阅读效果。

4.1.1 常用数据结构

常用数据结构.mp4

通常的信息管理系统都要管理大量的数据，需要处理数据之间的关系，从而实现群体数据的管理。数据结构是指带结构的数据元素的集合，包括处理数据元素之间的逻辑关系(逻辑结构)、数据元素及其关系在计算机中的存储方式(存储结构)与施加在该数据上的操作(数据运算)三方面的内容。结构体数组、顺序表和链表是实现群体数据管理的有效工具，是信息管理系统的常用数据结构，顺序表类和链

表类是用面向对象思想来实现顺序表和链表。常用数据结构的作用、特点、适用对象和对应章节的比较如表 4-1 所示。本书从学习者的角度讲解编程的迭代过程，采用常用数据结构实现 C/C++项目。使用常用数据结构对项目进行编程既是学生对 C/C++基础知识的综合运用，又是学习“数据结构”的基础。本书致力于搭建“高级程序设计(C/C++)”和“数据结构”之间的桥梁，因此采用常用数据结构搭建信息管理系统，实现信息管理系统的基本功能(初始化、输入、输出、查找、插入、删除、修改、排序、保存、读取)。通过综合运用 C/C++基础知识提升学生解决复杂工程问题的能力，搭建“高级程序设计(C/C++)”与“数据结构”之间的知识、能力和素质的桥梁。第 4～9 章将分别应用这些数据结构来实现项目。

表 4-1　常用数据结构的对照表

类　型	作　用	特　点	适用对象	对应章节
结构体数组	逻辑位置相邻的元素在内存中的物理存储位置也相邻	本质是顺序表	初学者	第 4 章
			熟悉软件开发	第 5 章
顺序表	逻辑位置相邻的元素在内存中的物理存储位置也相邻	结构体数组和数组长度的封装	熟悉结构体的学生	第 6 章
链表	逻辑位置相邻的元素在内存中的物理存储位置不相邻	结构体指针的嵌套定义	熟练掌握指针的学生	第 7 章
顺序表类	逻辑位置相邻的元素在内存中的物理存储位置也相邻	用类实现顺序表	熟悉类和顺序表的学生	第 8 章
链表类	逻辑位置相邻的元素在内存中的物理存储位置不相邻	用类实现链表	熟练掌握类和链表的学生	第 9 章

4.1.2　结构体数组

结构体数组.mp4

1. 结构体的作用

任何一个信息管理系统都需要处理数据，这些数据是由一组元素组成的数据表，一个元素就是一条记录，而每个元素由若干数据项(又称为字段)组成。例如，在学生信息管理系统中所有学生的信息构成学生数据表，每个学生的信息构成一条记录，每个学生的信息包括姓名、性别、班级、系别、专业、家庭住址、考试成绩以及平均分等数据项，它们刻画了学生的属性特征，如表 4-2 所示。本章把学生信息定义为结构体类型，数据项是结构体的属性；把所有学生信息组成的数据表定义为结构体数组，每条学生信息记录就是结构体数组的元素。

能标识该条记录信息的数据项称为关键字。例如，学生的姓名、性别、班级、系别、专业、家庭住址、考试成绩以及平均分都不唯一但能标识该学生信息，它们都是关键字。能够唯一标识该条记录信息的数据项，称为主关键字。例如，学号、身份证号码、车牌号等，这些数据信息唯一、不能重复，称为主关键字。主关键字在查询中非常重要，能够定位到唯一的一条记录。

为了便于分工和并行开发信息管理系统，建议学生可以先搭建菜单并设计好数据结构及其函数接口，先实现初始化函数和显示函数，这样其他成员就可以直接调用这些函数来实现并测试增加(输入或插入)、修改、删除、查询和排序等功能。

表 4-2 学生数据表

学 号	姓 名	性 别	班 级	专 业	考试成绩
1	yuhan	F	19 计算机 1 班	计算机科学	86
2	marui	M	20 物联网	物联网工程	70
3	xushouyin	F	18 机械 5 班	机械自动化	97
4	zhongjie	M	17 环境 2 班	环境工程	63
5	munengqiong	F	16 物理班	应用物理	72
6	huangchonglin	M	21 工程 1 班	工程管理	89

在以前的编程练习中，涉及的数据量非常少，学生往往输入几条数据就能完成简单项目的测试。但是，在实际系统中，数据量通常非常大，会达到几百万条、几千万条、几十亿条。在大数据时代背景下，数据量会更加庞大。随着数据量的增大，系统的处理技术和方法也会发生改变，应该如何管理大量数据呢？本章提供的常用数据结构可以实现中小规模的数据管理，采用文件读写操作来实现数据存储管理。本章采用结构体数组来实现信息管理系统，根据作者多年教学实践经验，基础薄弱的学生也可以应用它来搭建几百行代码的系统。此外，大规模的数据管理需要数据库知识和专门的数据库系统支持，大数据管理需要大数据技术和方法才能实现，内容已经超出本书的讨论范围，在此不给予过多的说明。

2. 结构体、数组与指针

定义结构体类型时，需要将类型的首字母大写，并对每个属性的名称进行注释。结构体的成员项又称为属性，单独占一行并注释，但定义类型时不能赋初值。结构体数组的初始化和一维数组的初始化相同，但是数组中的每个元素都需要用花括号括起来，且必须按照结构体类型的定义顺序提供数据。一维数组作为函数参数时需要同时给出数组长度，但字符串作为函数参数不需要给出数组长度。

数组内存分配有静态分配与动态分配两种方法。通常情况下，数组的长度是固定的，定义后如果数组的存储空间不够也不能调整其长度，这种分配固定大小内存的分配方法称为静态内存分配。另一种分配方法是动态内存分配，不需要预先为数组分配存储空间，且分配的空间可以根据程序的需要扩大或缩小。C 语言可以调用动态内存分配函数 malloc()(需要包含头文件 malloc.h 或者 stdlib.h)实现动态内存分配，建立动态数组(数组长度可以调整)，完成任务后再调用 free()函数释放空间。C++主要用 new/delete 命令实现动态内存分配。C 语言结构体、一维数组与指针的对照如表 4-3 所示。如果学生不使用指针和动态内存分配，可以跳过相关内容。

表 4-3 C 语言结构体、一维数组与指针的对照表

类 型	格式与初始化

结构体	/*定义人员类型，类型的首字母大写*/
	struct Person
	{
	    char name[20]; //候选人姓名
	    int count; //统计票数
	};

续表

类　型	格式与初始化
一维数组	int a[10]={1,2,4,5,6,3,7,20,11,-5}; //数组定义并初始化
结构体数组	Person leader[10]={{"Li",0},{"Wang",0},{"Hong",0}};//结构体数组定义并初始化

一维数组作为函数参数	void display(int b[],int n);//函数参数：b 是数组名，n 是数组长度
	void display(Person b[],int n);//函数参数：b 是结构体数组名，n 是数组长度

指向一维数组的指针	int *p = a;//指向数组 a 的指针 p
	Person *q = leader;//指向结构体数组 leader 的指针 q

动态内存分配	调用形式：(类型说明符)malloc(size);
	int *r = (int *)malloc(10*sizeof(int));//长度为 10 的整型动态数组 r
	Person *s = (Person *)malloc(10*sizeof(Person));//长度为 10 的人员动态数组 s
	释放内存空间“free(r);”

特别注意：

(1) 如果语句“int *r = (int *)malloc(10*sizeof(int));”写成了“int *r = (char*)malloc(10*sizeof(char));”，则会报错，无法通过该编译。

(2) 如果用 C++，表中的动态内存分配可以用更简单的语句“int *r = new[10];Person *s = new[10];”，释放内存空间“delete r[];delete s[];”。

(3) 学生很容易忘记释放内存空间。分配内存空间后一定要释放内存、回收空间，否则会使得内存被无故占用、造成内存泄漏，导致操作失败、系统无法运行等严重后果。

如果有语句“int a[10]={1,2,4,5,6,3,7,20,11,-5}; int *p = a;”，则可以得到一维数组与指针的关系，如表 4-4 所示。

表 4-4　一维数组与指针关系

数组元素	a[0]	a[1]	a[2]	a[3]	a[4]	a[5]	a[6]	a[7]	a[8]	a[9]
下标	0	1	2	3	4	5	6	7	8	9
元素值	1	2	4	5	6	3	7	20	11	−5
指针 p	p	p+1	p+2	p+3	p+4	p+5	p+6	p+7	p+8	p+9

3. 数组的插入操作

数组中插入数据的实质是将插入位置后面的所有数据后移一个位置，再将插入数据放在指定位置，并将数组长度加 1。假设在数据序列{65, 32, 59, 21, 12}中第 3 个位置后插入元素 48，插入前后的对比如表 4-5 所示，展示了插入操作的逻辑。数组中插入数据的实质是将第 3 个位置后面的所有数据后移一个位置，再用插入数据 48 替换原来位置的数据 59，数组长度增加 1。

表 4-5　插入 48 前后的对比

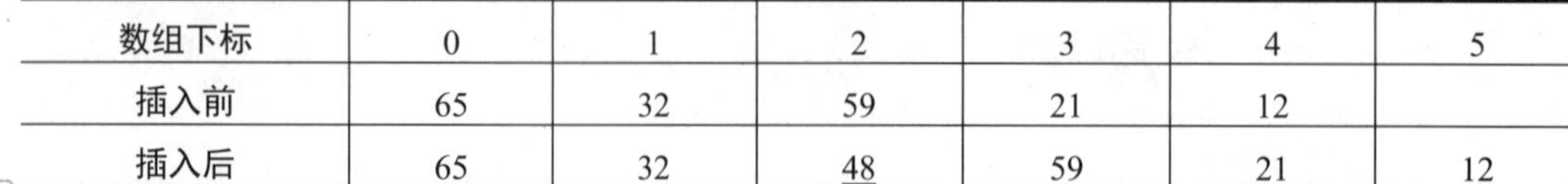

数组下标	0	1	2	3	4	5
插入前	65	32	59	21	12	
插入后	65	32	48	59	21	12

4. 数组的删除操作

数组中删除数据的实质是将删除位置后面的所有数据前移一个位置，并将数组长度减1。假设在数据序列{65, 32, 48, 59, 21, 12}中删除元素 48，删除前后的对比如表 4-6 所示，展示了删除操作的逻辑。数组中删除数据的实质是将 48 后面的所有数据前移一个位置，数组长度减少 1。

表 4-6　删除 48 前后的对比

数组下标	0	1	2	3	4	5
删除前	65	32	48	59	21	12
删除后	65	32	59	21	12	

4.1.3　文件读写操作

文件读写操作.mp4

文件读写操作是实现内存数据与外存中的文件数据进行交换，读取是把文件数据读入内存中，保存是将内存数据存入到外存文件中。

C 语言的头文件是 stdio.h，没有单独的文件操作的头文件。在对文件进行操作之前，需要先定义一个文件指针，用来指向要打开的文件，文件的引用需要用这个文件指针来指示。打开文件需要调用文件打开函数 fopen()来实现，打开文件的同时，需要指明文件的具体使用方式，表明对文件进行何种操作(即读、写或追加)。关闭函数 fclose()用来释放相应的文件缓冲区，这实质上就是将文件指针与文件之间的联系断开，不能再通过该文件指针对文件进行操作。在编写程序时应该养成及时关闭文件的习惯，如果不及时关闭文件，文件数据有可能会丢失。

C 语言提供了格式读写和块读写两种文件读写方式，C 语言常用文件读写的对照情况如表 4-7 所示。格式化读写是把数据按 fscanf()和 fprintf()函数中格式控制字符串中控制字符的要求进行转换，然后再进行读/写。在编写程序时，常常需要一次写入或读出一组数据(例如一个数组或者一个结构体变量)。C 语言提供了 fread()和 fwrite()函数读写二进制文件，以数据块的形式进行整体读写，可以实现一组数据的读取和写入操作，称为块读写。本章案例中读取和保存操作将展示文件的格式读写操作，第 6 章 6.2.1 节再展示块读写的文件操作。此外，C 语言还有单独的字符读写函数和字符串读写函数，需要时再查资料。

表 4-7　C 语言常用文件读写的对照表

类　型	作　用	格　式

文件指针	指向打开文件和操作记录	FILE　*fp = NULL;//指向文件的指针
		文件指针名=fopen(文件名, 文件使用方式);

打开	将数据文件打开，建立文件指针与文件之间的联系，允许读写操作	fopen()指定文件名和路径、读写方式(读 r/写 w/读和写+/追加 a)、文件格式(文本文件 t 或二进制文件 b)等参数 文件指针名=fopen(文件名, 文件使用方式);
关闭	断开文件指针与文件之间的联系，不再允许读写操作，避免文件数据丢失	fclose(fp); //fp 指向需要关闭文件的指针

续表

类 型	作 用	格 式
格式读写	采用 fscanf()和 fprintf()函数读写文本文件，逐项读写	fprintf(文件指针，格式字符串，输出表列); fscanf(文件指针，格式字符串，地址表列);
文本文件末尾	是否指向文件末尾，是否完成所有数据读写	feof()返回值没指向末尾为 0，指向末尾为非 0 函数 fscanf()的返回值为 EOF 表示读取失败
块读写	采用 fread()和 fwrite()函数读写二进制文件，以数据块的形式进行整体读写	fwrite(数据区首地址，字节数，数据个数，文件指针); fread(数据区首地址，字节数，数据个数，文件指针);
二进制文件末尾	是否指向文件末尾，是否完成所有数据读写	fread()函数返回值为 1 表示成功读取，0 表示读取失败

本章介绍 C 语言的格式文件读写操作，实现数据的永久存储。事实上，凡是对数组内容进行了更新操作(输入、插入、删除、修改、排序等操作)，都需要考虑写文件操作，实现数据保存。

4.1.4 查找与排序

查找与排序.mp4

信息管理系统通常要用到查找和排序操作。常用查找算法主要有顺序查找和二分查找，常用排序算法主要有直接插入排序、直接选择排序(即简单选择排序)和冒泡排序。

本书还提供了精确查询(顺序查找和二分查找)、模糊查询、范围查询和组合查询等多种查找方式，将在后续章节中进行介绍，本章只介绍顺序查找和冒泡排序。第 5 章介绍直接插入排序、直接选择排序、精确查询、模糊查询、范围查询和组合查询，第 8 章实现二分查找(8.1.4 节和 8.2.4 节)和组合查询(8.2.3 节)，第 9 章介绍链表的排序。

精确查询主要有顺序查找和二分查找，顺序查找效率低、速度慢，二分查找效率高、能够实现快速查找。由于需要先完成排序才能进行二分查找，因此，本章只介绍顺序查找。顺序查找是指从数组的第一个元素开始，依次比较每个元素，直到找到需要查找的数据为止。顺序查找函数的返回值有物理位置和逻辑位置两种，物理位置表示实际存储位置(即数组下标)，如果没找到就返回-1 不能返回 0；逻辑位置表示返回第几个元素(即数组下标+1)，如果没找到就返回 0。例如，在数据序列{65, 32, 48, 59, 21}中查找 48，48 的数组下标是 2，查询 48 得到的物理位置是 2，逻辑位置是 3，如表 4-8 所示。此外，顺序查找还可以用于顺序表和链表。

表 4-8 顺序查找 48

数组下标	0	1	2	3	4
数组数据	65	32	<u>48</u>	59	21
物理位置	2	逻辑位置			3

排序算法可以实现升序(从小到大排列)和降序排列(从大到小排列)。本章只介绍冒泡排序，直接插入排序和简单选择排序将在 5.1 节中进行介绍。这里的排序按升序进行，降序

排序请学生自己思考。

冒泡排序算法的核心思想就是对相邻元素进行比较，实现升序或降序排列，冒泡排序法可以分为上浮法和下沉法，下沉法是从前往后搜索实现重者下沉，上浮法是从后往前搜索实现轻者上浮。这里只介绍下沉法，它的思路是从前往后搜索，将相邻的两个数据进行比较，将较大的数据交换到后面，实现重者下沉。设有 n 个数据要求从小到大排序，冒泡排序的过程分为 n−1 趟排序。第 1 趟排序，从上向下，相邻两个数据比较，较小的数据往上调，较大的数据往下调。反复执行 n−1 次，那么第 n 个数据最大。依次进行 n−1 趟排序就能完成冒泡排序。

例如，采用下沉法排序整数序列“6，4，5，2，1”，实现的冒泡排序过程如表 4-9 所示。

表 4-9　下沉法冒泡排序的整个过程

初始	第 1 趟					第 2 趟				第 3 趟			第 4 趟	
	第 1 次	第 2 次	第 3 次	第 4 次	结果	第 1 次	第 2 次	第 3 次	结果	第 1 次	第 2 次	结果	第 1 次	结果
6	4	4	4	4	4	4	4	4	4	2	2	2	1	**1**
4	6	5	5	5	5	5	2	2	2	4	1	1	2	**2**
5	5	6	2	2	2	2	5	1	1	1	4	**4**	**4**	**4**
2	2	2	6	1	1	1	1	5	**5**	**5**	**5**	**5**	**5**	**5**
1	1	1	1	6	**6**	**6**	**6**	**6**	**6**	**6**	**6**	**6**	**6**	**6**

说明：表格中**黑体**表示已经排好序的数，下划线表示交换后的两个数。

第 1 趟排序需要进行 4 次交换，目标是把“6，4，5，2，1”中的最大数 6 沉到最下面，得到只有一个数的有序序列“6”。第 1 次交换相邻的 6 和 4 得到“4，6，5，2，1”，第 2 次交换相邻的 6 和 5 得到“4，5，6，2，1”，第 3 次交换相邻的 6 和 2 得到“4，5，2，6，1”，第 4 次交换相邻的 6 和 1 交换得到“4，5，2，1，6”。

第 2 趟排序需要进行 3 次交换，目标是把“4，5，2，1”中的最大数 5 沉到最下面，变成“4，2，1，5”，得到 2 个数的有序序列“5，6”。

第 3 趟排序需要进行 2 次交换，目标是把“4，2，1”中的最大数 4 沉到最下面，变成“2，1，4”，得到 3 个数的有序序列“4，5，6”。

第 4 趟排序只需进行 1 次交换，目标是把“2，1”中的最大数 2 沉到最下面，变成“1，2”，得到 5 个数的有序序列“1，2，4，5，6”。第 4 趟排序后完成整个排序，得到最终结果。

4.2　案例解析

本节将展示一个采用结构体数组完成简单信息管理系统的设计和实现过程，主要内容包括初始化、显示、保存、读取、查找、删除、排序、插入和输入。

【案例 4-1】利用结构体数组管理学生的信息，实现输入、输出、保存、读取、查找、插入、删除、排序、修改等功能。

问题分析.mp4

问题分析：学生的信息有若干项，如学号、姓名、性别、班级、系别、专业、家庭住址、每学期课程的考试成绩以及平均分等。为了简化问题，本例中学生的信息只包括学号、姓名、数学和英语两门课程的成绩。定义的结构体包括四个成员项，分别为学号(整型)、姓名(字符数组即字符串)、数学和英语两个成绩(实型)。一个结构体数组元素只能存储一名学生的信息。

为了便于学生理解整个系统的演化过程，本章采用迭代编程方式实现代码。迭代实现的路线有多种，为了便于学生理解案例的迭代实现顺序，图 4-1 给出了通常实现与案例实现两个实现路线的对比关系。其中，图 4-1(a)是通常迭代实现顺序(简称通常实现)，图 4-1(b)是本案例迭代实现顺序(简称案例实现)，图 4-1(c)是通常实现中模块的调用关系，图 4-1(d)是案例实现中模块的调用关系。这里的通常实现是指学生通常完成系统的顺序，先输入再输出、先插入再删除、先查找再排序、先保存再读取。这种方式的优点是不仅逻辑简单、容易理解，而且兼顾了学生对知识掌握的熟悉程度和难易程度。但是这种方式存在突出缺点，不仅难以验证代码的正确性，而且测试效率非常低从而导致编程效率不高。

首先，通常实现方式造成测试效率非常低，案例实现方式测试效率高。根据迭代编程实现的“一个模块一迭代”思想，完成一个函数模块并测试成功后，才能开始编写下一个函数模块。测试代码的正确性需要数据支持，才能有效验证代码的正确性。通常实现中输入是基础，大部分模块的操作要调用输入模块，都依赖于输入数据来验证其他模块的正确性，如图 4-1(c)所示。结构体数组需要的输入数据量较大，通常实现会造成反复输入数据，会使得测试效率低下。然而，案例实现能有效地提高测试效率。案例实现中初始化是基础，大部分模块的操作都会调用初始化操作，如图 4-1(d)所示。案例实现中，初始化由程序提供数据，不需要反复输入数据，既提高了测试效率，又提高了编程效率，让学生有更多时间用在编写模块的核心代码上。事实上，取得数据的方式有初始化、文件读取和键盘输入，初始化能够为运行提供充分的测试数据。因此，输入可以放在项目开发的最后阶段进行。

其次，通常实现方式难以验证代码的正确性。在实际教学过程中发现，由于 C 语言输入格式控制符类型很多，基础薄弱的学生常常无法正确地完成输入和输出，不知道哪里存在错误，更不会排错，造成输入和输出之间相互验证出现死循环，如图 4-2(a)所示。例如，输入/输出浮点型变量 x 时，很容易把输入语句 scanf(“%f”, &x)错写成 scanf(“%d”, x)，把输出语句 printf(“%f”, x)错写成 printf(“%d”, &x)。因此，通常实现方式难以验证输入代码的正确性，会降低开发效率。但是在图 4-2(b)中就破解了这个死循环，初始化验证输出、输出再验证输入，使得基础薄弱的学生更容易实现系统代码。案例实现中首先进行初始化，使得学生更容易验证代码的正确性，提高编程效率。

本案例经历 11 次迭代实现了简单的学生信息管理系统，代码共 374 行。整个项目的源程序文件存放在文件夹“第 4 章源程序”的子文件夹 example4-1 下。整个内容分成 4 个小节，第 1 节搭建初始框架，第 2 节实现数据存取，第 3 节完成查找、删除，第 4 节支撑排序新增，完成软件系统。其中，第 1、2 次迭代放在第 1 节，分别实现结构体和结构体数组；第 3、4 次迭代分别在 main()函数中实现显示模块和独立的显示函数，仍然放在第 1 节；为了提高操作效率，在第 3 节插入模块迭代时增加了菜单。为了便于学生理解，在此给出了数组实现系统的迭代过程图，如图 4-3 所示。初始化可以为查找、删除、排序和插入等操作提供数据支持，方便进行程序测试，验证程序的正确性。因此，数据存取可以放在最后实现。

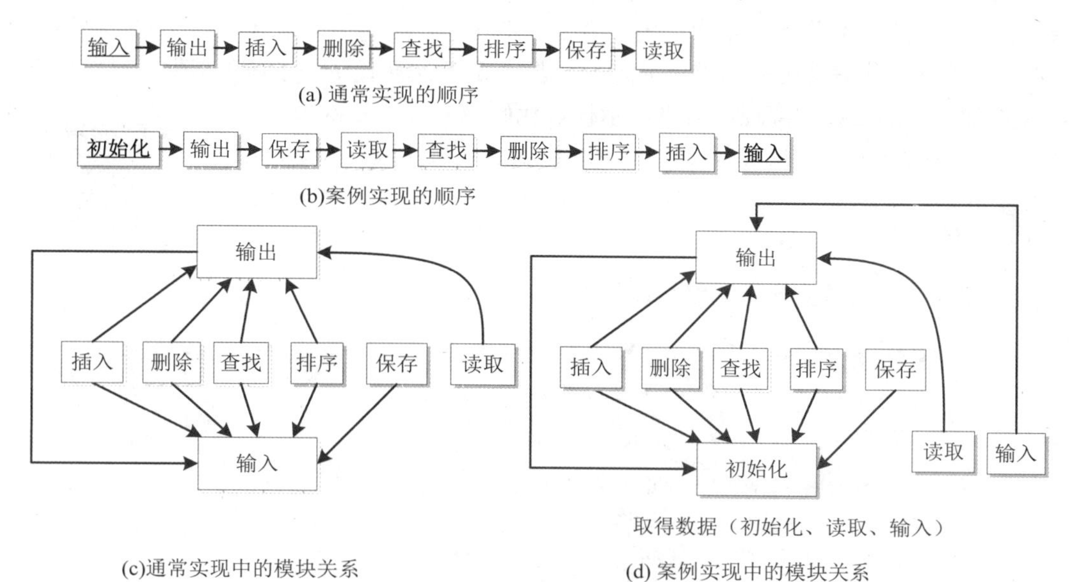

说明：(a)(b)图中x→y表示先完成x模块再完成y模块　(c)(d)图中x→y表示模块x调用模块y

图 4-1　通常实现与案例实现的对比关系

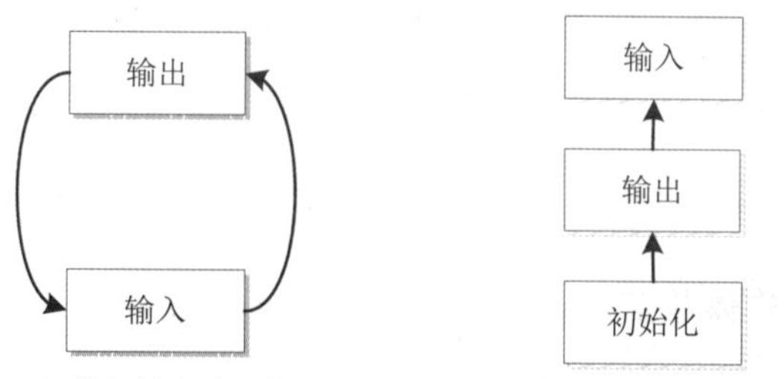

(a) 输入输出验证的死循环　(b) 初始化破解输入和输出的验证死循环

说明：a→b表示a验证b

图 4-2　初始化、输入和输出的验证关系图

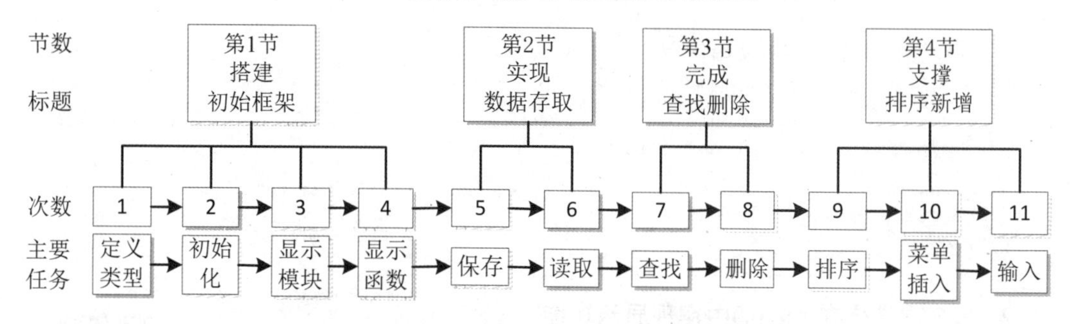

图 4-3　结构体数组实现系统的迭代过程图

4.2.1　搭建初始框架

通过初始化与显示，迅速搭建系统的初始框架。为了测试输入函数是否成功，需要首

先测试显示函数，实现结果输出；但要测试显示，需要先有数据，因此需要先进行数据的初始化。初始化、输入和输出的验证关系如图 4-2(b)所示，实现初始化验证输出、输出再验证输入。因此，本节进行 4 次迭代，第 1 次迭代建立结构体，第 2 次迭代初始化结构体数组。完成初始化后就可以完成显示模块，进行第 3 次迭代。为了便于学生理解，显示模块首先在 main()函数中实现，再将显示模块代码独立为显示函数，从而第 3 次迭代的显示模块实现又可以分成 2 次迭代来完成。因此，还要对显示进行 2 次迭代，第 3 次迭代在 main()函数中完成显示模块，第 4 次迭代完成显示函数。

第 1 次迭代建立结构体类型.mp4

1. 第 1 次迭代建立学生的结构体类型

```
#include<stdio.h>
/*定义学生类型 Student，类型的首字母大写*/
struct Student
{
   /*成员又称为属性，单占一行并注释*/
   int num;              //学号
   char name[20];        //姓名
   float math;           //数学成绩
   float English;        //英语成绩
};
int main()
{
   printf("helloWorld\n");

   return 0;
}//example4-1-1.cpp
```

2. 第 2 次迭代初始化结构体数组

第 2 次迭代初始化结构体数组.mp4

```
#include <stdio.h>
#define N 50
/*定义学生类型 Student 的代码略去，下同*/
int main()
{
   /*定义结构体数组并初始化*/
   Student stu[N] = {{80123,"wanghua",89,98},{80135,"lilin",88,99},
      {80021,"zhangshanfeng",60,75},{80239,"chengbo",72,84}};//继行再缩进
   printf("helloWorld\n\n");

   return 0;
}//example4-1-2.cpp
```

3. 第 3 次迭代在 main()中实现显示功能

第 3 次迭代在 main()中实现显示功能.mp4

在 main()中实现显示功能，这里把显示分为单行显示和多行显示两种方式，如表 4-10 所示。单行显示是指单记录输出方式，表头表体一起输出，适合数据项多时的显示。多行输出是指多记录输出方式，先输出表头再输出表体，输出结果是一个表格，适合数据项

少时的显示。数据项少时单行显示的界面友好性较差，这时最好采用多行输出来提高界面的友好性。

表 4-10　输出方式的对照表

类　型	单行显示	多行显示
定义	表头表体一起输出	先输出表头再输出表体
输出方式	单记录输出方式	多记录输出方式
输出结果	重复出现表头，见图 4-4 的上半部分	表格式，输出多行，见图 4-4 的下半部分和图 4-5
适用条件	数据项多	数据项少

```
#include <stdio.h>
#define N 50
/*略去 Student 类型的代码*/
int main()
{
   /*定义数组和变量*/
   Student stu[N] = {{80123,"wanghua",89,98},{80135,"lilin",88,99},
      {80021,"zhangshanfeng",60,75},{80239,"chengbo",72,84}}; //继行再缩进
   int i = 0;//数组下标
   int n = 4;//学生总数

   /*输出方式 1：单记录输出方式(单行输出)，
   表头表体一起输出，数据项多时效果好*/
   for (i = 0;i < n;i++)
   {
      printf("学号：%d ",stu[i].num);
      printf("姓名：%s ",stu[i].name);
      printf("数学：%.0f ",stu[i].math);
      printf("英语：%.0f\n",stu[i].English);
   }

   /*最好采用多行输出，提高友好性，使用户界面更加友好
   输出方式 2：多记录输出方式(多行输出)，
   先输出表头再输出表体，数据项少时效果好*/
   printf("\n%10s","学号");
   printf("%24s ","姓名");
   printf("%8s","数学");
   printf("%8s\n","英语");
   for (i = 0;i < n;i++)
   {
      printf("%10d ",stu[i].num);
      printf("%24s ",stu[i].name);
      printf("%8.2f ",stu[i].math);
      printf("%8.2f\n",stu[i].English);
   }

   return 0;
}//example4-1-3.cpp
```

程序运行结果截图如图 4-4 所示。

```
学号: 80123 姓名: wanghua 数学: 89 英语: 98
学号: 80135 姓名: lilin 数学: 88 英语: 99
学号: 80021 姓名: zhangshanfeng 数学: 60 英语: 75
学号: 80239 姓名: chengbo 数学: 72 英语: 84

      学号                    姓名    数学    英语
     80123                 wanghua   89.00   98.00
     80135                   lilin   88.00   99.00
     80021           zhangshanfeng   60.00   75.00
     80239                 chengbo   72.00   84.00
```

图 4-4　运行结果图

第 4 次迭代实现显示函数.mp4

4. 第 4 次迭代实现显示函数

根据以上结果，将多行显示独立成函数，得到第 4 次迭代结果。实现函数时，需要先声明、后实现、再调用。

```
#include <stdio.h>
#define N 50
/*略去 Student 类型的代码*/
void output(Student st[],int m);//输出函数的声明
int main()
{
    /*定义数组和变量*/
    Student stu[N] = {{80123,"wanghua",89,98},{80135,"lilin",88,99},
        {80021,"zhangshanfeng",60,75},{80239,"chengbo",72,84}}; //继行再缩进
    //int i = 0;//数组下标
    int n = 4;//学生总数

    output(stu,n);//输出函数的调用

    return 0;
}

/*输出函数的实现
参数：st 是结构体数组，m 是数组长度*/
void output(Student st[],int m)
{
    int i = 0;//数组下标

    /*输出表头*/
    printf("%10s","学号");
    printf("%24s ","姓名");
    printf("%8s","数学");
    printf("%10s\n","英语");

    /*输出表体*/
    for (i = 0;i < m;i++)
    {
        printf("%10d ",st[i].num);
        printf("%24s ",st[i].name);
        printf("%8.2f ",st[i].math);
        printf("%8.2f\n",st[i].English);
    }
}//example4-1-4.cpp
```

程序运行结果截图如图 4-5 所示。

```
学号                  姓名    数学    英语
80123             wanghua   89.00   98.00
80135               lilin   88.00   99.00
80021      zhangshanfeng   60.00   75.00
80239             chengbo   72.00   84.00
```

图 4-5　运行结果图

4.2.2　实现数据存取

实现数据存取就是通过文件读写函数，实现数据的保存和读取。实现了初始化之后，先实现系统的保存模块，为下一步读取模块准备所需要的文本数据文件。从本次迭代开始，后面的模块都直接实现函数，不用在 main()中先测试代码再独立为函数。本系统采用文件的格式读写函数实现系统的保存和读取，用文件格式续写函数存取结构体数据。本节实现文件读写操作，第 5 次迭代实现保存函数，第 6 次迭代实现读取函数。

第 5 次迭代实现保存函数.mp4

1. 第 5 次迭代实现保存函数

现在进行第 5 次迭代，本次迭代实现保存函数。

```
#include <stdio.h>
#define N 50
/*略去 Student 类型的代码*/
void output(Student st[],int m);    //输出函数的声明
int saveFile(Student st[],int m);   //保存文件函数的声明
int main()
{
    /*定义数组和变量的代码省略*/

    saveFile(stu,n);     //保存文件函数的调用
    output(stu,n);       //输出函数的调用

    return 0;
}

/*略去输出函数的代码*/
/*保存文件函数的实现
参数：st 是数组，m 是数组长度
返回值：1 表示保存成功，0 表示保存失败*/
int saveFile(Student st[],int m)
{
    int i = 0;             //数组下标
    FILE *fp = NULL;       //文件类型指针
    /*在当前目录的下级目录下，用“只写”(w)方式打开文本文件
    语句 if ((fp = fopen("…","w")) == NULL) 可以写为两句
    fp = fopen("./example4-1/stud.txt","w");//相对路径
    if (fp == NULL)*/
    if ((fp = fopen("./example4-1/stud.txt","w")) == NULL)
    {
```

```
        printf("保存失败");

        return 0;
    }

    /*将每个学生信息写入文件*/
    for(i = 0;i < m;i++)
    {
        fprintf(fp,"%d\t",st[i].num);           //\t 表示水平跳格，可用空格代替
        fprintf(fp,"%s\t",st[i].name);
        fprintf(fp,"%f\t",st[i].math);
        fprintf(fp,"%f\n",st[i].English);       //\n 表示换行
    }
    fclose(fp); //关闭文件

    return 1;
}//example4-1-5.cpp
```

保存函数的测试主要看保存文件是否存在，并且还可以通过打开文本文件来检查是否保存了全部内容。fopen()函数的第一个参数“./example4-1/stud.txt”是相对路径，其中的斜杠“/”前的点号“.”表示当前目录，相对路径可以改为绝对路径(例如，“E:/第 4 章源程序/example4-1/stud.txt”)。保存函数运行后，在当前目录的下级目录 example4-1(目录又称为文件夹)中可以看到 stud.txt 这个数据文件，如图 4-6 所示。打开该文件可以看到初始化的 4 条学生信息已经保存到文件中，如图 4-7 所示，说明保存函数运行成功。如果将文件 stud.txt 放在当前目录下，则将 fopen()函数的第一个参数“./example4-1/stud.txt”改为“stud.txt”。

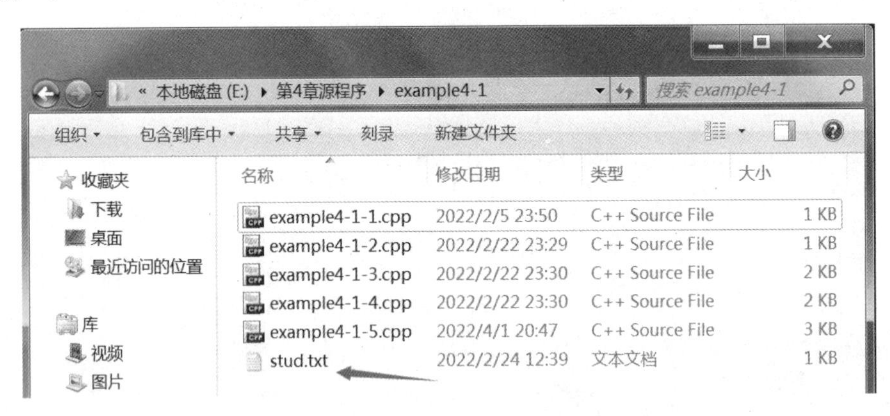

图 4-6 文件夹中的数据文件

stud - 记事本

文件(F) 编辑(E) 格式(O) 查看(V) 帮助(H)

```
80123   wanghua   89.00         98.00
80135   lilin     88.00         99.00
80021   zhangshanfeng     60.00         75.00
80239   chengbo   72.00         84.00
```

图 4-7 运行后的文件结果图

说明：初学者可以不区分相对路径和绝对路径，直接使用 fopen("stud.txt","w")。

2. 第 6 次迭代实现读取函数

第 6 次迭代实现读取函数.mp4

第 5 次迭代完成了系统的保存函数，现在完成第 6 次迭代，实现系统的读取函数。读取数据成功后，整个系统的数据来源就可以从文件中获得，即读取替代初始化为系统提供数据，如图 4-1(d)所示。因此，现在需要去掉结构体数组的初始化操作。通过读取函数读取数据，既避免了反复输入数据从而提高工作效率；又避免了每次都调用初始化数据造成系统无法更新数据(输入、插入、删除、修改、排序等模块会更新数据)。此外，读取函数还可以检测文件中是否保存了全部内容，检测保存数据是否成功。

特别注意：(1) 指向文本文件末尾提供了 feof()和 fscanf()两个函数来实现。没有指向文件末尾时 feof()的返回值为 0，指向文件末尾时返回值为非 0；函数 fscanf()的返回值为 EOF(end of file 文件末尾)表示读取失败。

(2) 读文件的变量名前必须加上地址符&，且读写文件的格式控制符必须一致，才能读取成功。读写文件的格式控制符如表 4-11 所示。

(3) 函数的数组长度用指针作为参数，将读取的数据条数传给主函数。

表 4-11　读写文件的格式控制符对照表

控 制 符	写入语句	读取语句
水平跳格	fprintf(fp,"%d\t",st[i].num);	fscanf(fp,"%d\t",&st[i].num);
换行	fprintf(fp,"%d\n",st[i].num);	fscanf(fp,"%d\n",&st[i].num);
空格	fprintf(fp,"%d ",st[i].num);	fscanf(fp,"%d ",&st[i].num);

```
#include <stdio.h>
#define N 50
/*略去 Student 类型的代码*/
void output(Student st[],int m);          //输出函数的声明
int saveFile(Student st[],int m);         //保存文件函数的声明
int readFile(Student st[],int *pm);       //读取文件函数的声明
int main()
{
    /*定义数组和变量*/
    struct Student stu[N];  //定义结构体数组
    /*定义结构体数组并初始化
    Student stu[N] = {{80123,"wanghua",89,98},{80135,"lilin",88,99},
        {80021,"zhangshanfeng",60,75},{80239,"chengbo",72,84}};*/
    int n = 0;                  //学生总数

    //saveFile(stu,n);          //保存文件函数的调用
    readFile(stu,&n);           //读取文件函数的调用
    output(stu,n);              //输出函数的调用

    return 0;
}
/*略去输出函数和保存文件函数的代码*/
/*读取文件函数的实现，st 是数组，pm 指向数组长度
返回值：1 表示保存成功，0 表示保存失败*/
int readFile(Student st[],int *pm){
```

```
    int i = 0;              //数组下标
    FILE *fp = NULL;        //文件类型指针

    /*在当前目录的下级目录下，用“只读”方式打开文本文件*/
    if ((fp = fopen("./example4-1/stud.txt","r")) == NULL)
    {
        printf("读取文件失败！\n");

        return 0;
    }

    /*写法一：函数 feof()，返回值为 0 表示没指向文件末尾，指向文件末尾为非 0
    i = 0;
    while(!feof(fp))        //表示没有指向文本文件末尾
    {
        fscanf(fp,"%d\t",&st[i].num);          //\t 表示水平跳格，可用空格替换
        fscanf(fp,"%s\t",&st[i].name);
        fscanf(fp,"%f\t",&st[i].math);
        fscanf(fp,"%f\n",&st[i].English);      //\n 表示换行
        i++;
    }*/

    /*写法二：调用函数 fscanf()，返回值为 EOF 表示读取失败*/
    i = 0;
    while(fscanf(fp,"%d\t%s\t%f\t%f\n",&st[i].num, &st[i].name, &st[i].math,
        &st[i].English) != EOF)  //继行再缩进 4 个空格
    {
        i++;
    }
    fclose(fp);
    *pm = i;

    return 1;
}//example4-1-6.cpp
```

通过显示函数来验证读取函数是否读取成功，如果显示出了如图 4-7 所示 stud.txt 存储的所有内容，则表示读取成功。程序运行结果如图 4-8 所示。

学号	姓名	数学	英语
80123	wanghua	89.00	98.00
80135	lilin	88.00	99.00
80021	zhangshanfeng	60.00	75.00
80239	chengbo	72.00	84.00

图 4-8　运行结果图

4.2.3　完成查找删除

本节完成第 7、8 次迭代，依次实现查找和删除功能。

1. 第 7 次迭代实现查找函数

查找操作可以查找学号、姓名、数学成绩和英语成绩。这里以查找学号为例，实现顺

序查找，完成第 7 次迭代。查找是为了便于在大数据量系统中定位，方便进行插入、删除和修改等操作。因此，查找函数返回元素的物理位置，即返回值设定为数组的下标。若找到则输出该学生的信息，返回数组下标；若没查找到，就输出“没有找到!”，返回-1。

第 7 次迭代实现查找函数.mp4

特别注意：学号作为主关键字具有唯一性，不能重复，但是姓名、成绩都可能重复，查找时要注意它们之间的区别。

```
#include <stdio.h>
#define N 50
/*略去 Student 类型的代码*/
void output(Student st[],int m);                     //输出函数的声明
int saveFile(Student st[],int m);                    //保存文件函数的声明
int readFile(Student st[],int *pm);                  //读取文件函数的声明
int search(Student st[],int m,int number); //查找函数的声明
int main()
{
    /*定义数组和变量*/
    struct Student stu[N];                //定义结构体数组
    int n = 0;                            //学生总数
    int location = -1;                    //查找到的位置
    int ID = 0;                           //学生学号

    readFile(stu,&n);                     //读取文件函数的调用
    output(stu,n);                        //输出函数的调用

    /*查找模块*/
    printf("输入要查找的学号：");
    scanf("%d",&ID);
    location = search(stu,n,ID);     //查找函数的调用
    if(location != -1)
    {
        printf("找到学生的信息是：\n");
        printf("学号：%d ",stu[location].num);
        printf("姓名：%s ",stu[location].name);
        printf("数学：%.0f ",stu[location].math);
        printf("英语：%.0f\n",stu[location].English);
    }
    else
        printf("没有找到!\n");

    return 0;
}

/*略去输出函数、保存文件函数和读取文件函数的代码*/
/*查找函数的实现
参数：st 是数组，m 是数组长度，number 表示学号
返回值：查找成功时返回数组下标，-1 表示查找失败*/
int search(Student st[],int m,int number)
{
    int i = 0;               //数组下标，循环控制变量
    Student* p = st;         //指向数组的指针
```

```
    while (p->num != number && i < m)
    {
        i++;
        p++;
    }
    if (i < m)
        return i;
    else
        return -1;
}//example4-1-7.cpp
```

测试查找操作分为查找成功和查找失败两种情况。需要说明的是，查找操作的合法值是查找元素的物理位置即数组下标 i 在[0,m−1]区间(其中 0 和 m−1 是边界值)，超出这个范围就是非法值。

(1) 用系统中已有的数据(即合法值)测试时，查找成功的运行结果如图 4-9 所示。

```
     学号              姓名    数学     英语
    80123           wanghua   89.00    98.00
    80135             lilin   88.00    99.00
    80021     zhangshanfeng   60.00    75.00
    80239           chengbo   72.00    84.00
输入要查找的学号: 80021
找到学生的信息是:
学号: 80021 姓名: zhangshanfeng 数学: 60 英语: 75
```

图 4-9　查找成功的运行结果图

(2) 用系统中没有的数据(即非法值)测试时，查找失败的运行结果如图 4-10 所示。

```
     学号              姓名    数学     英语
    80123           wanghua   89.00    98.00
    80135             lilin   88.00    99.00
    80021     zhangshanfeng   60.00    75.00
    80239           chengbo   72.00    84.00
输入要查找的学号: 10086
没有找到!
```

图 4-10　查找失败的运行结果图

2. 第 8 次迭代实现删除函数

第 8 次迭代实现删除函数.mp4

删除操作可以通过输入学号、姓名、数学成绩和英语成绩等信息，先找到学生信息，再进行删除。以查找学号为例，若找到，则删除该学生的信息；若没查找到，就输出“没有找到!”。一些初学者为了简化问题，不调用查找函数，而是先采用人工计数方式确定数组下标后再进行删除。这样做只适合数据量非常少的情况，例如，只有几条或者几十条数据记录。当数据量达到上百条时，就无法用人工计数方式确定数组下标，只能用查找函数定位被删除记录的数组下标。现实生活中，信息管理系统中的信息数据数量多得惊人，往往达到几百万甚至上亿条数据记录，根本无法用人工方式来定位。因此，删除函数实现的逻辑顺序依次是查找、显示被删除信息、询问、正式删除、保存删除结果。

特别注意：删除操作要非常慎重，因此删除前要进行询问。删除操作改变了学生信息，需要保存，可以再次选择是否保存，可以选择不保存从而撤销删除操作。

```
#include <stdio.h>
#define N 50
```

```
/*略去 Student 类型的代码*/
void output(Student st[],int m);                        //输出函数的声明
int saveFile(Student st[],int m);                       //保存文件函数的声明
int readFile(Student st[],int *pm);                     //读取文件函数的声明
int search(Student st[],int m,int number);              //查找函数的声明
int deleteList(Student st[],int *pm,int number);        //删除函数的声明
int main()
{
    /*定义数组和变量*/
    struct Student stu[N];          //定义结构体数组
    int n = 0;                      //学生总数
    int location = -1;              //查找到的位置
    int ID = 0;                     //学生学号
    int isSuccess = 0;              //是否成功

    printf("\n");
    readFile(stu,&n);               //读取文件函数的调用
    output(stu,n);                  //输出函数的调用

    /*略去查找模块调用的代码*/

    /*删除模块*/
    printf("输入要删除学生的学号：");
    scanf("%d",&ID);
    isSuccess = deleteList(stu,&n,ID);  //删除函数的调用
    if(isSuccess)
    {
        printf("学号%d 的信息被删除后\n",ID);
        output(stu,n);
    }
    else
        printf("没有找到学号%d，删除失败!\n",ID);
    printf("\n");

    return 0;
}

/*略去输出函数、保存文件函数、读取文件函数和查找函数的代码*/

/*删除函数的实现
参数：st 是数组，pm 指向数组长度，number 表示学号
返回值：1 表示删除成功，0 表示删除失败*/
int deleteList(Student st[],int *pm,int number)
{
    int i = 0;                  //数组下标，循环控制变量
    int location = -1;          //被删除的位置
    char isOperate = 'N';       //是否操作

    location = search(st,*pm,number);   //查找

    /*显示被删除学生信息*/
    if (location != -1)
```

```
    {
        printf("找到学生的信息是：\n");
        printf("学号：%d ",st[location].num);
        printf("姓名：%s ",st[location].name);
        printf("数学：%.0f ",st[location].math);
        printf("英语：%.0f\n",st[location].English);
    }
    else
    {
        printf("没有找到!\n");
        return 0;//删除失败
    }

    /*删除学生信息*/
    printf("是否删除？(Y/N)");          //询问一下，引起思考，可以后悔
    getchar();                          //吸收前面的输入，否则下面无法输入
    scanf("%c",&isOperate);
    if (isOperate == 'Y' || isOperate == 'y')
    {
        i = location;
        while (i < *pm - 1)
        {
            st[i] = st[i + 1];          //从后往前移动
            i++;
        }
        *pm = *pm - 1;

        /*进行保存操作*/
        printf("是否保存？(Y/N)");      //询问一下，引起思考，可以后悔
        getchar();                      //吸收前面的输入，否则下面无法输入
        scanf("%c",&isOperate);
        if (isOperate == 'Y' || isOperate == 'y')
            saveFile(st,*pm);           //保存文件函数的调用
        return 1;                       //删除成功
    }
    else
    {
        printf("不删除");
        return 0;                       //删除失败
    }
}//example4-1-8.cpp
```

测试删除操作分为删除成功(删除已有数据，即用合法值或边界值进行测试)和删除失败(删除不存在数据，即用非法值进行测试或者删除代码存在逻辑错误)两种情况。需要说明的是，删除操作的合法值是删除的物理位置 location 在[0,n−1]区间(其中 0 和 n−1 是边界值)，−1 就是非法值。

测试删除成功的方法需要对照删除前后的输出结果，如果指定记录在删除前存在，但是删除后不存在，则表示删除成功。首先，需要确认删除前的输出结果，显示有学号为 80135 的学生信息，程序运行结果为如图 4-11 所示的上半部分。其次，确认删除后的输出结果，删除成功后没有学号为 80135 的学生信息，程序运行结果为如图 4-11 所示的下

半部分。

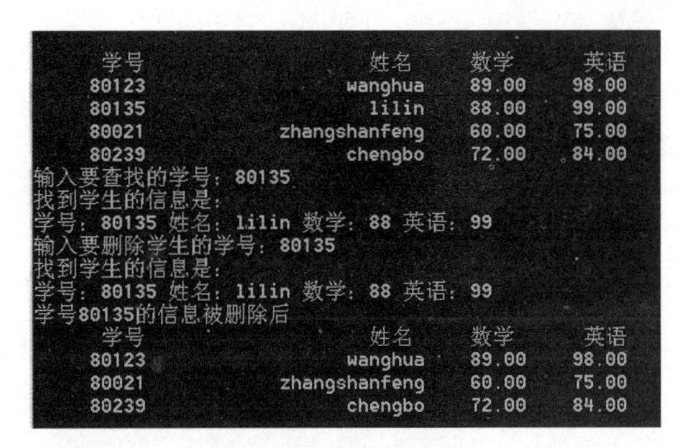

图 4-11　运行结果图

如果调用了保存函数，则可以看到文件中学号为 80135 的学生信息已经被删除，程序运行后的文件结果如图 4-12 所示。

stud - 记事本

文件(F)　编辑(E)　格式(O)　查看(V)　帮助(H)

```
80123	wanghua 89.000000	98.000000
80021	zhangshanfeng	60.000000	75.000000
80239	chengbo 72.000000	84.000000
```

图 4-12　运行后的文件结果图

删除函数中调用了保存函数，现在学生应该明白“为什么要先完成保存和读取函数？”了吧。

4.2.4　支撑排序新增

本节完成第 9、10、11 次迭代，依次实现排序、插入和输入操作。通过插入和输入函数实现数据增加，完成数据新增。其中，第 10 次迭代实现了插入函数和菜单。

1. 第 9 次迭代实现排序函数

第 9 次迭代实现排序函数.mp4

排序操作可以按照学号、姓名、数学成绩或英语成绩等信息进行升序或降序排列，可以采用直接插入排序算法、简单选择排序算法或冒泡排序算法。现在进行第 9 次迭代，以数学成绩为例，采用冒泡排序算法的下沉法进行升序排列。排序操作只要有数据就行，因此，在初始化、读取或者输入数据之后，任何时候都可以进行排序。

特别注意：排序的数据最好不少于 4 条信息且是乱序，否则无法测试排序效果。

```
#include <stdio.h>
#define N 50
/*略去 Student 类型的代码*/
void output(Student st[],int m);                        //输出函数的声明
int saveFile(Student st[],int m);                       //保存文件函数的声明
int readFile(Student st[],int *pm);                     //读取文件函数的声明
```

```
int search(Student st[],int m,int number);          //查找函数的声明
int deleteList(Student st[],int *pm,int number);    //删除函数的声明
void bubbleSortByMath(Student st[],int m);          //冒泡排序函数的声明
int main()
{
    /*略去定义数组和变量的代码*/
    /*略去读取文件、输出函数、查找模块和删除模块的调用代码*/
    bubbleSortByMath(stu,n);           //冒泡排序函数的调用
    printf("\n");

    return 0;
}

/*略去输出函数、保存文件函数、读取文件函数、查找函数、删除函数的代码*/

/*冒泡排序函数(下沉法：按学生数学成绩升序排列)的实现
参数：st 是数组，m 是数组长度*/
void bubbleSortByMath(Student st[],int m)
{
    Student temp;          //临时变量
    int i = 0;             //排序趟数
    int j = 0;             //数组下标
    for (i = 0;i < m-1;i++)
    {
        for (j = 0;j < m-i-1;j++)
        {
            if (st[j].math > st[j+1].math)
            {
                temp = st[j];
                st[j] = st[j+1];
                st[j+1] = temp;
            }
        }
        printf("第%d趟排序结果：\n",i + 1);
        output(st,m);//输出每趟排序结果
    }
}//example4-1-9.cpp
```

测试排序是否成功主要看运行结果是否按照数学成绩升序排序。由于不同排序算法都能实现排序，但排序过程不同。学生容易将常用排序算法搞混或者搞错，有时用错误的方法也能得到正确的结果，但是排序过程确实是错的。因此，测试任何一种排序算法时，最好能给出每趟排序过程，这样才能有效地测试排序算法是否正确。本次迭代的排序运行结果如图 4-13 所示，排序过程符合冒泡排序算法的下沉法。因此，排序成功。排序函数也可以调用保存函数，本次迭代没有调用。

2. 第 10 次迭代实现菜单和插入函数

第 10 次迭代实现菜单和插入函数.mp4

插入操作类似于前面的删除操作，可以输入一条学生的信息(学号、姓名、数学成绩和英语成绩)，插入到数组的任何位置；也可以插入排好序的序列中，只是需要先通过查找操作确定它的插入位置。

现在进行第 10 次迭代，这里以指定插入位置和插入信息为例，进行插入操作。插入后调用保存文件操作。

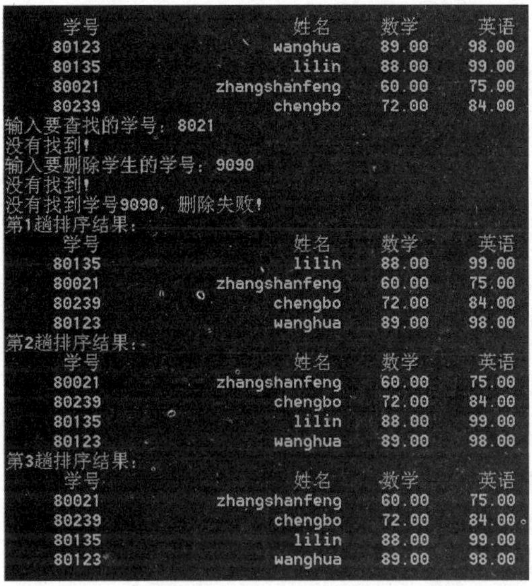

```
    学号                   姓名      数学      英语
   80123              wanghua     89.00     98.00
   80135                lilin     88.00     99.00
   80021         zhangshanfeng    60.00     75.00
   80239              chengbo     72.00     84.00
输入要查找的学号：8021
没有找到！
输入要删除学生的学号：9090
没有找到！
没有找到学号9090，删除失败！
第1趟排序结果：
    学号                   姓名      数学      英语
   80135                lilin     88.00     99.00
   80021         zhangshanfeng    60.00     75.00
   80239              chengbo     72.00     84.00
   80123              wanghua     89.00     98.00
第2趟排序结果：
    学号                   姓名      数学      英语
   80021         zhangshanfeng    60.00     75.00
   80239              chengbo     72.00     84.00
   80135                lilin     88.00     99.00
   80123              wanghua     89.00     98.00
第3趟排序结果：
    学号                   姓名      数学      英语
   80021         zhangshanfeng    60.00     75.00
   80239              chengbo     72.00     84.00
   80135                lilin     88.00     99.00
   80123              wanghua     89.00     98.00
```

图 4-13　运行结果图

另外，考虑到操作越来越多，按照顺序进行操作会给用户带来麻烦。因此，在这次迭代中提供菜单函数供用户选择操作，可以选择输入、输出、插入、删除、排序、读取、保存和查找，不必按照顺序执行这些操作，从而增加了操作的灵活性和界面的友好性。采用菜单函数实现用户选择，使得 main()函数变得非常简单。这时才设计菜单函数，是为了让学生更好地理解菜单的作用。事实上，在第 1 次迭代时就可以设计菜单，能更好地提高编程效率，但是会使初学者在初始迭代时很难理解菜单的价值。

特别注意：插入操作需要保存，在此没有让用户选择，当然也可以让用户选择。菜单中保存和读取使得用户可以选择操作，也可以取消菜单中的这两个菜单项。此外，还包含新的头文件 stdlib.h，支持 exit()函数。

```
#include <stdio.h>
#include <stdlib.h>//支持 exit()函数
#define N 50
/*略去 Student 类型的代码*/
void output(Student st[],int m);                        //输出函数的声明
int saveFile(Student st[],int m);                       //保存文件函数的声明
int readFile(Student st[],int *pm);                     //读取文件函数的声明
int search(Student st[],int m,int number);              //查找函数的声明
int deleteList(Student st[],int *pm,int number);        //删除函数的声明
void bubbleSortByMath(Student st[],int m);              //冒泡排序函数的声明
int insertList(Student st[],int *pm,int location,Student theStu);
                                                        //插入函数的声明
void menu();           //菜单函数的声明
void doMenu();         //执行菜单函数的声明
int main(){
   doMenu();           //执行菜单函数

   return 0;
```

```
}

/*略去输出函数、保存文件函数、读取文件函数、查找函数、删除函数、排序函数的代码*/

/*插入函数的实现
参数：st 是数组，pm 指向数组长度，location 是插入逻辑位置，theStu 是插入信息
返回值：1 表示插入成功，0 表示插入失败*/
int insertList(Student st[],int *pm,int location,Student theStu){
    int i = 0;              //数组下标，循环控制变量
    location--;             //逻辑位置转换为物理位置
    if (location < 0 || location > *pm)
    {
        return 0;//插入失败
    }

    /*移动后面的数据*/
    i = *pm;
    while (i > location)
    {
        st[i] = st[i-1]; //从前往后移动
        i--;
    }

    st[i] = theStu;
    *pm = *pm + 1;
    saveFile(st,*pm);           //保存文件函数的调用
    return 1;                   //插入成功
}

/*菜单函数的实现(不需要参数和返回值)*/
void menu()
{
    printf("\n");
    printf("                    欢迎使用学生成绩管理系统\n");
    printf("=======================================================\n");
    printf("||1.输入 2.输出 3.插入 4.删除 5.排序 6.读取 7.保存 8.查找 0.退出||\n");
    printf("=======================================================\n");
    printf("请输入你的选择(0-8): ");
}

/*执行菜单函数的实现(不需要参数和返回值)*/
void doMenu(){
    /*定义数组和变量*/
    struct Student stu[N];  //定义结构体数组
    int n = 0;              //学生总数
    int location = -1;      //查找到的位置
    int ID = 0;             //学生学号
    int isSuccess = 0;      //是否成功
    int choice = 0;         //用户的功能选择
    struct Student newStud; //新的学生信息

    readFile(stu,&n);       //读取文件函数的调用
    while (1)
    {
```

```
menu();                    //菜单函数的调用
scanf("%d",&choice);
switch(choice)
{
case 1:
   //执行输入操作
   break;
case 2:
   output(stu,n);          //输出函数的调用
   break;
case 3:
   /*执行插入操作*/
   printf("请确定插入位置(1-%d): \n",n + 1);
   scanf("%d",&location);
   printf("请输入第%d 名学生的信息: \n",location);
   printf("学号: ");
   scanf("%d",&newStud.num);
   printf("姓名: ");
   scanf("%s",newStud.name);
   printf("数学: ");
   scanf("%f",&newStud.math);
   printf("英语: ");
   scanf("%f",&newStud.English);
   isSuccess = insertList(stu,&n,location,newStud);//插入函数的调用
   if (isSuccess)          // isSuccess == 1
   {
      printf("学号%d 的信息插入%d 后\n",newStud.num,location);
     output(stu,n);
   }
   else
      printf("插入失败!\n");
   break;
 case 4:
   /*删除模块*/
   printf("输入要删除学生的学号: ");
   scanf("%d",&ID);
   isSuccess = deleteList(stu,&n,ID);   //删除函数的调用
   if (isSuccess)
   {
      printf("学号%d 的信息被删除后\n",ID);
      output(stu,n);
   }
   else
      printf("没有找到学号%d, 删除失败!\n",ID);
   break;
case 5:
   bubbleSortByMath(stu,n); //冒泡排序函数的调用
   break;
case 6:
   readFile(stu,&n);          //读取文件函数的调用
   break;
case 7:
   saveFile(stu,n);           //保存文件函数的调用
   break;
```

```
        case 8:
            /*查找模块*/
            printf("输入要查找的学号: ");
            scanf("%d",&ID);
            location = search(stu,n,ID);      //查找函数的调用
            if(location != -1)
            {
               printf("找到学生的信息是: \n");
               printf("学号: %d ",stu[location].num);
               printf("姓名: %s ",stu[location].name);
               printf("数学: %.0f ",stu[location].math);
               printf("英语: %.0f\n",stu[location].English);
            }
            else
               printf("没有找到!\n");
            break;
        case 0:
            printf("\n 欢迎下次使用本系统, 再见! \n\n");
            exit(0);        //退出系统
        } //switch
    } //while
}//example4-1-10.cpp
```

测试插入操作分为插入成功(用合法值或边界值进行测试)和插入失败(用非法值进行测试或者插入代码存在逻辑错误)两种情况。测试插入成功的方法需要对照插入前后的输出结果，如果指定记录在插入前不存在，但是插入后存在，则表示插入成功。程序运行结果如图 4-14 所示，新数据“10086”成功实现插入。需要说明的是，插入操作的合法值是插入位置 location 在[1,n+1]区间(其中 1 和 n+1 是边界值，n 是特殊值)，超出这个区间就是非法值。

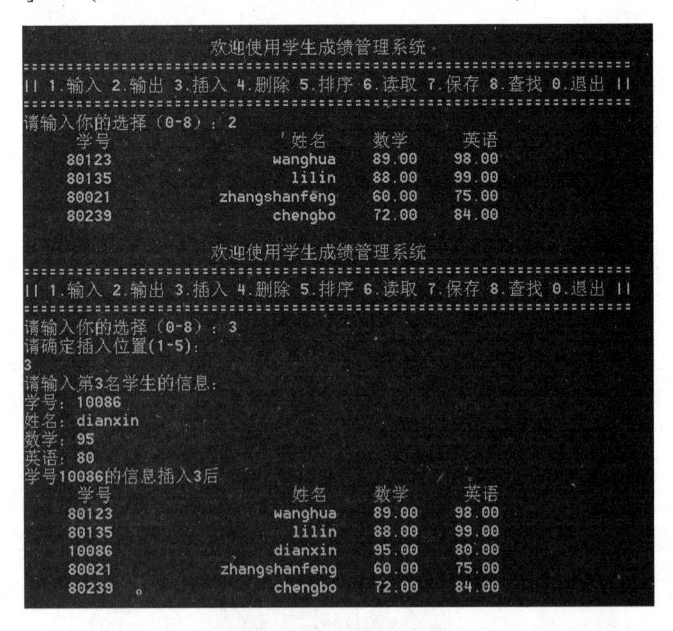

图 4-14　运行结果图

从运行结果可以看出，菜单给用户提供了选择机会，增加了界面友好性，说明菜单设计成功。

3. 第 11 次迭代实现输入函数

第 11 次迭代实现输入函数.mp4

输入操作类似于插入操作和删除操作，可以输入多条学生信息(学号、姓名、数学成绩和英语成绩)，插入到数组的最后位置。输入操作可以调用插入操作完成，二者的区别在于，进行输入操作时输入的数据只能放在数组末尾，一次可以输入多条记录；插入操作可以指定任意位置进行插入，但是一次只能插入一条记录。

现在进行第 11 次迭代，本次迭代只增加了输入函数的声明、实现和调用，其他代码没有变化，因此略去其他代码，只给出输入函数的声明、实现和调用。

(1) 输入函数的声明。

```
void input(Student st[],int *pm);   //输入函数的声明
```

(2) 输入函数的实现。

```
/*输入函数的实现
参数：st 是结构体数组，pm 是指向数组长度的指针*/
void input(Student st[],int *pm){
    int i = 0;          //数组下标
    int n = 0;          //学生总数
    printf("本次输入学生人数：");
    scanf("%d",&n);
    for (i = *pm;i < *pm + n;i++)
    {
        printf("请输入第%d 名学生的信息：\n", i+1);
        printf("学号：");
        scanf("%d",&st[i].num);
        printf("姓名：");
        scanf("%s",st[i].name);
        printf("数学：");
        scanf("%f",&st[i].math);
        printf("英语：");
        scanf("%f",&st[i].English);
    }
    *pm = *pm + n;
    saveFile(st,*pm);    //保存文件函数的调用
}//example4-1-11.cpp
```

特别注意：输入操作需要保存，在此没有让用户选择，当然也可以让用户选择。

(3) 输入函数的调用。

doMenu()中的其他代码没有变化，同第 10 次迭代，这里省略。第 10 次迭代已经完成菜单函数，因此调用代码非常简单。菜单执行函数 doMenu()的代码中，只是在 case 1 分支中增加了输入函数的调用语句“input(stu,&n);”，如下所示：

```
switch(choice)
{
case 1:
    input(stu,&n);          //输入函数的调用
    break;
```

输入函数的测试非常简单，只要调用显示函数，发现输入的所有数据都在显示函数中

输出就表示输入成功了。程序运行结果如图 4-15 所示，输入的两条记录都能显示出来，说明输入成功。

```
                    欢迎使用学生成绩管理系统
==================================================================
||1.输入 2.输出 3.插入 4.删除 5.排序 6.读取 7.保存 8.查找 0.退出||
==================================================================
请输入你的选择（0-8）：1
输入学生人数：2
请输入第6名学生的信息：
学号：30246
姓名：chenlong
数学：84
英语：26
请输入第7名学生的信息：
学号：20213
姓名：nanshan
数学：54
英语：72
                    欢迎使用学生成绩管理系统
==================================================================
||1.输入 2.输出 3.插入 4.删除 5.排序 6.读取 7.保存 8.查找 0.退出||
==================================================================
请输入你的选择（0-8）：2
      学号                   姓名      数学      英语
     80123                wanghua     89.00     98.00
     80135                  lilin     88.00     99.00
     10086                dianxin     95.00     80.00
     80021          zhangshanfeng     60.00     75.00
     80239               chengbo      72.00     84.00
     30246               chenlong     84.00     26.00
     20213                nanshan     54.00     72.00
```

图 4-15　运行结果图

以上几节内容展示了一个简单的信息管理系统的设计和实现过程。

4.3　实践运用

4.3.1　基础练习

4.2 节解析了一个简单信息管理系统的设计和实现过程，为了让学生更好地理解本项目，进一步提升思考水平和实践能力，本节设计了一些思考题。其中，有些问题的解决方案在后续章节中会给出，学生可以继续阅读后面的章节，去发现精彩，收获意想不到的惊喜。

(1) 采用文件的块读写函数怎么实现保存函数和读取函数？

(2) 如果读取文件在当前目录下，应该怎样修改程序？example4-1-5.cpp 程序中的 fopen()函数的第一个参数“./example4-1/stud.txt”中的斜杠前的点号“.”可以去掉吗？若将其中的相对路径改为绝对路径，应该怎样修改代码？

(3) 如果读取文件放在项目的最后阶段实现，那么应该怎样修改程序？

(4) 查找学号采用的是精确查询(就是查找对象必须完全一致)，如何实现姓名精确查询？

(5) 如何实现姓名的模糊查询(就是只知道姓名中的部分信息，例如，姓张)？

(6) 如何实现成绩的精确查询和范围查询(就是给出分数范围来查找多条信息)？

(7) 删除函数中增加确认信息前后的代码有什么不同？能否删除这些确认信息的代码？

(8) 在姓名和成绩查找中，会出现多条记录，这时如何实现删除？

(9) 一般的信息管理系统都有修改功能，怎么实现修改功能？参考删除操作，如何实现修改操作(需要先查询，再修改属性)？进一步思考如何才能允许用户选择需要的属性进行修改。

(10) 在第 9 次迭代中数据排序之前需要先调用查找模块和删除模块，可以去掉这些代码吗？

(11) 采用上浮法如何实现冒泡排序？如何实现降序排序？

(12) 为了省时，冒泡排序可以设置一个标志减少不必要的排序趟数，请思考如何实现？

(13) 如果采用直接插入排序算法或者直接选择排序算法，应如何实现排序？

(14) 在排序中，如何让用户进行属性选择操作？

(15) 能否开始写程序时就设计好菜单？如果能，应该怎么设计呢？

(16) 菜单是否还有其他实现方式(例如用 for/do…while)？

(17) 画出执行菜单函数和输入函数的流程图。

(18) 能否先完成插入函数再完成删除函数？本项目还有哪些不同的实现顺序？提出你的设计方案并尝试如何实现代码。

(19) 输入操作可以调用插入操作来完成，那么应该怎么设计呢？

(20) 如果将所有函数中的数组参数改为指向数组的指针参数，应该怎么修改呢？

(21) 如果将所有数组采用动态内存实现，那么应该怎么修改呢？

(22) 如果采用多文件实现整个系统，应该怎么实现呢？

4.3.2　综合练习

这里提供几个设计性课题，供学生选择练习，可以调整要求，提升综合实践能力。

1. 学生学籍管理系统

用数据文件存放学生的学籍，可对学生学籍进行注册、登录、修改、删除、查找、统计、学籍变化等操作。功能要求：①系统以菜单方式工作；②登记学生的学号、姓名、性别、年龄、籍贯、系别、专业、班级；③修改已知学号的学生信息；④删除已知学号的学生信息；⑤查找已知学号的学生信息；⑥按学号、专业输出学生籍贯表；⑦查询学生学籍变化，例如，入学、转专业、退学、降级、休学、毕业。

2. 公司职工工资管理系统

每个职工的信息为职工号、姓名、性别、单位名称、家庭住址、联系电话、基本工资、津贴、生活补贴、应发工资、电话费、水电费、房租、所得税、卫生费、公积金、合计扣款、实发工资。注：应发工资=基本工资+津贴+生活补贴；合计扣款=电话费+水电费+房租+所得税+卫生费+公积金；实发工资=应发工资−合计扣款。原始数据需保存到磁盘文件中。要求实现：①输入职工信息；②修改职工信息；③删除职工信息；④按姓名浏览职工工资信息。

3. 超市结账系统

商品信息包括商品编号、商品名称、商品价格、商品数量等(商品编号不重复)。功能描述：①从屏幕上读取新商品的信息并将信息存入数据文件中；②修改变化了的商品的信息；③在屏幕上输入顾客所购商品条形码编号；④在屏幕上显示顾客所购商品清单，货款合计及收款数、找零。

4. 大学生成绩管理系统

功能：成绩管理系统包含学生的全部信息，每个学生是一个记录，包括学号、姓名、

性别、各科成绩等。系统可完成：①信息录入——录入学生成绩信息(包括学生学号、姓名、各门课程的成绩等)。②信息查询——输入学号，查询学生各门课程的成绩及所有课程的平均成绩；查询所有学生各门课程的成绩，并按可选的自定义规则进行排序。③信息删除与修改——输入学号，删除该学生的成绩信息；输入学号，查询并显示出该学生的成绩信息，并在此基础上进行修改。④信息保存——将学生的学号、姓名及各门课程的成绩等信息保存在外部存储器的文件中。要求：a.完成最低要求：建立一个文件，包括 10 个学生的必要信息，能对文件进行补充、修订、删除，并能进行统计计算；b.进一步要求：完成包括一个班、一个年级乃至一个系的系统。

5. 学生综合测评系统

每个学生的信息为学号、姓名、性别、家庭住址、联系电话、语文、数学、外语三门单科成绩、考试平均成绩、考试名次、同学互评分、品德成绩、任课教师评分、综合测评总分、综合测评名次。考试平均成绩、同学互评分、品德成绩、任课教师评分分别占综合测评总分的 60%、10%、10%、20%。原始数据需保存到磁盘文件中。主要完成功能：①输入学生信息并存储到文件中；②修改学生信息：③删除学生信息：④浏览学生信息：输入学号或其他信息，即读出所有数据信息，并显示出来。

学生数据处理：①按考试科目录入学生成绩并且按公式计算考试成绩：考试成绩＝(语文+数学+外语)，并计算考试名次。提示：先把学生信息读入数组，然后按提示输入每科成绩，计算考试成绩，求出名次，最后把学生记录写入一个文件中。②学生测评数据输入并计算综合测评总分及名次。提示：综合测评总分=(考试成绩)*0.6+(同学互评分)*0.1+品德成绩*0.1+任课老师评分*0.2。

6. 工资纳税计算系统

个人所得税每月交一次，纳税底线是 1600 元/月，也就是超过 1600 元的月薪才开始计收个人所得税。

个人所得税税率表(工资、薪金所得适用)

级数----------全月应纳税所得额----------------税率(%)

1--------------不超过 500 元的-------------------------5

2----------超过 500 元至 2000 元的部分------------10

3----------超过 2000 元至 5000 元的部分----------15

4----------超过 5000 元至 20000 元的部分---------20

5----------超过 20000 元至 40000 元的部分-------25

6----------超过 40000 元至 60000 元的部分-------30

7----------超过 60000 元至 80000 元的部分-------35

8----------超过 80000 元至 100000 元的部分------40

9----------超过 100000 元的部分---------------------45

表中的应纳税所得额是指以每月收入额减除 1600 元后的余额。例如，计算应纳税所得额 2500−1600=900(元)，应纳个人所得税额=500×5%+400×10% =65(元)。我们再用一个大额工资计算，25000 元，应纳税所得额=25000−1600=23400(元)，应纳个人所得税税额=500×5%+1500×10%+3000×15%+15000×20%+3400×25%=4475(元)。

要求：计算某单位各种类型职工的纳税金额，能够增加、修改、删除和查询职工的纳税情况。可以查询最新资料调整纳税标准，增加系统功能。

第 5 章 软件系统的开发流程

第 5 章源程序.zip

5.1 理论要点

学法指导.mp4

本章第 1 节理论要点部分主要介绍软件开发方法、2 种排序算法(直接插入排序和直接选择排序)和 4 种信息查询方式(精确查询、范围查询、模糊查询和组合查询)。第 2 节案例解析继续采用结构体数组实现职工管理系统，采用软件开发方法实现一个较复杂的系统，解析项目的迭代开发过程，并提供测试代码。第 3 节给出实践运用供学生思考和练习，提高理解能力、思考水平和实践能力。

第 4 章介绍了简单项目的开发方法，本章希望学生学会软件开发方法，实现更复杂的项目；掌握软件开发流程，能够初步进行软件的需求分析、总体设计、详细设计、编码实现和软件测试；期望学生学会两种新的排序算法(直接插入排序和直接选择排序)和 3 种查询方式(精确查询、范围查询和模糊查询)。

案例 5-1 经历了 10 轮迭代，实现了复杂的职工信息管理系统，代码共 548 行。本章在第 4 章的基础上对内容的广度和深度都进行了升华，需要学生耐心阅读。正确的学习方法是按照迭代顺序完成代码的阅读和实现，在迭代过程中领悟软件开发流程。建议学生阅读案例 5-1 的材料时，按照版本的顺序依次阅读，才能体会到这些版本演化的过程，才能真正领会程序设计的魅力。最好能够按照程序迭代的过程，逐个实现项目的代码并能适当地修改，这样才能真正领会项目迭代的真谛。不要直接阅读最后一个版本，否则根本看不懂。学习需要耐心，看懂了再写；没有看懂，不要盲目写程序。

典型的错误学习方式就是贪多求快、乱查资料。贪多求快就是只想读一遍最后阶段的代码，而不愿意读代码的迭代过程，更不愿意去实践书中的代码，甚至只想在书上或者网上找到与自己课题相同的代码来完成任务。初学者不要在网上找项目代码来读或者改写，因为初学者还看不懂这些代码行数量达到几百行的项目代码，所以建议初学者先看懂书上代码后再参考网上的项目代码。

5.1.1 软件开发

软件开发.mp4

第 2 章介绍了结构化程序设计方法，并展示了代码和模块结构，本节介绍软件开发流程及主要任务。事实上，比较复杂的软件系统，通常需要按照软件工程项目的科学流程精心设计，经过需求分析、总体设计、详细设计、编码实现、软件测试这几个步骤。其中，编码实现和软件测试放在第 4～9 章案例中进行介绍。在编码实现之前，需要完成需求分析、总体设计和详细设计。因此，软件开发流程就是软件开发需要经历的步骤“可行性分析→需求分析→总体设计→详细设计→编码实现→软件测试”。软件开发步骤(即软件开发流程)和程序开发步骤非常类似，它们的对照如图 5-1 所示。图 5-1(a)就是图 2-2 的程序开发步骤，图 5-1(b)是软件开发步骤。软件开发步骤的主要作用如图 5-1(b)所示，软件开发主要完成任务如表 5-1 所示。

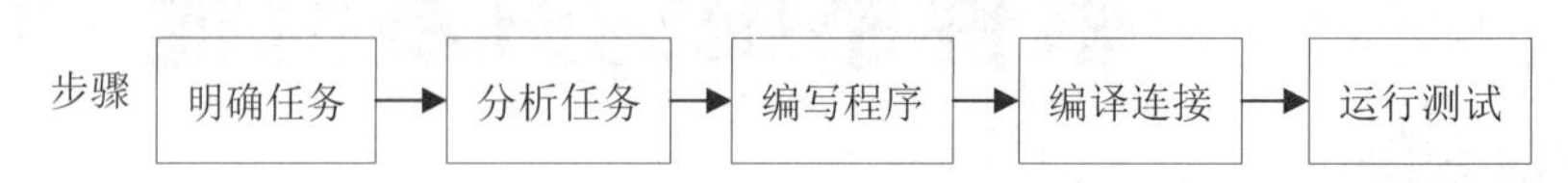

(a) 程序开发步骤

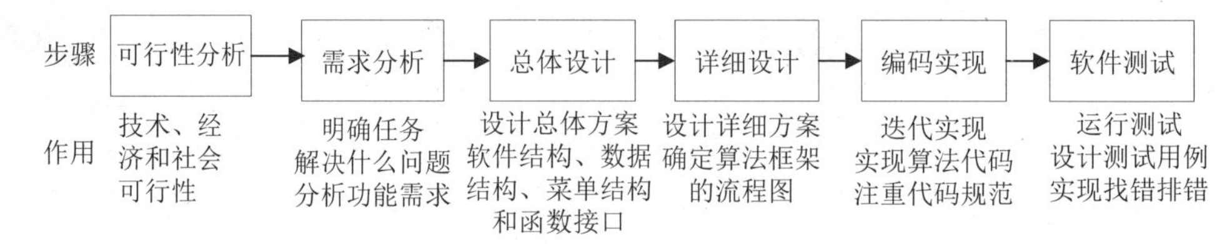

(b) 软件开发步骤

图 5-1　程序开发步骤和软件开发步骤的对照关系

表 5-1　软件开发主要完成任务表

开发步骤	一般任务	需要知识	本书任务
可行性分析	技术可行性、经济可行性和社会可行性，形成可行性分析报告	软件项目管理，做风险分析、成本分析等	不做
需求分析	用例图和数据流图，形成需求分析报告	数据库原理、面向对象分析与设计	用文字描述功能需求
总体设计	软件结构设计、数据结构设计、数据库设计、界面设计、体系结构设计、人机接口设计、系统流程图，形成总体设计报告	数据结构、数据库原理、软件工程	软件结构设计、人机接口设计(主要是菜单和函数接口设计)、数据结构设计(结构体数组、顺序表、链表、顺序表类或链表类)
详细设计	流程图，形成详细设计报告	高级程序设计(C&C++)	设计算法的流程图
编码实现	完成所有模块代码	高级程序设计(C&C++)	完成所有模块代码，特别注意代码规范
软件测试	功能测试，形成软件测试报告	软件测试，考虑合法、非法、边界和特殊 4 种值	功能测试(给出测试用例及测试结果)

下面对软件开发步骤做进一步阐述。

(1) 可行性分析主要分析技术可行性、经济可行性和社会可行性，包括风险分析、成本分析等，需要掌握软件项目管理相关知识才能进行。

(2) 需求分析主要分析软件的功能需求和非功能需求，主要绘制用例图和数据流图。数据流图描述整个系统的数据流向和处理过程，主要用于结构化设计方法，需要学习数据

库的相关知识才能进行。用例图主要描述系统的角色及其用例，相当于描述系统的功能，主要用于面向对象设计方法，需要学习面向对象分析与设计的相关知识才能进行。

(3) 总体设计主要对系统进行总体的设计，包括软件设计、数据设计、界面设计、体系结构设计、接口设计、系统流程图等。软件设计主要是划分软件模块，分成若干子系统和子模块，给出软件结构图(通常是倒立的树形结构)。数据设计包括数据结构设计和数据库设计，其中数据库设计需要数据库的相关知识。界面设计主要提供人机接口，就是常说的 UI 设计，包括菜单设计(可以参考第 4 章 4.2.4 节的菜单和本章 5.2.1 节的菜单)和函数接口设计。体系结构设计要给出软件的前端、后端和服务器结构，主要进行角色的划分，需要学习 Web 开发的相关知识才能进行。接口设计提供子系统之间和模块之间的接口规范和标准。系统流程图主要提供整个系统处理业务的总体流程。

(4) 详细设计主要为每个软件模块设计算法。常用流程图来表示该模块的处理逻辑，每个模块都应该绘制流程图，流程图的绘制方法可以参考第 2 章。绘制流程图的工作量较大，需要耐心，学生可以选择部分模块进行绘制。

(5) 编码实现根据详细设计实现代码，主要由程序员完成。写代码最好有统一的代码规范，例如命名、缩进和注释等。代码规范标准见第 2 章，最低要求是遵循简易版的代码规范标准，更高要求见附录 A 代码规范。

(6) 软件测试主要测试软件是否满足需求。根据软件测试理论，通常从合法值、非法值、边界值和特殊值这 4 个角度测试程序的错误，保证程序的质量。

假设函数 f(x)=2/x+3 的定义域为[−5,5]区间的实数，其他区间为 0，则合法值、非法值、边界值和特殊值的取值如表 5-2 所示。

表 5-2　测试类型的对照表

测试类型	定　义	示　例
合法值	符合取值范围、非边界值	5>x>−5
非法值	不合法的值	x >5 或 x< −5
边界值	边界位置的值	−5 和 5
特殊值	会造成特殊效果的值	0

测试需要给出测试报告。测试报告记录重要的实验数据与实验结果。因此，需要提供合法值、非法值、边界值和特殊值的测试用例，根据期望输出结果与实际输出结果的一致性来判断软件是否存在问题及如何改进。对程序主要模块进行充分测试，包括合法值、非法值、边界值和特殊值的测试，每一类测试至少选择两组不同数据进行充分测试。需要给出全部用例或典型测试用例的运行结果图和如表 5-3 所示的测试分析表。进一步需要记录测试过程，得出测试结论并分析问题原因。对程序进行充分测试，测试类型丰富，测试结果有效。

测试用例的选取非常考验学生的逻辑思维，测试用例的设计需要经验积累，也是能力的体现。不同类型程序的合法值、非法值、边界值和特殊值可能有很大差异，有些问题可能没有非法值、边界值和特殊值，需要根据问题选定合适的测试用例。测试之前可以根据问题设计合适的测试用例，逐一进行软件测试。如果测试验证得到的实际结果与期望结果一致，则测试成功；如果测试验证得到的实际结果与期望结果不一致，则测试失败。一旦测试失败就要用输出法或者 debug 方法等方式找到程序的逻辑错误并更正，更正后再测试

下一组测试用例；当然，可以完成所有测试用例后再统一找错误原因并纠错，还要再次进行测试。排错需要耐心，开发需要工匠精神，这里编一句软件测试的口诀“设计四种类型，测试两组用例；用例考验水平，能力需要积累。分析失败原因，输出 debug 排错；发扬工匠精神，耐心排除 bug。”说明：bug 是程序缺陷，debug 是专门排错方法。

表 5-3　软件模块的测试分析表

用例类型	用例选取范围	选取用例(至少 1～2 组)	期望结果	实际结果	测试结论
合法值	5>x>-5	2	4	4	测试成功
		−2	2	2	测试成功
非法值	x>5	6	0	0	测试成功
		10	0	3	测试失败
	x<−5	−6	0	3	测试失败
		−10	0	0	测试成功
边界值	5	5	3.4	3.4	测试成功
	−5	−5	2.6	3	测试失败
特殊值	0	0	出现异常	无异常	测试失败

需要注意的是，前面介绍的开发流程是经典的瀑布模型，需要做好精确设计，对于没有经验的开发者根本无法做到，即使有丰富经验的开发者也很难做到。考虑到开发效率和软件迭代需要，以上步骤可以交叉进行，任何步骤都可以进行测试。瀑布模型开发效率低，开发容易失败。因此，公司常常采用原型法，快速完成软件原型，迅速进行测试，不断交替重复执行以上步骤，就是不断迭代，开发出软件的第 1 版、第 2 版、第 3 版……，不断完善，最后得到最终的产品。中间可以推翻以前的设计和软件，迭代次数越多软件越完善，但是时间和成本也越高。

开发软件时，学生可以大致按照“需求分析→总体设计→详细设计→编码实现→软件测试”这个顺序进行，但不必拘泥于这个顺序，而是采用逐步迭代的方式完成项目。初学者可以先完成代码，再完成设计文档；编码过程中如果发现需求分析和总体设计错了，还可以修改需求分析、总体设计和详细设计；测试与编码可以交替进行，一边编码一边测试，如第 4 章案例所示。

5.1.2　排序算法

排序算法.mp4

常用排序算法主要有直接插入排序、直接选择排序和冒泡排序，第 4.1 节已经介绍过冒泡排序，这里介绍直接插入排序和直接选择排序。这里的排序按升序进行，降序排序请自己思考。

直接插入排序法是把待排序的数据，插入到已排好序的子序列的适当位置，直到所有数据插入完成为止。设有 n 个数据要求从小到大排列，直接插入排序法的排序过程分为 n−1 趟排序。第 1 趟把第 2 个数据插入到第 1 个数据前面或者不动，使得前 2 个数据排好序；第 2 趟把第 3 个数据插入到第 1～2 个数据的适当位置，使得前 3 个数据排好序；依次进行 n−1 趟排序就能完成排序。例如，对 5 个整数“6，4，5，2，1”进行升序排列，直接插入排序法实现的整个排序过程如表 5-4 所示。直接插入排序用了排序假设，即“一个数据是有序的”。因此，第 1 个数不用排序，第 1 个数 6 构成一个有序序列。第 1 趟把“6，4，

5，2，1”中第 2 个数 4，插入到第 1 个数 6 前面，得到“**4，6**，5，2，1”；第 2 趟把“**4，6**，5，2，1”中第 3 个数 5，插入到第 2 个数 6 前面，得到“**4，5，6**，2，1”；第 3 趟把“**4，5，6**，2，1”中第 4 个数 2，插入到第 1 个数 4 前面，得到“**2，4，5，6**，1”；第 4 趟把“**2，4，5，6**，1”中第 5 个数 1(即**最后一个数**)，插入到第 1 个数 2 前面，得到“**1，2，4，5，6**”。第 4 趟排序后完成整个排序，得到最终结果为“1，2，4，5，6”。

表 5-4　直接插入排序法的排序过程

序号	1	2	3	4	5
初始序列	**6**	4	5	2	1
第 1 趟	***4***	**6**	5	2	1
第 2 趟	**4**	***5***	**6**	2	1
第 3 趟	***2***	**4**	**5**	**6**	1
第 4 趟	***1***	**2**	**4**	**5**	**6**
排序结果	**1**	**2**	**4**	**5**	**6**

说明：表格中**黑体**表示已排好序的数，下划线表示待排序的数，*斜体*表示刚插入的数。

直接选择排序法(即简单选择排序)是从待排序的数据中选出最小数据(即最小值)，将该最小值放在已排好序的子序列的最后，直到全部数据排序完毕。设有 n 个数据要求从小到大排列，直接选择排序法的排序过程分为 n-1 趟排序。第 1 趟从第 1～n 个数据中找出最小值，把它与第 1 个数据交换，使得前 1 个数据排好序；第 2 趟从第 2～n 个数据中找出最小值，把它与第 2 个数据交换，使得前 2 个数据排好序；依次进行 n−1 趟排序就能完成排序。每趟排序分成选择和交换两个步骤，选择就是寻找最小值，找到交换对象，交换就是两个数据进行位置对换，如表 5-5 所示。例如，对 5 个整数“6，4，5，2，1”进行升序排列，直接选择排序法实现的整个排序过程如表 5-5 所示。第 1 趟从“6，4，5，2，1”中找到最小数是 1，将它与第 1 个数 6 交换，交换得到序列“**1**，4，5，2，6”和有序子序列“**1**”；第 2 趟从“4，5，2，6”中找到最小数是 2，将它与第 2 个数 4 交换，交换得到序列“**1，2**，5，4，6”和有序子序列“**1，2**”；第 3 趟从“5，4，6”中找到最小数是 4，将它与第 3 个数 5 交换，交换得到序列“**1，2，4**，5，6”和有序子序列“**1，2，4**”；第 4 趟从“5，6”中找到最小数是 5，5 在正确位置不需要与 6 交换。4 趟排序后完成整个排序，得到最终结果为“**1，2，4，5，6**”。

表 5-5　直接选择排序法的排序过程

序号	1	2	3	4	5	序号	1	2	3	4	5
初始序列	6	4	5	2	1						
操作	选择(找最小值)						交换(交换位置)				
第 1 趟	6	4	5	2	1	第 1 趟	**1**	4	5	2	6
第 2 趟	**1**	4	5	2	6	第 2 趟	**1**	**2**	5	4	6
第 3 趟	**1**	**2**	5	4	6	第 3 趟	**1**	**2**	**4**	5	6
第 4 趟	**1**	**2**	**4**	5	6	第 4 趟	**1**	**2**	**4**	**5**	**6**
排序结果	**1**	**2**	**4**	**5**	**6**						

说明：表格中**黑体**表示已排好序的数，下划线表示需要交换的两个数。

5.1.3 查询方式

查询方式.mp4

在大数量级的系统中要进行显示、修改和删除数据等操作，需要先查询数据才能进行，即查询记录是显示、修改和删除等操作的基础。因此，进行显示、删除和修改之前需要先实现信息查询模块。第 4 章已经介绍了顺序查找算法，本章将提供更丰富的查询方式。信息查询方式包括精确查询、范围查询、模糊查询和组合查询 4 种，都采用顺序查找算法实现，它们的比较如表 5-6 所示。已经排序的属性还可以采用二分查找算法(见 8.1.4 节和 8.2.4 节)实现精确查询。

精确查询是指按照某一种属性(如按学号、职工号、姓名、部门号、工资等属性)精确匹配，找到属性值与查询值完全相同的记录，所有属性都可以进行精确查询。例如，查找学号 no 为 3 的记录，就需要判断 no == 3 是否成立，成立表示找到。如果对字符串类型进行精确查询，需要用到字符串比较函数 strcmp()。例如，查找姓名 name 为“张三”的记录，就需要判断 strcmp(name,"张三") == 0 是否成立，成立表示找到。

范围查询则是查找某一属性值在给定范围内的记录，范围查询更适合整型、实型(浮点型)、字符型和部分字符串型(可以比较大小)的属性。学号和职工号是整型，工资是实型，因此，职工号和工资可以进行范围查询。例如，查找学号 no 在 3～10 之间，就需要判断 no >= 3 && no <= 10 是否成立，成立表示找到。

模糊查询就是提供某一属性(如姓名或部门号)的部分信息实现查询，适用于只知道属性的部分信息的情况，一般只适用于字符串型属性。例如，姓名是字符串，在姓名中“张★★”表示查询所有姓名中含有“张”的职工信息，“★美★”表示查询所有姓名中含有“美”字的职工信息。姓名和部门号是字符串型，因此，姓名和部门号可以进行模糊查询。模糊查询需要用到子串查找函数 strstr()。例如，查找姓名 name 中含有“张”的记录，需要判断 strstr(name,"张") != NULL 或 strstr(name,"张")!=0 是否成立，成立表示找到。

按照职工号、姓名、部门号和工资都可以进行精确查询，但是范围查询和模糊查询要根据属性的数据类型来决定。

精确查询、范围查询和模糊查询都是按单一属性进行查询，组合查询就是组合多个属性值综合查询得到的查询结果，例如，可以根据职工号、姓名、部门号、工资等信息组合构成的查询条件实现记录查询。考虑到组合查询比较复杂，案例 5-1 先完成单一属性查询，组合查询见第 8 章 8.2.3 节案例 8-1。

表 5-6 查询方式的比较

查询方式	查询作用	适用类型	查询条件
精确查询	完全相同的属性值	所有类型	整型 no == 3 字符串 strcmp(name,"张三") == 0
范围查询	给定范围的属性值	所有类型	no >= 3 && no <= 10
模糊查询	只知道属性的部分信息	字符串	strstr(name,"张") != NULL(或 0)
组合查询	多属性组合	多类型	依次查询，需要多条件

5.2　案例解析

5.2.1　系统要求

系统要求.mp4

【案例 5-1】设有一个职工信息表格，每个职工记录包含职工编号(no，又称为职工号)、姓名(name)、性别、年龄、学历、职员等级、部门编号(depno，又称为部门号)、部门名称(depname)、部门人数、部门负责人(depleader)、基本工资、职务工资、工资总数(salary)等信息。设计一个职工管理系统，完成如下功能：①从文件中读出职工记录；②输入一个职工记录；③显示所有职工记录；④按职工号 no 对所有职工记录进行递增排序；⑤按部门号 depno 对所有职工记录进行递增排序；⑥按工资总数 salary 对所有职工记录进行递增排序；⑦删除职工文件中的部分或者全部记录；⑧将所有职工记录存储到相关文件中；⑨统计各部门每月和每年的职工工资情况。

5.2.2　需求分析

需求分析.mp4

软件的需求分析主要分析软件的功能需求和非功能需求。这里主要分析功能需求，本软件主要完成职工管理，需要有读取数据、保存数据、输入、显示、排序、删除、统计等功能。排序又分为按职工号递增排序、按部门号递增排序和按工资数递增排序。

5.2.3　总体设计

总体设计.mp4

软件的总体设计主要设计总体方案，主要包括软件结构、数据结构、软件接口。

1. 软件结构设计

软件结构设计就是把整个系统分解为若干个模块，并表达这些模块之间的结构关系。

职工记录信息非常多，为了减少大量数据重复存储造成的数据冗余，简化数据管理，职工记录信息可以分为职工基本信息(简称职工信息)、部门信息和工资信息 3 个类别。职工基本信息可以包括职工号、姓名、性别、年龄、学历、职员等级、部门名称等信息，如表 5-7 所示；部门信息可以包括部门号、部门名称、部门人数、部门负责人等信息，如表 5-8 所示；工资信息可以包括职工号、姓名、基本工资、职务工资、工资总数等信息，如表 5-9 所示。

表 5-7　职工信息数据

职 工 号	姓　名	性　别	年　龄	学　历	职员等级	部门名称
1119	杨美丽	女	21	研究生	五级	销售部
1105	覃壮金	女	22	本科	三级	销售部
1137	李丝萦	女	24	研究生	四级	销售部

续表

职工号	姓名	性别	年龄	学历	职员等级	部门名称
1114	马杰	男	19	本科	二级	销售部
1126	孙浩	男	25	硕士	五级	技术部
1139	刘燕宇	女	25	博士	六级	行政部
1131	米瑛	女	24	研究生	四级	行政部
1135	尹建	男	25	博士	六级	运维部

表 5-8　部门信息数据

部门号	部门名称	部门人数	部分负责人
南 16B2	销售部	4	杨美丽
南 1	技术部	1	孙浩
南 8	行政部	2	米瑛
南 11	运维部	1	尹建

表 5-9　工资信息数据

职工号	姓名	基本工资	职务工资	工资总数	发薪日期
1119	杨美丽	3000	4000	7000	2013-08-21
1105	覃壮金	2000	3000	5000	2013-01-04
1137	李丝萦	2500	3000	5500	2012-12-15
1114	马杰	2500	3500	6000	2013-09-20
1126	孙浩	3000	6000	9000	2013-05-10
1139	刘燕宇	1800	2600	4400	2013-04-24
1131	米瑛	2500	3000	5500	2013-08-06
1135	尹建	2000	2400	4400	2013-06-18

考虑到整个系统比较复杂，根据“自顶向下、逐步求精、模块化”的结构化设计思想，将整个职工管理系统分解为职工信息管理子系统、部门信息管理子系统、工资信息管理子系统 3 个子系统，这 3 个子系统又进一步分解为若干模块。其中，职工信息管理子系统需要实现读取、保存、输入、显示、排序、删除等功能，部门信息管理子系统需要实现输入、显示、保存等功能，工资信息管理子系统主要完成工资的录入、显示、保存、排序、统计等功能。根据以上分析，可以得到整个系统的总体软件结构图，如图 5-2 所示的树状结构，职工信息管理子系统的软件结构图，如图 5-3 所示；部门信息管理子系统的软件结构图，如图 5-4 所示；工资信息管理子系统的软件结构图，如图 5-5 所示。

职工信息管理子系统和部门信息管理子系统的功能模块相同，都要实现系统初始化、读入数据、保存数据、显示数据、增加数据、修改数据和删除数据，当然也可以增加查询功能和排序功能。

工资信息管理子系统还增加了排序和统计报表的功能，排序又包括按职工号排序、按部门号排序和按工资排序。统计报表主要统计各部门每月和每年的职工工资情况。

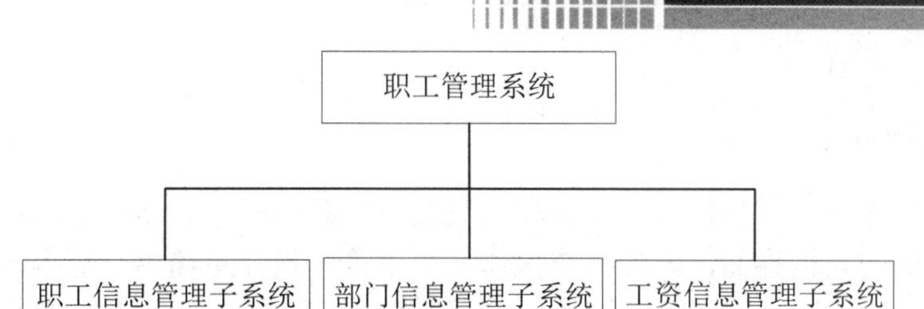

图 5-2　职工管理系统的总体软件结构图

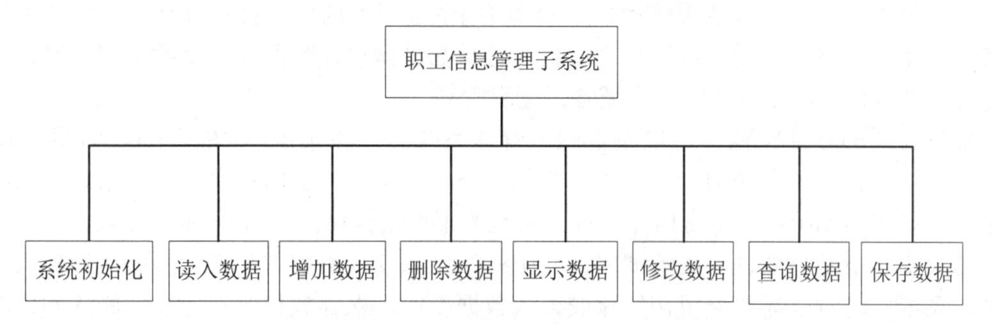

图 5-3　职工信息管理子系统的软件结构图

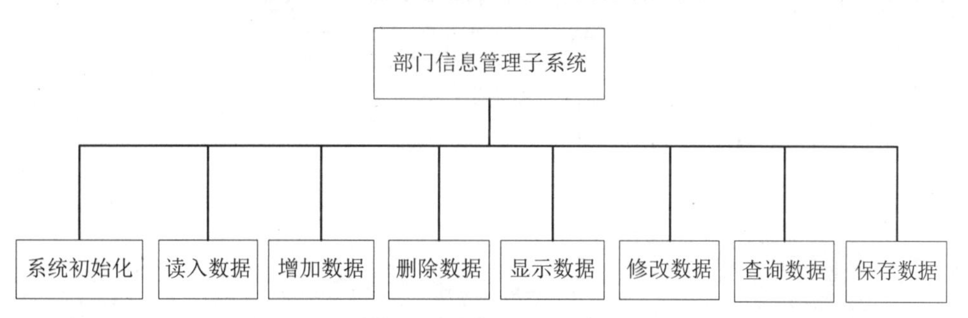

图 5-4　部门信息管理子系统的软件结构图

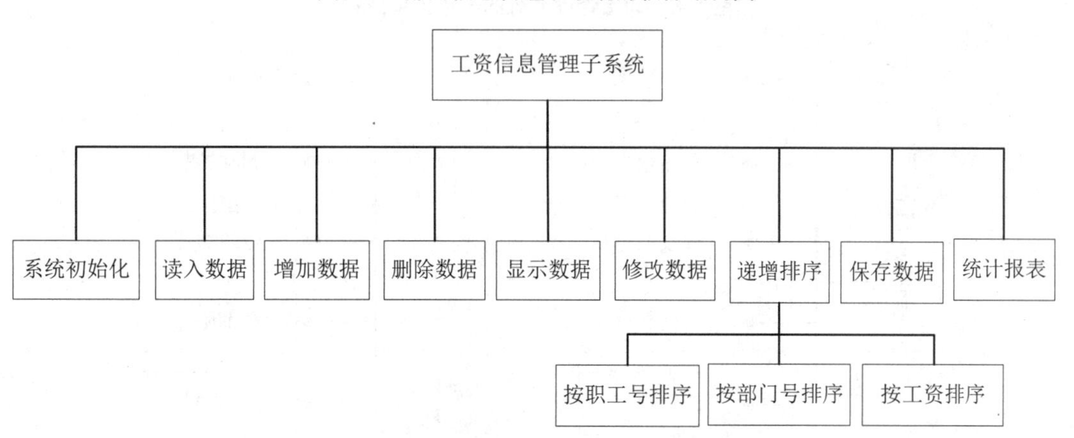

图 5-5　工资信息管理子系统的软件结构图

2. 数据结构设计

数据结构可以采用结构体数组、顺序表、链表、顺序表类或链表类等常用数据结构，本章仍然采用结构体数组。结构体数组的设计参见第 4 章和第 5 章案例，顺序表的设计参见第 6 章案例，链表的设计参见第 7 章案例，顺序表类的设计参见第 8 章案例，链表类的设计参见第 9 章案例。

3. 软件接口设计

这里的软件接口主要包括菜单结构和函数接口。菜单是一种常用的人机接口设计，通过菜单提供良好的人机界面，方便用户操作。由于菜单设计更简单、更容易实现，这里主要考虑菜单结构的设计，可以参考第 4.2.4 节第 10 次迭代的菜单(见图 4-14)。但是函数的接口设计比较复杂、难度更大，对于没有经验的学生暂时难以理解，本章仍然采用迭代的方式，让学生在代码迭代实现(即编码实现阶段)中去理解函数的接口设计。等到学生完成了多个项目，积累一定的开发经验之后，就容易在总体设计阶段完成函数接口的设计了。事实上，菜单也可以在迭代中积累经验、逐步完善。

根据前面的软件结构，可以设置职工管理系统的一级菜单(即主菜单)，如图 5-6 所示。职工信息管理子系统的二级菜单结构如图 5-7(a)所示，部门信息管理子系统的二级菜单结构如图 5-7(b)所示，工资信息管理子系统的菜单结构如图 5-8 所示。注意，软件结构图中的模块并不是全部进入菜单调用，其中初始化和读入数据都是在为系统运行提供初始数据，系统启动时就需要调用初始化或读入数据模块，保存数据是在增加、删除和修改模块中调用。当然，也可以把初始化、读入数据和保存数据模块都放入菜单。

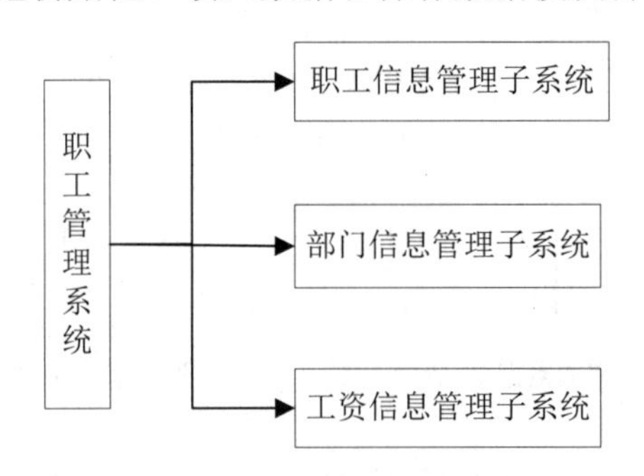

图 5-6　职工管理系统的一级菜单结构

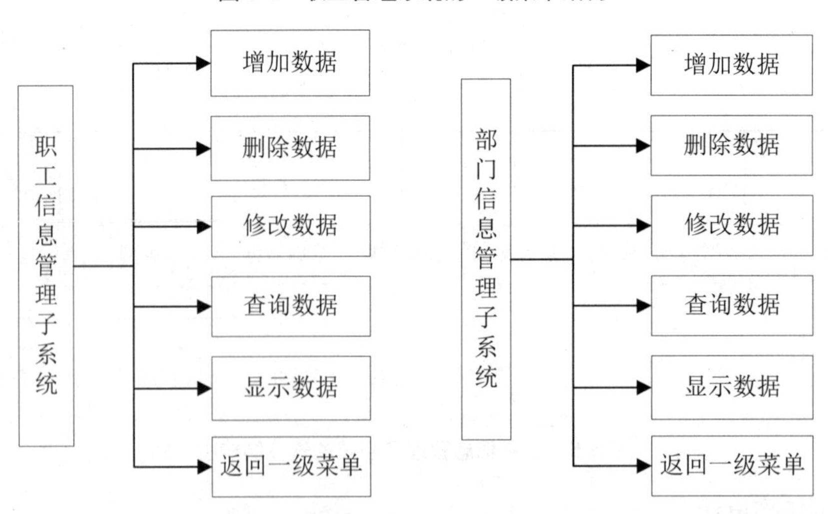

(a) 职工信息管理子系统的菜单结构　　(b) 部门信息管理子系统的菜单结构

图 5-7　职工信息管理和部门信息管理两个子系统的二级菜单结构

工资信息管理子系统的菜单结构如图 5-8(a)所示，在二级菜单基础上增加了排序的三

级菜单，排序按照职工号、部门号和工资分别进行排序，因此，分成了按职工号排序、按部门号排序和按工资排序 3 个子菜单。工资信息管理子系统还可以设计得更加复杂，即在二级菜单基础上提供三级菜单，如图 5-8(b)所示。其中，增加数据可以支持单记录和多记录两种录入功能，因此，三级菜单提供单记录和多记录录入界面；查询数据支持单属性查询和组合查询两种查询功能，因此，三级菜单分为单属性查询和组合查询界面；统计报表是在一个界面分别按月和按年统计，因此，没有再分出三级菜单。当然，对于初学者来说，这里的三级菜单有点复杂，如果学生能够完成图 5-6 和图 5-7 的一级、二级菜单结构，就已经掌握菜单设计方法了。

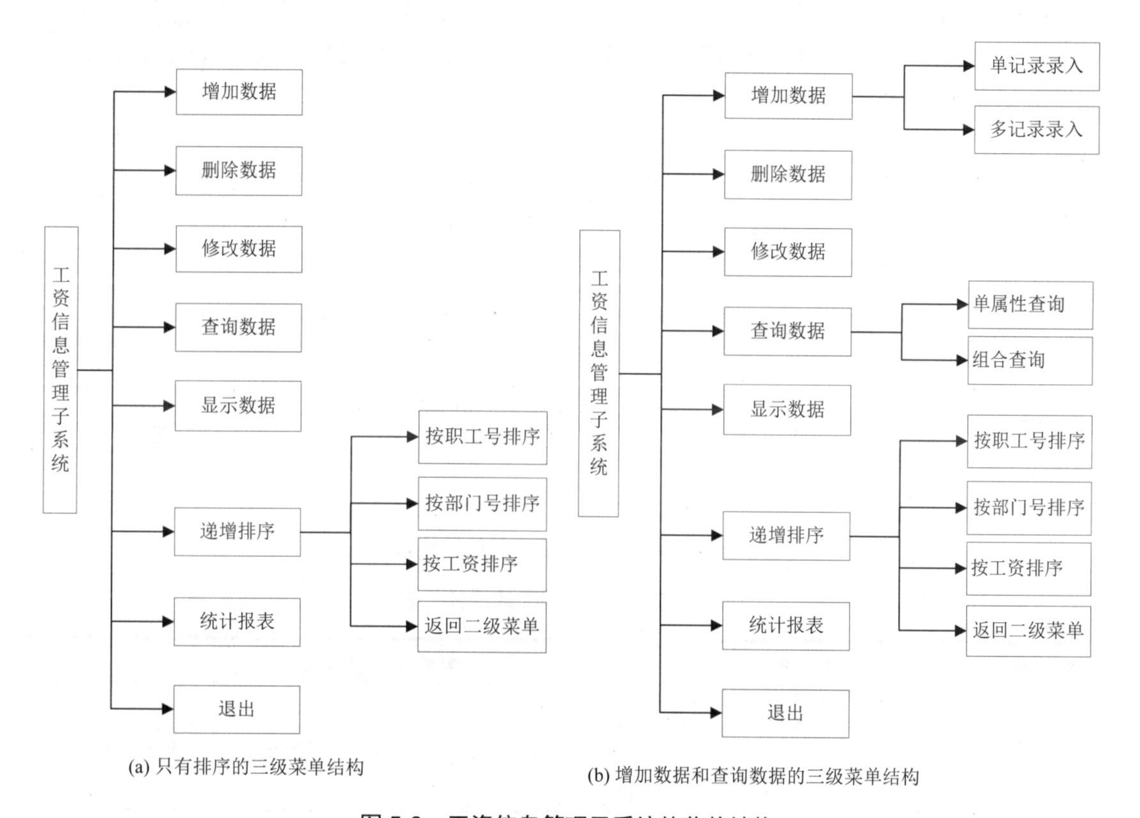

图 5-8　工资信息管理子系统的菜单结构

为了便于学生理解菜单的作用，案例 5-1 采用迭代方式逐步完善，项目进行了 8 次菜单调整(含第一个菜单)，这样使得学生更容易理解菜单“为什么调整？何时调整？怎么调整？”。

5.2.4　详细设计

软件的详细设计主要就是绘制各模块的流程图，复杂的流程图可以采用结构化设计方法逐层分解的方式，进行流程图的分层设计(2.2.4 节)，简化流程图的绘制。为了节约篇幅，这里省略，学生可以根据模块实现的代码补充流程图。

详细设计.mp4

5.2.5 编码与测试

编码与测试.mp4

编码与测试和(1)定义类型.mp4

本案例采用编码实现和软件测试交替进行的方式，能更快地发现问题并解决问题。因此，编码实现和软件测试合并成一节，本章案例给出了测试代码，但没有介绍测试用例和运行结果截图，测试用例请参考第4章案例4-1和第6章案例6-1。

源程序代码全部存放在文件夹“第5章源程序”的子文件夹employ-system下，共进行了10轮迭代，每轮迭代下面还会进行若干次迭代，总共包括25个源程序。迭代过程如图5-9所示，迭代过程完成的任务如表5-10所示。

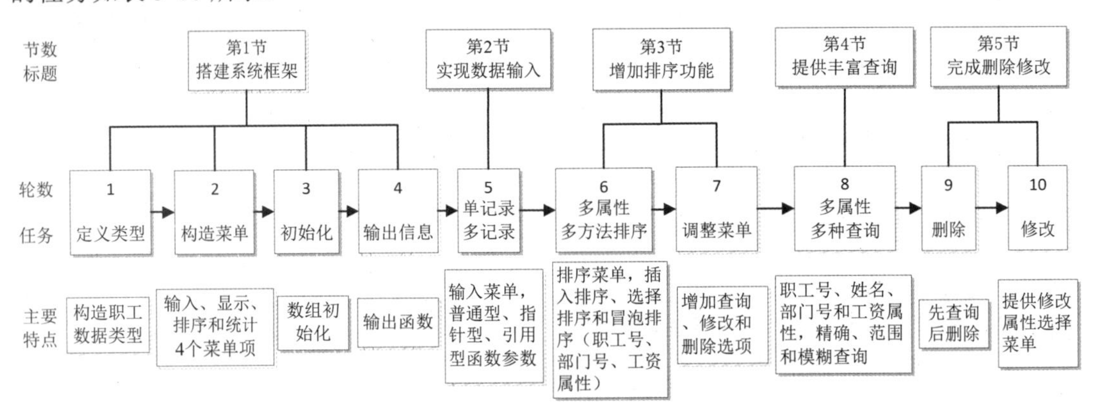

图5-9 结构体数组实现系统的迭代过程图

表5-10 迭代过程完成的任务表

节　数	轮　数	任　务	主要增加的功能
第1节 搭建系统框架	1	定义类型	构造职工数据类型和main()函数。代码达到33行
	2	构造菜单	构造一级菜单，先完成输入、显示、排序和统计4个菜单项。代码达到54行
	3	初始化	数组初始化。代码达到63行
	4	输出信息	输出职工信息，进行2次迭代。代码达到85行
第2节 实现数据输入	5	输入	输入职工记录，进行5次迭代，完成单记录和多记录输入，实现了重新输入数据到累加新增数据的转变。在输入分支中增加二级菜单，分别实现了普通型、指针型、引用型参数的单记录输入函数和多记录行输入函数。代码达到135行
第3节 增加排序功能	6	排序	对职工记录进行递增排序，进行4次迭代。增加排序二级菜单，分别采用直接插入排序算法、直接选择排序算法和冒泡排序算法实现职工号排序函数、部门号排序函数、工资排序函数。代码达到258行
	7	调整菜单	调整一级菜单，在原来的一级菜单中增加查询职工记录、修改职工记录和删除记录菜单项。代码达到265行

续表

节　数	轮　数	任　务	主要增加的功能
第 4 节提供丰富查询	8	查询	完成职工号、姓名、部门号和工资的单属性查询函数，支持精确查询、范围查询和模糊查询，进行了 7 次迭代。代码达到 437 行
第 5 节完成删除修改	9	删除	完成删除记录函数，进行 2 次迭代。代码达到 501 行
	10	修改	提供修改属性选择菜单，完成修改记录函数。代码达到 548 行

下面用 5 个小节给出 10 轮迭代的开发实现过程，展示项目代码的迭代实现过程。这 5 个小节依次是第 1 节搭建系统框架、第 2 节实现数据输入、第 3 节增加排序功能、第 4 节提供丰富查询、第 5 节完成删除修改。

1. 搭建系统框架

(1)定义类型.mp4

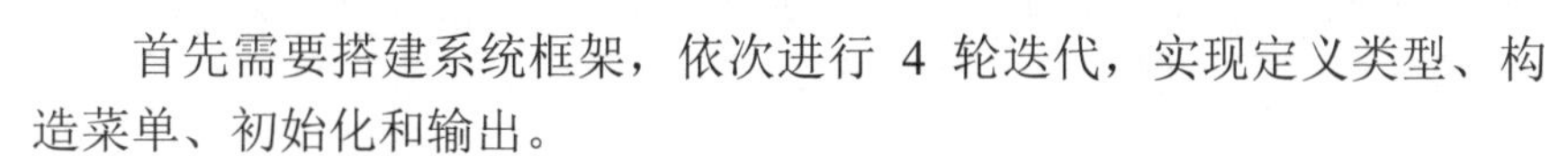

首先需要搭建系统框架，依次进行 4 轮迭代，实现定义类型、构造菜单、初始化和输出。

(1) 定义类型。

第 1 轮迭代只给出数据类型，采用结构体构造职工数据类型和 main()函数，得到程序文件 employ-system5-1.cpp。

```
/**
 * 项目名称：数组实现的职工信息管理系统 1.0 版
 * 作　　者：梁新元
 * 实现任务：定义职工数据类型
 * 开发日期：2013 年 12 月 04 日 03:23am
 * 修订日期：2021 年 01 月 28 日 06:00pm
 */
#include <stdio.h>
/*职工数据类型(类型的首字母大写)*/
struct EmployType
{
    int employNo;               //职工号
    char name[10];          //职工姓名
    char  departNo[8];      //部门号
    float  salary;          //工资
};
/*定义方式 2
typedef  struct
{
    int employNo;           //职工号
    char name[10];          //职工姓名
    char  departNo[8];      //部门号
    float  salary;          //工资
}  EmployType;*/
int main()
{
    printf("HelloWorld\n");
```

```
    return 0;
}
```

(2) 构造菜单。

(2)构造菜单.mp4

为了提高编码实现和软件测试的效率，第 2 轮迭代采用图 5-10 所示的菜单结构，构造一级菜单(即主菜单)，先完成输入、显示、排序和统计 4 个菜单项。其中，输入实现增加数据，将保存操作放在增加数据、删除数据、生成报表、排序之后进行，系统退出时也可以进行保存。处理的理由是，保存操作是在对数据进行了更新(增加、删除、修改、排序等)之后才需要进行的，可以不采用单独的菜单项，从而减少菜单项的数目。因此，菜单中没有保存选项。然而，案例 4-1 是先增加模块，后构造菜单。在模块比较少的时候采用这种方法是可行的，但是模块较多时，就需要对每个模块逐一测试。这样会显得很麻烦，会导致重复测试已经测试过的模块，降低编程效率。采用先构造菜单，可以在后面逐步增加模块，然后逐一进行测试，对已经测试过的其他模块就不用重复测试了。图 5-10 中预留了拓展余地，在一级菜单递增排序下面还可以增加二级菜单，分别实现按职工号排序、按部门号排序和按工资排序，保证了软件的可扩展性。

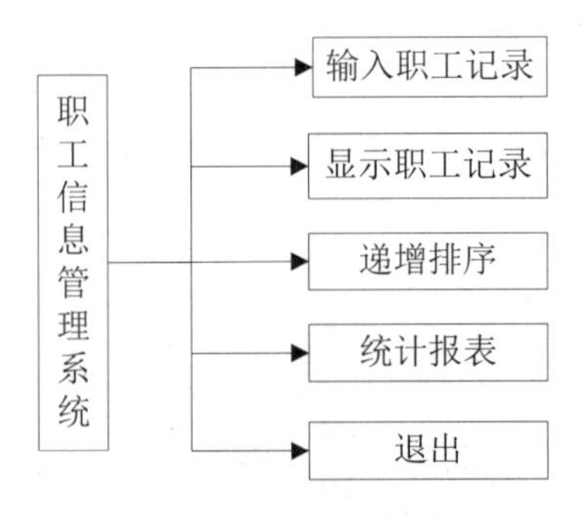

图 5-10　职工信息管理系统的菜单结构

本次迭代得到程序文件 employ-system5-2.cpp。

```
#include <stdio.h>
#include <stdlib.h>
/*职工数据类型(类型的首字母大写)*/
typedef  struct
{
   int employNo;            //职工号
   char name[10];           //职工姓名
   char  departNo[8];       //部门号
   float  salary;           //工资
}  EmployType;
int main()
{
   int choice = 0; //菜单选择项

   /*构造和调用一级菜单*/
   for (;;)
   {
      /*构造一级菜单*/
      printf("职工信息管理系统菜单\n");
```

```
    printf("1. 输入职工记录\n");
    printf("2. 显示职工记录\n");
    printf("3. 递增排序\n");
    printf("4. 统计报表\n");
    printf("0. 退出\n");
    printf("请输入选择(0-4): ");

    /*调用菜单模块*/
    scanf("%d",&choice);
    switch(choice)
    {
    case 1:
       break;
    case 2:
       break;
    case 3:
       break;
    case 4:
       break;
    case 0:
       exit(0);        //退出整个系统，需要头文件 stdlib.h 支持
    }
  }

  return 0;
}
```

(3) 初始化。

现在开始第 3 轮迭代，定义结构体数组并进行初始化，得到程序文件 employ-system5-3.cpp。

(3)初始化.mp4

从现在开始的程序迭代实现方式和第 4 章案例 4-1 的迭代方式类似。现在可以开始输入数据，或者对数组、顺序表或链表变量进行初始化。考虑到后面处理模块需要不断地测试，输入数据显得非常麻烦，会造成测试效率低下。因此，本项目先采用数组初始化方式，等所有模块都测试没有问题之后再变成从键盘输入数据，从而提高编程和测试效率。采用 8 组初始数据实现结构体数组的初始化，数据如表 5-11 所示。

表 5-11　初始化数据表

序　号	职 工 号	职工姓名	部 门 号	工　资
1	1105	覃壮金	南 16B2	5000
2	1114	马杰	南 16B2	6000
3	1119	杨美丽	南 16B2	7000
4	1126	孙浩	南 1	6400
5	1131	米瑛	南 8	5500
6	1135	尹建	南 11	3400
7	1137	李丝萦	南 16B2	4800
8	1139	刘燕宇	南 8	4600

```
#include <stdio.h>
#include <stdlib.h>
#define MAX 10000   //数组最大长度(最大容量)
/*职工数据类型代码同上，省略*/
int main()
{
    int choice = 0; //菜单选择项
    int n = 0;      //数组长度(实际长度)
    /*定义结构体数组并初始化*/
    EmployType  employList[MAX]={{1105,"覃壮金","南16B2",5000},
        {1114,"马杰","南16B2",6000}, {1119,"杨美丽","南16B2",7000},
        {1126,"孙浩","南1",6400},{1131,"米瑛","南8",5500},
        {1135,"尹建","南11",3400},{1137,"李丝萦","南16B2",4800},
        {1139,"刘燕宇","南8",4600}};//继行再缩进4个空格
    n = 8;
    /*构造和调用一级菜单代码同上，省略*/
    return 0;
}
```

(4) 输出信息。

(4)输出信息.mp4

第 4 轮迭代实现输出职工信息。初始化数组后，已经有了数据，现在可以编写输出语句。这里进行了 2 次迭代。首先，在主函数 main() 里实现输出语句，得到程序文件 employ-system5-4-1.cpp。

```
#include <stdio.h>
#include <stdlib.h>
#define MAX 10000         //数组最大长度
/*职工数据类型代码同上，省略*/
int main()
{
    int choice = 0;       //菜单选择项
    int n = 0;            //数组长度(实际长度)
    int i = 0;            //数组下标
    /*定义结构体数组并初始化代码同上，省略*/
    n = 8;
    /*显示职工记录*/
    printf("职工号      姓名      部门号      月工资\n");
    for (i=0;i<n;i++)
        printf("%d  %10s  %8s  %8.2f\n",employList[i].employNo,
            employList[i].name,employList[i].departNo, employList[i].salary);
    /*构造和调用一级菜单代码同上，省略*/

    return 0;
}
```

然后，再把输出模块单独写成显示函数，得到程序文件 employ-system5-4-2.cpp，测试成功后注释掉主函数中的显示模块，并在生成菜单前后加上换行符。

注意： 需要删除 main()函数定义的 i 变量，暂时没有用，免得后面出现警告。

```
#include <stdio.h>
#include <stdlib.h>
#define MAX 10000   //数组最大长度
```

```
/*职工数据类型代码同上，省略*/
/*显示职工记录函数
参数：a 是数组，m 是数组长度*/
void displayEmploy(EmployType a[],int m)
{
    int i = 0;        //数组下标
    printf("所有职工记录\n");
    printf("职工号        姓名        部门号        月工资\n");
    for (i = 0;i < m;i++)
        printf("%d   %10s   %8s   %8.2f\n",a[i].employNo, a[i].name,
            a[i].departNo, a[i].salary);      //继行再缩进
}

int main(){
    int choice = 0; //菜单选择项
    int n = 0;        //数组长度

    /*定义结构体数组并初始化代码同上，省略*/
    n = 8;

    /*构造和调用一级菜单*/
    for (;;)
    {
        /*构造一级菜单代码同上，省略*/
        /*调用菜单模块*/
        scanf("%d",&choice);
        printf("\n");
        switch(choice)
        {
        case 1:
            break;
        case 2:
            displayEmploy(employList,n);
            break;
        case 3:
            break;
        case 4:
            break;
        case 0:
            exit(0);
        }
    }

    return 0;
}
```

2. 实现数据输入

第 5 轮迭代完成输入职工记录操作，完成单记录和多记录输入。完成输出职工信息功能后，现在可以增加输入职工记录模块。这里还进行了 5 次小迭代，其中第 1~4 次迭代完成单记录输入，第 5 次迭代完成多记录输入。通过 5 次迭代分别实现了普通型、指针型、引用型参数的单记录输入函数和多记录行输入函数，实现了重新输入数据到累加新增

数据的转变。通过 5 次迭代，使得学生能理解普遍型、指针型和引用型函数参数的异同。第 5 轮迭代过程如表 5-12 所示。

表 5-12　第 5 轮迭代输入职工记录的迭代过程表

次　数	迭代名称	主要增加的功能
5-1	普通参数的单记录输入函数	数组不初始化，采用普通参数的函数实现单记录输入数据
5-2	指针参数的单记录输入函数	数组不初始化，采用指针型参数的函数实现单记录输入数据
5-3	引用参数的单记录输入函数	数组不初始化，采用引用型参数的函数实现单记录输入数据
5-4	增加单记录的输入方式	在数组初始化基础上增加数据，采用引用型参数的函数实现单记录输入数据，提供了输入记录条数和不确定记录条数两种输入方式，数据能不断增加
5-5	增加输入菜单和多记录输入函数	在输入分支中增加输入二级菜单，用户可以选择单记录和多记录输入方式，并且增加多记录输入函数，实现多行输入，美化输入界面

说明：表格中的 5-1 表示第 5 轮迭代的第 1 次迭代。

(1) 普通参数的单记录输入函数。

(1) 普通参数的单记录输入函数.mp4

第 5-1 次迭代，数组不初始化，采用普通参数函数实现单记录输入数据。

实现输入可以首先在 main()函数里写输入语句再写成函数，也可以直接在输入函数中写输入语句。本次迭代采用第二种方法得到程序文件 employ-system5-5-1.cpp，新增输入函数并在菜单中调用该函数。考虑到第 4 轮迭代的 employ-system5-4-2.cpp 中采用初始化的变量，无法增加新数据。因此，在 employ-system5-5-1.cpp 中职工数组不采用初始化，测试输入数据成功后再改回去。

```
#include <stdio.h>
#include <stdlib.h>
#define MAX 10000   //数组最大长度
/*职工数据类型和显示职工记录函数代码同上，省略*/
/*输入职工信息函数(普通参数)
参数：a 是数组，m 是数组长度*/
void inputEmploy(EmployType a[],int m)
{
    int i = 0;//数组下标
    printf("请输入职工记录\n");
    while(i < m)
    {
        printf("第%d 位 职工号：",i+1);
        scanf("%d",&a[i].employNo);        //注意：加\n 会出现问题，造成输入不便
        printf("姓名：");
        scanf("%s",&a[i].name);
        printf("部门号：");
        scanf("%s",&a[i].departNo);
```

```
        printf("月工资: ");
        scanf("%f",&a[i].salary);
        printf("%d   %10s   %8s   %8.2f\n",a[i].employNo, a[i].name,
            a[i].departNo, a[i].salary); //测试语句，继行再缩进
        i++;
    }

    displayEmploy(a,m); //测试语句：测试输入结果是否正确
}

int main(){
    int choice = 0;         //菜单选择项
    int n = 0;              //数组长度
    EmployType employList[MAX];  //定义结构体数组
    n = 0;

    /*构造和调用一级菜单*/
    for (;;){
        /*构造一级菜单代码同上，省略*/
        /*调用菜单模块*/
        scanf("%d",&choice);
        printf("\n");
        switch(choice)
        {
        case 1:
            /*输入条数由用户确定*/
            printf("确定输入记录条数: ");
            scanf("%d",&n);
            inputEmploy(employList,n);
            break;
        case 2:
            displayEmploy(employList,n);
            break;
        case 3:
            break;
        case 4:
            break;
        case 0:
            exit(0);
        }
    }
    return 0;
}
```

为了测试输入效果，这里列出 6 组测试用例供输入选择，数据如表 5-13 所示。

表 5-13　输入测试用例

序　号	职 工 号	职工姓名	部 门 号	工　资
1	1111	李祯峥	南 16B2	4000
2	1117	何秋驰	南 16B2	2000
3	1124	王兴广	南 1	4000

续表

序　号	职 工 号	职工姓名	部 门 号	工　资
4	1128	赵潜移	南 11	2800
5	1134	余智平	南 1	8200
6	1138	卢圣	南 1	1800

(2) 指针参数的单记录输入函数。

(2) 指针参数的单记录输入函数.mp4

第 5-2 次迭代，数组不初始化，采用指针型参数的函数实现单记录输入数据。

第 5-1 次迭代的 employ-system5-5-1.cpp 程序文件将输入记录条数放在菜单中进行，不便于模块化处理。本次迭代在 employ-system5-5-2.cpp 程序文件中采用指针作为输入函数参数，将输入记录条数放在函数中进行，能更好地体现函数的模块化价值，减少菜单调用的语句。employ-system5-5-2.cpp 程序文件中修改了输入函数，并且将调用代码简化为“inputEmploy(employList,&n);”。函数中指针 m 实现双向传递。

```
/*输入职工信息函数(指针型参数)
参数：a 是数组，指针 m 指向数组长度表示记录条数(由用户决定)*/
void inputEmploy(EmployType a[],int *m)
{
    int i = 0;   //数组下标
    printf("确定输入记录条数：");
    scanf("%d",m);
    printf("请输入职工记录\n");
    while(i < *m)
    {
        printf("第%d位 职工号：",i+1);
        scanf("%d",&a[i].employNo);
        printf("姓名：");
        scanf("%s",&a[i].name);
        printf("部门号：");
        scanf("%s",&a[i].departNo);
        printf("月工资：");
        scanf("%f",&a[i].salary);
        printf("%d  %10s   %8s   %8.2f\n",a[i].employNo, a[i].name,
            a[i].departNo, a[i].salary); //测试语句，继行再缩进
        i++;
    }

    displayEmploy(a,*m);     //测试语句：测试输入结果是否正确
}
```

(3) 引用参数的单记录输入函数。

(3) 引用参数的单记录输入函数.mp4

第 5-3 次迭代，数组不初始化，采用引用型参数的函数实现单记录输入数据。

第 5-2 次迭代的 employ-system5-5-2.cpp 程序文件用指针作为函数参数，会使得基础弱的学生难以理解和使用。本次迭代在 employ-

system5-5-3.cpp 程序文件中采用引用型参数作为函数参数，使得调用和使用与普通函数类似，降低了理解和使用的难度。employ-system5-5-3.cpp 程序文件中修改了输入函数，并且将调用代码“inputEmploy(employList,&n);”修改为“inputEmploy(employList,n);”。

```
/*输入职工信息函数(引用型参数)
参数：a 是数组，m 表示记录条数(由用户决定)*/
void inputEmploy(EmployType a[],int &m)
{
    int i = 0;   //数组下标
    printf("确定输入记录条数：");
    scanf("%d",&m);
    printf("请输入职工记录\n");
    while(i < m)
    {
        printf("第%d 位 职工号：",i+1);
        scanf("%d",&a[i].employNo);
        printf("姓名：");
        scanf("%s",&a[i].name);
        printf("部门号：");
        scanf("%s",&a[i].departNo);
        printf("月工资：");
        scanf("%f",&a[i].salary);
        printf("%d   %10s   %8s   %8.2f\n",a[i].employNo, a[i].name,
            a[i].departNo, a[i].salary); //测试语句，继行再缩进
        i++;
    }

    displayEmploy(a,m);//测试语句：测试输入结果是否正确
}
```

(4) 增加单记录的输入方式。

(4) 增加单记录的输入方式.mp4

第 5-4 次迭代，在数组初始化基础上增加数据，采用引用型参数的函数实现单记录输入数据，提供了输入记录条数和不确定记录条数两种输入方式，数据能不断增加。

第 5-3 次迭代的 employ-system5-5-3.cpp 程序能够录入数据，但是无法在原有数据的基础上增加新数据。只会覆盖以前输入的数据。本次迭代在 employ-system5-5-4.cpp 程序的数组初始化基础上可以增加数据，并且提供了两种函数来实现数据输入。两个输入函数中 m 表示记录条数，输入条数由用户确定，m 为引用型参数，记录数组长度变化并传给实参，实现数据不断增加。输入方法 1 是输入记录条数，输入方法 2 是不确定记录条数，用户输入过程中再确定是否输入新记录。

注意：测试代码时只能调用一种输入方法，需要注释掉另一种输入方法，否则程序无法运行。考虑到输入方法 2 更灵活，后面版本的代码中采用方法 2 输入单记录数据。employ-system5-5-4.cpp 程序中主要改变了输入函数并恢复了原来的结构体数组初始化语句，没有改变调用语句。

```
#include <stdio.h>
#include <stdlib.h>
#define MAX 10000//数组最大长度
```

```
/*职工数据类型和显示职工记录函数代码同上，省略*/
/*输入职工信息函数(引用型参数)
输入方法 1：输入记录条数，数据能不断增加
参数：a 是数组，m 是数组长度的引用*/
void inputEmploy(EmployType a[],int &m)
{
    int i = 0;   //数组下标
    int k = 0;   //新增记录条数
    printf("现有职工记录条数：%d\n",m);
    printf("请输入本次录入记录条数：");
    scanf("%d",&k);
    printf("请输入新增职工记录\n");
    while(i < k)
    {
        printf("第%d位 职工号：",i+1);
        scanf("%d",&a[i+m].employNo);
        printf("姓名：");
        scanf("%s",&a[i+m].name);
        printf("部门号：");
        scanf("%s",&a[i+m].departNo);
        printf("月工资：");
        scanf("%f",&a[i+m].salary);
        printf("%d   %10s   %8s   %8.2f\n",a[i+m].employNo, a[i+m].name,
            a[i+m].departNo, a[i+m].salary); //测试语句，继行再缩进
        i++;
    }
    m = m + k;

    displayEmploy(a,m); //测试语句：测试输入结果是否正确
}

/*单记录输入函数(引用型参数)
输入方法 2：不确定记录条数，数据能不断增加
功能：以列方式输入，适合属性多的实体，用户定条数，数据不断增加
参数：a 是职工信息数组，m 是数组长度的引用*/
void inputEmploy(EmployType a[],int &m){
    int i = 0;//数组下标
    char isInput = ' ';     //是否继续输入
    printf("现有职工记录条数：%d\n",m);
    printf("请输入新增职工记录\n");
    isInput = 'y';
    do
    {
        printf("第%d位 职工号：",m+1);
        scanf("%d",&a[m].employNo);
        printf("姓名：");
        scanf("%s",&a[m].name);
        printf("部门号：");
        scanf("%s",&a[m].departNo);
        printf("月工资：");
        scanf("%f",&a[m].salary);
        printf("%d   %10s   %8s   %8.2f\n",a[m].employNo, a[m].name,
```

```
        a[m].departNo, a[m].salary); //测试语句，继行再缩进
      printf("是否继续输入(y/n): ");
      getchar();            //吸收键盘输入，否则会造成变量 c 无法得到输入值
      scanf("%c",&isInput);
      m++;
   } while (isInput == 'y' || isInput == 'Y');

   displayEmploy(a,m);//测试语句：测试输入结果是否正确
}

int main()
{
   int choice = 0; //菜单选择项
   int n = 0;      //数组长度
   /*定义结构体数组并初始化*/
   EmployType  employList[MAX]={{1105,"覃壮金","南 16B2",5000},
      {1114,"马杰","南 16B2",6000},{1119,"杨美丽","南 16B2",7000},
      {1126,"孙浩","南 1",6400},{1131,"米瑛","南 8",5500},
      {1135,"尹建","南 11",3400},{1137,"李丝萦","南 16B2",4800},
      {1139,"刘燕宇","南 8",4600}};       //继行再缩进
   n = 8;
   /*构造和调用一级菜单代码同上，省略*/

   return 0;
}
```

注意：在输入方法 2 中，输入字符前用了 getchar()吸收键盘输入，否则会造成变量 islnput 无法得到输入值。

(5) 增加输入菜单和多记录输入函数。

(5) 增加输入菜单和多记录输入函数.mp4

第 5-5 次迭代，进行第 2 次菜单调整，在输入分支中增加了输入二级菜单，用户可以选择单记录和多记录输入方式；还增加了多记录输入函数，实现多行输入，美化输入界面。

第 5-4 次迭代的 employ-system5-5-4.cpp 程序实现了单记录输入，以列方式输入职工信息，适合属性多的实体。本次迭代在 employ-system5-5-5.cpp 程序中新增二级菜单和多记录输入函数，实现以行方式输入职工多记录信息，适合属性少的实体。多记录输入函数中 m 表示记录条数，输入条数由用户确定，m 为引用型参数，记录数组长度变化并传给实参，实现数据不断增加。

```
/*多记录输入函数(引用型参数)
功能：以行方式输入，适合属性少的实体，用户定条数，数据不断增加
参数：a 是职工信息数组，m 是数组长度的引用*/
void multiInputEmploy(EmployType a[],int &m)
{
   int i = 0;  //数组下标
   int k = 0;  //新增记录条数

   printf("现有职工记录条数：%d\n",m);
   printf("请输入本次录入记录条数：");
   scanf("%d",&k);
   printf("请输入新增职工记录\n");
```

```
    printf("职工号        姓名        部门号      月工资\n");
    for (i = 0;i < k;i++)
    {
        scanf("%d   %s   %s   %f",&a[m].employNo,&a[m].name,
            &a[m].departNo, &a[m].salary); //继行再缩进
        m++;
    }
    displayEmploy(a,m);//测试语句
}
```

employ-system5-5-5.cpp 程序中采用第 5-4 次迭代输入方法 2，输入单记录数据，删除了测试语句，并改变了调用语句。菜单中的调用语句“inputEmploy(employList,n);”改为生成和调用输入二级菜单语句：

```
    printf("请选择：1.单记录输入  2.多记录输入  0.返回上级菜单\n");
    scanf("%d",&select);
    printf("\n");
    if (select == 1)
        inputEmploy(employList,n);
    else if (select == 2)
        multiInputEmploy(employList,n);
```

调整菜单后程序运行结果显示的输入二级菜单结构如图 5-11 所示。

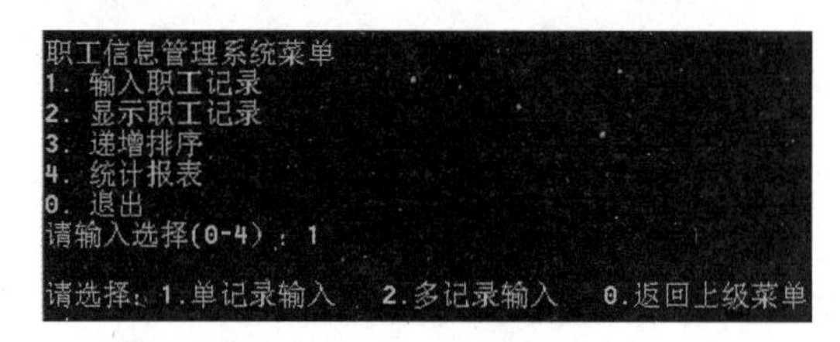

图 5-11　运行结果图

3. 增加排序功能

第 6 轮迭代实现职工信息排序，第 7 轮迭代调整一级菜单。

首先，进行第 6 轮迭代。第 5 轮迭代完成输入职工记录功能，第 6 轮迭代可以增加职工记录递增排序模块，共进行 4 次迭代。依次增加排序二级菜单、职工号排序函数、部门号排序函数、工资排序函数，分别采用直接插入排序算法、直接选择排序(又称为简单选择排序)算法和冒泡排序算法实现排序。本轮迭代为学生展示这 3 种常用的排序算法。

第 6 轮迭代和第 7 轮迭代共进行了 5 次迭代，表 5-14 给出了迭代过程表。

表 5-14　第 6 轮迭代和第 7 轮迭代的过程表

次　数	主要增加的功能
6-1	增加“递增排序”的二级菜单
6-2	增加职工号排序函数，采用直接插入排序算法实现
6-3	增加按照部门号排序函数，采用下沉法冒泡排序算法实现
6-4	增加工资排序函数，采用直接选择排序算法实现
7	第 7 轮迭代调整一级菜单，增加查询、修改和删除菜单项

说明：表格中的 6-1 表示第 6 轮迭代的第 1 次迭代，7 表示第 7 轮迭代。

(1) 增加“递增排序”的二级菜单。

(1) 增加“递增排序”的二级菜单.mp4

根据题目要求，需要对职工号、部门号和工资数进行递增排序。因此，第 6-1 次迭代仿照输入菜单方式，增加“递增排序”的二级菜单。在一级菜单“递增排序”下需要增加一个二级菜单“1. 按职工号排序　2. 按部门号排序　3. 按工资排序　4. 显示职工记录　0. 返回上级菜单”。本次迭代增加二级菜单选择变量 select 的语句“int select = 0;”，在一级菜单调用的 case 3 下增加如下排序二级菜单及调用代码得到程序 employ-system5-6-1.cpp。这是进行第 3 次菜单调整。

```
/*排序二级菜单及调用*/
select = 9;
while (select != 0)
{
    /*构造二级菜单*/
    printf("\n");
    printf("递增排序子菜单\n");
    printf("1. 按职工号排序\n");
    printf("2. 按部门号排序\n");
    printf("3. 按工资排序\n");
    printf("4. 显示职工记录\n");
    printf("0. 返回上级菜单\n");
    printf("请输入选择(0-4): ");
    scanf("%d",&select);
    printf("\n");

    /*调用菜单模块*/
    switch(select)
    {
    case 1:
        break;
    case 2:
        break;
    case 3:
        break;
    case 4:
        displayEmploy(employList,n);
        break;
    case 0:
        break;
    }
}
```

(2) 增加职工号排序函数。

(2) 增加职工号排序函数.mp4

第 6-2 次迭代，增加按照职工号排序函数模块 sortByEmployNo()，调整初始化代码，并在二级菜单调用语句 case 1 中增加排序函数调用语句“sortByEmployNo(employList,n);”，得到程序 employ-system5-6-2.cpp。其中，职工号排序函数采用直接插入排序算法实现，并用测试语句展示排序过程，代码如下：

```
/*职工号排序函数，采用直接插入排序
参数：a 是数组，m 是数组长度*/
void sortByEmployNo(EmployType a[],int m)
{
    int i = 0;              //排序趟数
    int j = 0;              //数组下标
    EmployType temp;        //临时变量

    for (i = 1;i < m;i++)
    {
        temp = a[i];
        j = i - 1;
        while (j >= 0 && temp.employNo < a[j].employNo)
        {
            a[j+1] = a[j];
            j--;
        }
        j++;
        a[j] = temp;

        /*测试语句，展示排序过程*/
        printf("第%d 趟排序结果\n",i);
        displayEmploy(a,m);
    }
}
```

为了测试按职工号排序模块，需要将初始化变量值交换顺序，使得原始顺序不是按职工号升序排序，调整后的数据如表 5-15 所示，初始化代码结果如下：

```
EmployType employList[MAX]={{1114,"马杰","南 16B2",6000},
    {1126,"孙浩","南 1",6400}, {1119,"杨美丽","南 16B2",7000},
    {1105,"覃壮金","南 16B2",5000},{1137,"李丝萦","南 16B2",4800},
    {1135,"尹建","南 11",3400},{1131,"米瑛","南 8",5500},
    {1139,"刘燕宇","南 8",4600}};
```

表 5-15　初始化数据表

序　号	职 工 号	职工姓名	部 门 号	工　资
2	1114	马杰	南 16B2	6000
4	1126	孙浩	南 1	6400
3	1119	杨美丽	南 16B2	7000
1	1105	覃壮金	南 16B2	5000
7	1137	李丝萦	南 16B2	4800
6	1135	尹建	南 11	3400
5	1131	米瑛	南 8	5500
8	1139	刘燕宇	南 8	4600

(3) 增加按照部门号排序函数。

第 6-3 次迭代，增加按照部门号排序函数模块 sortByDepartNo()，并在二级菜单调用语句

case 2 中增加排序函数调用语句“sortByDepartNo(employList,n);”，得到程序 employ-system5-6-3.cpp。另外，部门号是字符串，比较时需要用字符串比较函数 strcmp()，因此，需要增加字符串头文件 string.h。其中，部门号排序函数采用下沉法冒泡排序算法实现，并用测试语句展示排序过程，代码如下：

(3) 增加按照部门号排序函数.mp4

```
/*部门号排序函数，采用冒泡排序(下沉法)
参数：a 是数组，m 是数组长度*/
void sortByDepartNo(EmployType a[],int m)
{
    int i = 0;              //排序趟数
    int j = 0;              //数组下标
    EmployType temp;        //临时变量
    bool flag = 1;          //交换标志：1 表示交换，0 表示没有交换

    for (i = 0;i < m && flag;i++)
    {
        flag = 0;
        for (j = 0;j < m - i - 1;j++)
            if (strcmp(a[j].departNo,a[j+1].departNo) > 0)
            {
                temp = a[j+1];
                a[j+1] = a[j];
                a[j] = temp;
                flag = 1;
            }

        /*测试语句，展示排序过程*/
        printf("第%d 趟排序结果\n",i + 1);
        displayEmploy(a,m);
    }
}
```

(4) 增加工资排序函数。

第 6-4 次迭代，增加按照工资排序函数模块 sortBySalary()，并在二级菜单调用语句 case 3 中增加排序函数调用语句“sortBySalary(employList,n);”，得到程序 employ-system5-6-4.cpp。其中，工资排序函数采用直接选择排序算法实现，并用测试语句展示排序过程，代码如下：

(4) 增加工资排序函数.mp4

```
/*工资排序函数，采用直接选择排序
参数：a 是数组，m 是数组长度*/
void sortBySalary(EmployType a[],int m)
{
    int i = 0;              //排序趟数
    int j = 0;              //数组下标
    EmployType min;         //工资最小值的记录
    int k = 0;              //最小值下标

    for (i = 0;i < m - 1;i++)
```

```
    {
        k = i;
        min = a[i];
        for (j = i + 1;j < m;j++)
            if (a[j].salary < min.salary)
            {
                min = a[j];
                k = j;
            }

        if (k != i)
        {
            a[k] = a[i];
            a[i] = min;
        }

        /*测试语句，展示排序过程*/
        printf("第%d趟排序结果\n",i+1);
        displayEmploy(a,m);
    }
}
```

(5) 调整菜单。

(5) 调整菜单.mp4

至此，除了统计模块，其他模块的功能都已经实现，现在进行第7轮迭代，调整一级菜单。考虑到按年统计，需要在记录中存储年份信息，需要修改数据结构，会对整个程序修改过大。因此，统计模块放到后面阶段再完成。

考虑到一般的信息管理系统都有查询、修改、删除记录的功能，其中查询记录是修改和删除的基础，也是统计数据、打印报表的基础。因此，第7轮迭代在原来的一级菜单中增加“5. 查询记录　6. 删除记录　7. 修改记录”，这是进行第4次菜单调整。

在第6-4次迭代的程序employ-system5-6-4.cpp中增加菜单生成语句和菜单执行语句，得到本轮迭代的程序employ-system5-7.cpp。由于第6轮和第7轮迭代对main()做了多处修改，为了让学生有一个整体印象，现在展示employ-system5-7.cpp的main()函数代码。

```
#include <stdio.h>
#include <stdlib.h>
#include <string.h>     //支持字符串比较函数strcmp()
#define MAX 10000       //数组最大长度
/*职工数据类型、显示函数、单记录输入函数、多记录输入函数、职工号排序函数、部门号排序函数、工资排序函数代码同上，省略*/
int main()
{
    int choice = 0;      //一级菜单选择项
    int n = 0;           //数组长度
    int select = 0;      //二级菜单选择项
    /*定义结构体数组并初始化*/
    EmployType employList[MAX]={{1114,"马杰","南16B2",6000},
        {1126,"孙浩","南1",6400},{1119,"杨美丽","南16B2",7000},
        {1105,"覃壮金","南16B2",5000},{1137,"李丝萦","南16B2",4800},
        {1135,"尹建","南11",3400},{1131,"米瑛","南8",5500},
```

```
    {1139,"刘燕宇","南 8",4600}};  //继行再缩进
n = 8;

/*构造和调用一级菜单*/
for (;;)
{
    /*构造一级菜单*/
    printf("\n");
    printf("职工信息管理系统菜单\n");
    printf("1. 输入职工记录\n");
    printf("2. 显示职工记录\n");
    printf("3. 递增排序\n");
    printf("4. 统计报表\n");
    printf("5. 查询记录\n");
    printf("6. 删除记录\n");
    printf("7. 修改记录\n");
    printf("0. 退出\n");
    printf("请输入选择(0-7): ");

    /*调用菜单模块*/
    scanf("%d",&choice);
    printf("\n");
    switch(choice)
    {
    case 1:
        /*输入二级菜单及调用*/
        printf("请选择: 1.单记录输入 2.多记录输入 0.返回上级菜单\n");
        scanf("%d",&select);
        printf("\n");
        if (select == 1)
            inputEmploy(employList,n);
        else if (select == 2)
            multiInputEmploy(employList,n);
        break;
    case 2:
        displayEmploy(employList,n);
        break;
    case 3:
        /*排序二级菜单及调用*/
        select = 9;         //设置一个不等于 0 的值
        while (select != 0)
        {
            /*构造二级菜单*/
            printf("\n");
            printf("递增排序子菜单\n");
            printf("1. 按职工号排序\n");
            printf("2. 按部门号排序\n");
            printf("3. 按工资排序\n");
            printf("4. 显示职工记录\n");
            printf("0. 返回上级菜单\n");
            printf("请输入选择(0-4): ");
            scanf("%d",&select);
```

```
                printf("\n");

                /*调用二级菜单模块*/
                switch(select)
                {
                case 1:
                    sortByEmployNo(employList,n);
                    break;
                case 2:
                    sortByDepartNo(employList,n);
                    break;
                case 3:
                    sortBySalary(employList,n);
                    break;
                case 4:
                    displayEmploy(employList,n);
                    break;
                case 0:
                    break;
                } //switch
            } //while
            break;
        case 4:
            break;
        case 5:
            break;
        case 6:
            break;
        case 7:
            break;
        case 0:
            exit(0);
        } //switch
    } //for

    return 0;
}
```

调整菜单前后的一级菜单结构如图 5-12 所示。

职工信息管理系统菜单
1. 输入职工记录
2. 显示职工记录
3. 递增排序
4. 统计报表
0. 退出
请输入选择(0-4)：

(a) 调整前的一级菜单

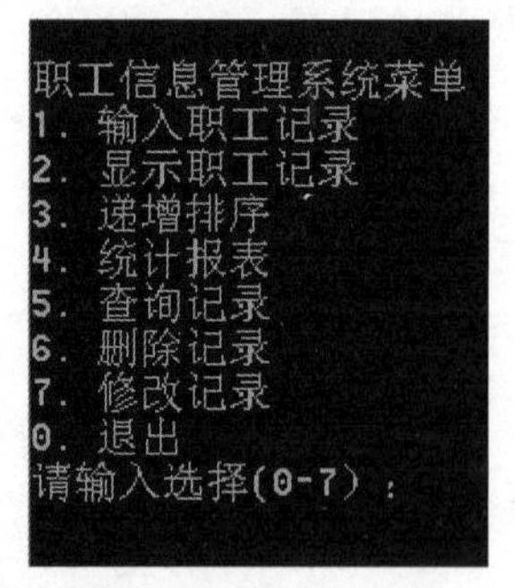

(b) 调整后的一级菜单

图 5-12 调整前后的菜单对照

4. 提供丰富查询

现在开始第 8 轮迭代。本轮迭代展示丰富的查询方式，主要进行精确查询、范围查询和模糊查询。这里按照职工号、姓名、部门号和工资 4 个属性进行查询，根据属性再选择精确查询或范围查询。

信息查询方式可以分为精确查询、范围查询、模糊查询和组合查询 4 种，要实现这些查询功能，根据模块化设计思想，可以按照属性分别写 4 个函数(精确查询函数、范围查询函数、模糊查询函数和组合查询函数)，再由一个查询二级菜单来调用这 4 个函数。按照职工号、姓名、部门号和工资查询，实际上就是增加了一个二级菜单。考虑到这个菜单与查询模块程序关联太紧密，因此不列入 main()函数的二级菜单，以方便程序处理。如果在 main()函数中增加二级菜单，那么查询时就需要分别写四个类似的查询模块，显得没有必要；而且后面要采用组合查询，可能也不方便。根据以上考虑，采用一个查询函数来完成查询菜单和查询工作。这里只支持单属性查询，不支持组合查询(参见第 8 章 8.2.3 节案例 8-1)。

第 8 轮迭代完成职工号、姓名、部门号和工资的单属性查询函数，支持精确查询、范围查询和模糊查询，共进行了 7 次迭代。表 5-16 给出了信息查询的迭代过程表。

表 5-16　第 8 轮迭代信息查询的迭代过程表

次　数	主要增加的功能
8-1	建立查询函数，实现按职工号精确查询
8-2	增加职工号查询的二级选择菜单，按职工号进行范围查询
8-3	增加查询属性选择的二级菜单，职工号查询的二级选择菜单变成三级菜单
8-4	按姓名进行精确查询
8-5	按姓名进行模糊查询
8-6	按部门号进行精确查询和模糊查询
8-7	增加工资查询选择三级菜单，按工资进行精确查询和范围查询

说明：表格中的 8-1 表示第 8 轮迭代的第 1 次迭代。

1) 按职工号查询

(1)按职工号查询.mp4

首先，实现按职工号查询的功能，探索查询函数的编写。

职工号属性采用整型数据类型，可以实现精确查询和范围查询，但是不能实现模糊查询。首先，第 8-1 次迭代按职工号实现精确查询，第 8-2 次迭代再按职工号范围实现范围查询。

(1) 按职工号进行精确查询。

第 8-1 次迭代，增加查询函数 searchEmploy()及其调用代码得到程序 employ-system5-8-1.cpp 。函数调用代码只需要在一级菜单调用的 case 5 下增加代码“searchEmploy(employList,n);”，searchEmploy()函数代码如下：

```
/*查询函数
功能：按职工号查找，采用顺序查找法
参数：a 是数组，m 是数组长度
返回值：表示查找是否成功，1 表示查找成功，0 表示查找失败
本次迭代按职工号进行精确查询*/
```

```
bool searchEmploy(EmployType a[],int m)
{
    int i = 0;        //数组下标
    int no = 0;       //职工号
    bool flag = 0;    //查找结果，1 表示查找成功，0 表示查找失败

    printf("请输入查找的职工号(整数)：");
    scanf("%d",&no);
    printf("要查找的职工号是：%d\n",no);
    printf("符合条件的记录：\n");
    printf("记录号  职工号        姓名        部门号       月工资\n");
    for (i = 0;i < m;i++)
    {
        if (a[i].employNo == no)
        {
            printf("  %d      %d   %10s   %8s   %8.2f\n",i+1,a[i].employNo,
                a[i].name, a[i].departNo, a[i].salary);  //继行再缩进
            flag = 1;
            break;
        }
    }

    if (flag == 0)
    {
        printf("不存在\n");
    }

    return flag;
}
```

说明：标准 C 语言只有整型 int，没有逻辑型 bool，只要将 bool 改为 int 即可。C++可以支持逻辑型 bool。

(2) 按职工号进行范围查询。

第 8-2 次迭代改进 searchEmploy()函数，既能实现按照职工号精确查询，又能实现按职工号进行范围查询，由程序 employ-system5-8-1.cpp 得到程序 employ-system5-8-2.cpp。searchEmploy()函数中增加了职工号查询二级选择菜单和范围查询代码，但是主函数中不需要改变查询函数调用语句。现在已经进行了第 5 次菜单调整。searchEmploy()函数的代码如下：

```
/*查询函数
功能：按职工号实现精确查询和范围查询，采用顺序查找法
参数：a 是数组，m 是数组长度
返回值：表示查找是否成功，1 表示查找成功，0 表示查找失败
本次迭代增加职工号查询选择菜单，按职工号进行精确查询和范围查询*/
bool searchEmploy(EmployType a[],int m)
{
    int i = 0;            //数组下标
    int no = 0;           //职工号
    bool flag = 0;        //查找结果，1 表示查找成功，0 表示查找失败
    int noMin = 0;        //职工号起始值
    int noMax = 0;        //职工号结束值
```

```
int menuSelect = 0; //菜单选择

/*职工号查询二级菜单及其调用*/
printf("职工号查询选择: 1.精确查询 2.范围查询 0.返回上级菜单\n");
printf("请输入你的选择(0-2): ");
scanf("%d",&menuSelect);
switch(menuSelect)
{
case 1:
    printf("请输入查找的职工号(整数): ");
    scanf("%d",&no);
    printf("要查找的职工号是: %d\n",no);
    printf("符合条件的记录: \n");
    printf("记录号  职工号        姓名        部门号      月工资\n");
    for (i = 0;i < m;i++)
    {
        if (a[i].employNo == no)
        {
            printf("  %d      %d   %10s   %8s   %8.2f\n",i+1,
                a[i].employNo,a[i].name,a[i].departNo,a[i].salary);
            flag = 1;
            break;
        }
    }
    break;
case 2:
    printf("请输入查找的职工号范围: \n 职工号>=");
    scanf("%d",&noMin);
    printf("职工号<=");
    scanf("%d",&noMax);

    printf("要查找的职工号范围是: %d<=职工号<=%d\n",noMin,noMax);

    printf("符合条件的记录: \n");
    printf("记录号  职工号        姓名        部门号      月工资\n");
    for (i = 0;i < m;i++)
    {
        if (a[i].employNo >= noMin && a[i].employNo <= noMax)
        {
            printf("  %d      %d   %10s   %8s   %8.2f\n",i+1,
                a[i].employNo,a[i].name,a[i].departNo,a[i].salary);
            flag = 1;
        }
    }//for
    break;
case 0:
    break;
}//switch

if (flag == 0)
{
    printf("不存在\n");
```

```
    }

    return flag;
}
```

2) 增加查询属性选择的二级菜单

(2)增加查询属性选择的二级菜单.mp4

为了方便用户选择职工号、姓名、部门号和工资进行查询，需要在 searchEmploy()函数中增加一个查询属性选择二级菜单。因此，第 8-3 次迭代增加了一个选择查询属性的二级菜单，职工号查询二级选择菜单变成三级菜单。现在已经进行了第 6 次菜单调整。将按职工号查询部分程序放入 case 1 中得到程序 employ-system5-8-3.cpp，后面的迭代中再增加姓名查询模块。本次迭代只改变 searchEmploy()函数代码，没有改变函数的声明，函数接口不发生变化，因此，不改变主函数中查询函数调用语句。searchEmploy()函数代码如下：

```
/*查询函数
功能：支持属性查询选择，按职工号、姓名、部门号和工资进行查询
按职工号实现精确查询和范围查询，采用顺序查找法
参数：a 是数组，m 是数组长度
返回值：表示查找是否成功，1 表示查找成功，0 表示查找失败
本次迭代增加查询属性选择的二级菜单，职工号查询菜单变成三级菜单*/
bool searchEmploy(EmployType a[],int m)
{
    int i = 0;              //数组下标
    int no = 0;             //职工号
    bool flag = 0;          //查找结果，1 表示查找成功，0 表示查找失败
    int noMin = 0;          //职工号起始值
    int noMax = 0;          //职工号结束值
    int menu = 0;           //属性查询二级菜单的选择
    int menuSelect = 0;  //三级菜单的选择

    menu = 9; //设置一个不等于 0 的值
    while (menu != 0)
    {
        flag = 0;
        /*属性查询选择二级菜单*/
        printf("\n 查询属性选项：1.职工号 2.姓名 3.部门号 4.月工资 0.返回主菜单\n");
        printf("请输入你的选择(0-4)：");
        scanf("%d",&menu);
        switch(menu)
        {
        case 1:
            /*按职工号查询*/
            /*职工号查询三级菜单及其调用代码同上，省略*/
            break;
        case 2:
            /*按姓名查询*/
            break;
        case 3:
            /*按部门号查询*/
            break;
        case 4:
```

```
        /*按月工资查询*/
        break;
    case 0:
        break;
    }//switch
}//while

if (flag == 0)
{
    printf("不存在\n");
}

return flag;
}
```

3) 按姓名查询

(3)按姓名查询.mp4

在增加查询选择菜单后，第 8-4 次迭代首先实现姓名精确查询，然后第 8-5 次迭代实现姓名模糊查询。

(1) 按姓名进行精确查询。

按姓名可以进行精确查询，也可以进行模糊查询，但是一般不会采用范围查询。考虑到模糊查询比较麻烦，因此按姓名查询可以先采用精确查询，然后再实现模糊查询。这里写法类似于按职工号进行精确查询。现在进行第 8-4 次迭代，增加按职工姓名精确查询部分，得到程序 employ-system5-8-4.cpp。

在函数中增加字符串变量“char str[10];”，该变量用于姓名和部门号查询，并在 case 2 分支中增加以下代码：

```
/*按姓名查询*/
printf("请输入查找的职工姓名：");
scanf("%s",&str);
printf("要查找的职工姓名是：%s\n",str);

printf("符合条件的记录：\n");
printf("记录号  职工号        姓名       部门号      月工资\n");
for (i = 0;i < m;i++)
{
    if (!strcmp(a[i].name,str))//实现精确查询
    {
        printf(" %d      %d   %10s   %8s   %8.2f\n",i+1, a[i].employNo,
            a[i].name, a[i].departNo,a[i].salary); //继行再缩进
        flag = 1;
    }
}
```

(2) 按姓名进行模糊查询。

第 8-5 次迭代采用 C 语言的 strstr()函数实现模糊查询，也可以自定义一个查找子串的函数来实现模糊查询。姓名查询不需要增加精确查询和模糊查询的选择菜单，只需要将查询函数中的 if (!strcmp(a[i].name,str))改为 if (strstr(a[i].name,str))，其余代码不需要修改。本次迭代得到程序 employ-system5-8-5.cpp。

4) 按部门号查询

(4)按部门号查询.mp4

采用类似于按姓名查询模块，第 8-6 次迭代按精确查询和模糊查询实现部门号查询，将按部门号查询部分程序放入 case 3 中得到程序 employ-system5-8-6.cpp。

```
case 3:
    /*按部门号查询*/
    printf("请输入查找的部门号：");
    scanf("%s",&str);
    printf("要查找的部门号是：%s\n",str);

    printf("符合条件的记录：\n");
    printf("记录号  职工号        姓名        部门号      月工资\n");
    for (i = 0;i < m;i++)
    {
        //if (!strcmp(a[i].departNo,str))//实现精确查询
        if (strstr(a[i].departNo,str))//实现模糊查询
        {
            printf("  %d      %d   %10s   %8s   %8.2f\n",i+1, a[i].employNo,
                a[i].name, a[i].departNo, a[i].salary); //继行再缩进
            flag = 1;
        }
    }
    break;
```

5) 按工资查询

(5)按工资查询.mp4

第 8-7 次迭代采用类似于按职工号查询模块，增加工资查询三级菜单“1.精确查询 2.范围查询 0.返回上级菜单”，现在已经进行了第 7 次菜单调整。同时，这次迭代提供工资的精确查询和范围查询，新增 3 个查询工资的变量并在 case 4 中实现查询工资代码，得到程序 employ-system5-8-7.cpp。新增 3 个查询工资的变量为：

```
    float salary = 0;          //工资
    float salaryMin = 0;       //工资起始值
    float salaryMax = 0;       //工资结束值
```

查询函数 case 4 中的代码为：

```
case 4:
    /*按工资查询*/
    /*工资查询三级菜单及其调用*/
    printf("工资查询选择：1.精确查询 2.范围查询 0.返回上级菜单\n");
    printf("请输入你的选择(0-2)：");
    scanf("%d",&menuSelect);
    switch(menuSelect)
    {
    case 1:
        printf("请输入查找的工资(实数)：");
        scanf("%f",&salary);
        printf("要查找的工资是：%.2f\n",salary);
        printf("符合条件的记录：\n");
        printf("记录号  职工号        姓名        部门号      月工资\n");
```

```
        for (i = 0;i < m;i++)
        {
            if (a[i].salary == salary)
            {
                printf(" %d      %d   %10s    %8s    %8.2f\n",i+1,
                    a[i].employNo,a[i].name,a[i].departNo,a[i].salary);
                flag = 1;
                break;
            }
        }
        break;
    case 2:
        printf("请输入查找的工资范围：\n 工资>=");
        scanf("%f",&salaryMin);
        printf("工资<=");
        scanf("%f",&salaryMax);
        printf("要查找的工资范围是：%.2f<=工资<=%.2f\n",salaryMin,salaryMax);
        printf("符合条件的记录：\n");
        printf("记录号  职工号        姓名        部门号      月工资\n");
        for (i = 0;i < m;i++)
        {
            if (a[i].salary >= salaryMin && a[i].salary <= salaryMax)
            {
                printf(" %d      %d   %10s    %8s    %8.2f\n",i+1,
                    a[i].employNo,a[i].name,a[i].departNo,a[i].salary);
                flag = 1;
            }
        }
        break;
    case 0:
        break;
    }
    break;
```

至此，单属性查询函数全部完成。

6) 整个查询函数

现在展示整个查询函数代码如下；

```
/*查询函数(采用顺序查找法)
功能：支持属性查询选择，按职工号、姓名、部门号和工资进行查询，按职工
号和工资实现精确查询和范围查询，按姓名和部门号实现精确查询和模糊查询
参数：a 是数组，m 是数组长度
返回值：表示查找是否成功，1 表示查找成功，0 表示查找失败
本次迭代增加工资查询选择菜单，按工资进行精确查询和范围查询*/
bool searchEmploy(EmployType a[],int m)
{
    int i = 0;                  //数组下标
    int no = 0;                 //职工号
    bool flag = 0;              //查找结果，1 表示查找成功，0 表示查找失败
    int noMin = 0;              //职工号起始值
    int noMax = 0;              //职工号结束值
    int menu = 0;               //属性查询二级菜单的选择
    int menuSelect = 0;         //三级菜单的选择
```

```
    char str[10];              //查询的字符串(姓名和部门号)
    float salary = 0;          //工资
    float salaryMin = 0;       //工资起始值
    float salaryMax = 0;       //工资结束值

    menu = 9;    //设置一个不等于 0 的值
    while (menu != 0)
    {
        flag = 0;
        /*属性查询选择二级菜单*/
        printf("\n 查询属性选项: 1.职工号 2.姓名 3.部门号 4.月工资 0.返回主菜单\n");
        printf("请输入你的选择(0-4): ");
        scanf("%d",&menu);
        switch(menu)
        {
        case 1:
            /*按职工号查询*/
            /*职工号查询三级菜单及其调用*/
            printf("职工号查询选择: 1.精确查询 2.范围查询 0.返回上级菜单\n");
            printf("请输入你的选择(0-2): ");
            scanf("%d",&menuSelect);
            switch(menuSelect)
            {
            case 1:
                printf("请输入查找的职工号(整数): ");
                scanf("%d",&no);
                printf("要查找的职工号是: %d\n",no);
                printf("符合条件的记录: \n");
                printf("记录号  职工号     姓名       部门号      月工资\n");
                for (i = 0;i < m;i++)
                {
                    if (a[i].employNo == no)
                    {
                        printf("  %d      %d   %10s   %8s   %8.2f\n",i+1,
                            a[i].employNo,a[i].name,a[i].departNo,a[i].salary);
                        flag = 1;
                        break;
                    }
                }
                break;
            case 2:
                printf("请输入查找的职工号范围: \n 职工号>=");
                scanf("%d",&noMin);
                printf("职工号<=");
                scanf("%d",&noMax);
                printf("要查找的职工号范围是: %d<=职工号<=%d\n",noMin,noMax);
                printf("符合条件的记录: \n");
                printf("记录号  职工号         姓名       部门号      月工资\n");
                for (i = 0;i < m;i++)
                {
                    if (a[i].employNo >= noMin && a[i].employNo <= noMax)
                    {
```

```
                printf("  %d      %d   %10s    %8s    %8.2f\n",i+1,
                    a[i].employNo,a[i].name,a[i].departNo,a[i].salary);
                flag = 1;
            }
        }
        break;
    case 0:
        break;
    }//switch
    break;
case 2:
    /*按姓名查询*/
    printf("请输入查找的职工姓名：");
    scanf("%s",&str);
    printf("要查找的职工姓名是：%s\n",str);
    printf("符合条件的记录：\n");
    printf("记录号  职工号        姓名        部门号      月工资\n");
    for (i = 0;i < m;i++)
    {
        //if (!strcmp(a[i].name,str))      //实现精确查询
        if (strstr(a[i].name,str))         //实现模糊查询
        {
            printf("  %d      %d   %10s    %8s    %8.2f\n",i+1,
                a[i].employNo,a[i].name,a[i].departNo,a[i].salary);
            flag = 1;
        }
    }
    break;
case 3:
    /*按部门号查询*/
    printf("请输入查找的部门号：");
    scanf("%s",&str);
    printf("要查找的部门号是：%s\n",str);
    printf("符合条件的记录：\n");
    printf("记录号  职工号        姓名        部门号      月工资\n");
    for (i = 0;i < m;i++)
    {
        //if (!strcmp(a[i].departNo,str))      //实现精确查询
        if (strstr(a[i].departNo,str))         //实现模糊查询
        {
            printf("  %d      %d   %10s    %8s    %8.2f\n",i+1,
                a[i].employNo,a[i].name,a[i].departNo,a[i].salary);
            flag = 1;
        }
    }
    break;
case 4:
    /*按月工资查询*/
    /*工资查询三级菜单及其调用*/
    printf("工资查询选择：1.精确查询 2.范围查询 0.返回上级菜单\n");
    printf("请输入你的选择(0-2)：");
    scanf("%d",&menuSelect);
```

```
        switch(menuSelect)
        {
        case 1:
            printf("请输入查找的工资(实数): ");
            scanf("%f",&salary);
            printf("要查找的工资是: %.2f\n",salary);
            printf("符合条件的记录: \n");
            printf("记录号  职工号        姓名        部门号      月工资\n");
            for (i = 0;i < m;i++)
            {
                if (a[i].salary == salary)
                {
                    printf("  %d      %d   %10s   %8s   %8.2f\n",i+1,
                        a[i].employNo,a[i].name,a[i].departNo,a[i].salary);
                    flag = 1;
                    break;
                }
            }
            break;
        case 2:
            printf("请输入查找的工资范围: \n 工资>=");
            scanf("%f",&salaryMin);
            printf("工资<=");
            scanf("%f",&salaryMax);
            printf("要查找的工资范围是: %.2f<=工资<=%.2f\n",salaryMin,
                salaryMax);
            printf("符合条件的记录: \n");
            printf("记录号  职工号        姓名        部门号      月工资\n");
            for (i = 0;i < m;i++)
            {
                if (a[i].salary >= salaryMin && a[i].salary <= salaryMax)
                {
                    printf("  %d      %d   %10s   %8s   %8.2f\n",i+1,
                        a[i].employNo,a[i].name,a[i].departNo,a[i].salary);
                    flag = 1;
                }
            }//for
            break;
        case 0:
            break;
        } //switch
        break;
    case 0:
        break;
    }//switch
  }//while
  if (flag == 0)
  {
    printf("不存在\n");
  }

  return flag;
}
```

5. 完成删除修改

本节完成删除和修改，第 9 轮迭代实现删除记录功能，第 10 轮迭代实现修改记录功能。

首先，进行第 9 轮迭代。要删除记录，需要先查出数据，然后再删除。查询记录完成后，仿照查询模块的方法就可以实现删除模块了。删除记录功能共进行 2 次迭代。

(1) 根据职工号范围查询结果进行删除。

(1)根据职工号范围查询结果进行删除.mp4

第 9 轮第 1 次迭代增加 deleteEmploy()函数，并在主函数 case 6 中增加调用语句“deleteEmploy(employList,n);”得到程序 employ-system5-9-1.cpp。deleteEmploy()函数是通过职工号范围查询结果来确定删除操作。要删除指定记录，需要先定位删除位置。记录号是从第 1 条记录开始依次计数，虽然这种方式不好，但是这个阶段只能采用这种方式才能方便定位，删除中通过记录号来进行定位。删除操作要慎重进行，因此，删除每条记录都要询问用户“是否确定要删除？”。删除后会减少数组长度，因此，用引用型参数 m 表示数组长度，实现数组长度同步变化。

```
/*删除函数
功能：按职工号查询并删除指定记录，本次不调用查询函数
参数：a 是数组，m 是数组长度的引用
返回值：表示删除是否成功，1 表示删除成功，0 表示删除失败*/
bool deleteEmploy(EmployType a[],int &m)
{
   int i = 0;              //数组下标
   int k = 0;              //记录号
   bool flag = 0;          //删除结果，1 表示删除成功，0 表示删除失败
   int noMin = 0;          //职工号起始值
   int noMax = 0;          //职工号结束值
   char isDel = 'Y';       //是否确认删除

   /*查询数据*/
   printf("请输入查找的职工号范围：\n 职工号>=");
   scanf("%d",&noMin);
   printf("职工号<=");
   scanf("%d",&noMax);
   printf("要查找的职工号范围是：%d<=职工号<=%d\n",noMin,noMax);
   printf("符合条件的记录：\n");
   printf("记录号  职工号        姓名        部门号      月工资\n");
   for (i = 0;i < m;i++)
   {
      if (a[i].employNo >= noMin && a[i].employNo <= noMax)
      {
         printf("  %d     %d   %10s    %8s    %8.2f\n",i+1,a[i].employNo,
            a[i].name,a[i].departNo,a[i].salary); //继行缩进
      }
   }

   /*删除数据*/
   printf("请输入删除的职工记录号：");
   scanf("%d",&k);
   if (k > m || k < 1)
```

```
    {
        printf("要删除的第%d条记录不存在\n",k);
        return flag;
    }
    printf("要删除的记录是：\n");
    printf("记录号  职工号       姓名      部门号     月工资\n");
    printf(" %d      %d   %10s   %8s   %8.2f\n",k,a[k-1].employNo,
        a[k-1].name, a[k-1].departNo,a[k-1].salary);    //继行缩进
    printf("确定删除？(Y/N)：");
    getchar();
    isDel = getchar();
    if (isDel == 'Y' || isDel == 'y')
    {
        for (i = k - 1;i < m - 1;i++)
            a[i] = a[i+1];
        m--;
        flag = 1;
    }

    /*测试语句*/
    if (flag == 1)
    {
        printf("删除后的职工信息为：\n");
        displayEmploy(a,m);
    }

    return flag;
}
```

(2) 根据查询函数结果进行删除。

(2)根据查询函数结果进行删除.mp4

由于第 9 轮第 1 次迭代的程序 employ-system5-9-1.cpp 中的 deleteEmploy()函数模块的前半部分功能就是查询，因此可以直接调用查询函数 searchEmploy()。现在进行第 9 轮第 2 次迭代，调用查询函数得到程序 employ-system5-9-2.cpp。删除成功后，可以注释掉 deleteEmploy()函数模块的输出记录的语句，还可以删除掉模块中不用的变量 noMin 和 noMax。

```
/*删除函数
功能：按职工号查询并删除指定记录，本次迭代调用查询函数
参数：a 是数组，m 是数组长度的引用
返回值：表示删除是否成功，1 表示删除成功，0 表示删除失败*/
bool deleteEmploy(EmployType a[],int &m)
{
    int i = 0;             //数组下标
    int k = 0;             //记录号
    bool flag = 0;         //删除结果，1 表示删除成功，0 表示删除失败
    //int noMin = 0;       //职工号起始值
    //int noMax = 0;       //职工号结束值
    char isDel = 'Y';      //是否确认删除

    /*查询数据*/
```

高等院校计算机教育系列教材

```
    searchEmploy(a,m);

    /*删除数据代码同上，省略*/
    return flag;
}
```

(3) 实现修改记录功能。

(3)实现修改记录功能.mp4

第 10 轮迭代实现修改记录功能。需要先查出数据，然后再修改。查询记录完成后，仿照删除模块的方法就可以实现修改模块了。修改函数需要先调用查询模块再进行修改操作，修改中仍然通过记录号来进行定位。修改模块可以修改记录的任意属性，修改属性涉及职工号、姓名、部门号和月工资，因此，修改每条记录都要询问用户“修改的属性字段是什么？”。实际上包含了一个修改属性选择的二级菜单，现在已经进行了第 8 次菜单调整。考虑到这个菜单与修改模块程序关联太紧密，因此不列入 main()函数的二级菜单中，以方便程序处理。如果在 main()函数中增加二级菜单，那么修改时就需要分别写出四个类似的修改模块，显得没有必要。

说明：职工号是主关键字，是唯一的，一般情况下职工号不能修改，这里允许修改。

在程序 employ-system5-9-2.cpp 中增加修改函数 modifyEmploy()，并在主函数 case 7 中增加调用语句“modifyEmploy(employList,n);”，得到程序 employ-system5-10.cpp。

```
/*修改函数
功能：调用查询函数并修改指定记录
参数：a 是数组，m 是数组长度的引用
返回值：表示修改是否成功，1 表示修改成功，0 表示修改失败*/
bool modifyEmploy(EmployType a[],int m)
{
    int i = 0;              //数组下标
    int k = 0;              //记录号
    bool flag = 0;          //修改结果，1 表示修改成功，0 表示修改失败
    int no = 0;             //职工号
    float salary = 0;       //工资
    char name[10];          //姓名
    char departNo[8];       //部门号

    /*查询数据*/
    searchEmploy(a,m);

    /*修改数据*/
    printf("请输入要修改的职工记录号：");
    scanf("%d",&k);
    if (k < 1 || k > m)
    {
        printf("要修改的第%d 条记录不存在\n",k);
        return flag;
    }
    printf("要修改的记录是：\n");
    printf("记录号  职工号        姓名       部门号      月工资\n");
    printf("  %d      %d    %10s    %8s    %8.2f\n", k, a[k-1].employNo,
        a[k-1].name, a[k-1].departNo, a[k-1].salary);  //继行缩进
```

```
    printf("修改选项：1.职工号  2.姓名   3.部门号   4.月工资  0.不修改\n");
    printf("输入你的修改选择(0-4)：");
    scanf("%d",&i);
    switch(i)
    {
    case 1:
        printf("输入新的职工号：");
        scanf("%d",&no);
        a[k-1].employNo = no;
        break;
    case 2:
        printf("输入新的职工姓名：");
        scanf("%s",&name);
        strcpy(a[k-1].name,name);
        break;
    case 3:
        printf("输入新的部门号：");
        scanf("%s",&departNo);
        strcpy(a[k-1].departNo,departNo);
        break;
    case 4:
        printf("输入新的月工资：");
        scanf("%f",&salary);
        a[k-1].salary = salary;
        break;
    case 0:
        break;
    }
    printf("修改后的记录是：\n");
    printf("记录号  职工号        姓名       部门号      月工资\n");
    printf(" %d      %d   %10s   %8s   %8.2f\n",k,a[k-1].employNo,
        a[k-1]. name, a[k-1].departNo,a[k-1].salary);  //继行缩进
    flag = 1;

    return flag;
}
```

本次测试发现问题如下：查询成功后选择属性查询二级菜单中的“0.返回主菜单”，会出现“不存在”提示，因为执行了如下语句：

```
    if (flag == 0)
    {
        printf("不存在\n");
    }
```

因此，这个bug应该去掉，需要在后续版本优化中修改。

至此，大部分软件功能都已经实现，实现了职工信息的输入、输出、查询、删除、修改、排序功能。现在还剩下按年度统计工资、从文件读入记录和向文件写记录三个功能没实现。由于篇幅限制，这里就不再介绍了。

5.3 实 践 运 用

5.3.1 基础练习

(1) 如果将第 5 轮迭代实现数据输入的第 1 次迭代程序 employ-system5-5-1.cpp 的输入函数返回值设定为数组长度，对程序有什么影响？程序需要怎样修改？

(2) 如果将第 5 轮迭代实现数据输入的第 4 次迭代程序 employ-system5-5-4.cpp 的输入方式中的语句 getchar()去掉，对程序有什么影响？还有其他方法解决吗？

(3) 第 5 轮迭代实现数据输入的第 4 次迭代程序 employ-system5-5-4.cpp，请绘制它的完整菜单结构。

(4) 第 6 轮迭代实现排序的第 1 次迭代程序 employ-system5-6-1.cpp，请绘制它的完整菜单结构。

(5) 第 6 轮迭代在实现排序的第 1 次迭代程序 employ-system5-6-1.cpp 中采用单独的函数实现二级菜单有什么优势？如何实现？

(6) 第 6 轮迭代在实现排序的第 3 次迭代程序 employ-system5-6-3.cpp 中采用上浮法冒泡排序算法如何实现按部门号排序？flag 的作用是什么，可以取消吗？取消会有什么影响？

(7) 第 6 轮迭代实现排序时都采用升序排序，如何实现降序排序？

(8) 第 7 轮迭代实现调整一级菜单程序 employ-system5-7.cpp，请绘制它的菜单结构。

(9) 第 8 轮迭代中的第 1 次迭代增加了职工号查询二级选择菜单，得到程序 employ-system5-8-1.cpp，请绘制它的完整菜单结构。

(10) 第 8 轮迭代中的第 2 次迭代增加了属性选择的二级菜单，得到程序 employ-system5-8-2.cpp，请绘制它的完整菜单结构。

(11) 字符串的模糊查询和精确查询有什么区别？

(12) 第 8 轮迭代中的第 7 次迭代增加了工资查询三级菜单，得到程序 employ-system5-8-7.cpp，请绘制它的完整菜单结构。

(13) 第 10 轮迭代中增加了修改属性选择的二级菜单，得到程序 employ-system5-10.cpp，请绘制它的完整菜单结构。

(14) 项目进行了 8 次菜单调整(含第一个菜单)，请分析菜单调整的内在逻辑是什么？对系统有什么影响？

(15) 在删除和修改模块中，“修改中仍然通过记录号来进行定位，虽然这种方式不好，但是这个阶段只能采用这种方式。”怎么理解这句话？用什么方法可以避免通过记录号来定位？

(16) 如何解决第 10 轮出现的 bug 问题“查询成功后选择属性查询二级菜单中的‘0.返回主菜单’，会出现‘不存在’提示”？

5.3.2 综合练习

这里提供几个设计性课题，供学生选择练习，可以调整要求，提升综合实践能力。

1. 银行存取款管理系统

功能：能够输入和查询客户存款、取款记录。在客户文件中，每个客户是一条记录，包括编号、客户姓名、支取密码、客户地址、客户电话、账户总金额；在存取款文件中，每次存取款是一条记录，包括编号、日期、类别、存取数目、经办人。类别分为取款和存款两种。本系统能够输入客户存款或取款记录；根据客户姓名查询存款和取款记录。要求：①完成最低要求：建立一个文件，包括输入 10 个客户的必要信息，能对文件进行输入、修订、删除；②进一步要求：完成按客户姓名查询存款和取款记录，并能得到每次存取款操作后的账户总金额。

2. 小型通讯录程序

设计一个实用的小型通讯录程序，具有添加、查询和删除功能。由姓名、籍贯、城市、电话号码 1、电话号码 2、电子邮箱、QQ 号组成，姓名可以由字符和数字混合编码。电话号码可由字符和数字组成。实现功能：①系统以菜单方式工作；②信息录入功能；③信息浏览功能；④信息查询功能：可按人名或电话号码进行查询；⑤信息修改功能；⑥信息删除功能；⑦系统退出功能。

3. 小学生成绩管理系统

现有学生成绩信息，内容如表 5-17 所示。

请用 C/C++语言编写一个系统，采用菜单和文件方式实现学生信息管理，软件的入口界面和功能应包括如下几个方面：①信息维护：学生信息数据要以文件的形式保存，能实现学生信息数据的维护。此模块包括的子模块有：增加学生信息、删除学生信息、修改学生信息。②信息查询：查询时可实现按姓名查询、按学号查询。③成绩统计：输入任意一个课程名(如数学)和一个分数段(如 60～70)，统计出在此分数段的学生情况。④排序：能对用户指定的任意课程名，按成绩升序或降序排列学生数据并显示排序结果(使用表格的形式显示排序后的输出结果，可以使用多种方法排序)。

表 5-17　学生成绩信息

姓　名	学　号	语　文	数　学	英　语
张明明	01	67	78	82
李成友	02	78	91	88
张辉灿	03	68	82	56
王露	04	56	45	77
陈东明	05	67	38	47
…	…	…	…	…

4. 工资管理系统

1) 需求分析

工资信息存放在文件中，提供文件的输入、输出等操作；要实现浏览功能，提供显示、排序操作；查询功能要求实现查找操作；另外，还应该提供键盘式选择菜单以实现功能选择。

2) 总体设计

整个系统可以分为信息输入、信息添加、信息浏览、信息排序、信息查询和信息统计模块。

3) 详细设计

工资信息采用结构体数组或顺序表，代码如下：

```
struct Salary_Info
{
   int Card_No;                //工资卡号
   char name[20];              //姓名
   int month;                  //月份
   float Init_Salary;          //应发工资
   float Water_Rate;           //水费
   float Electric_Rate;        //电费
   float tax;                  //税金
   float Final_Salary;         //实发工资
};
```

(1) 主函数提供输入、处理和输出部分的函数调用，各功能模块采用菜单方式选择。

(2) 输入模块：按照工资卡号、姓名、月份、应发工资、水费、电费的顺序输入信息，税金和实发工资根据输入的信息进行计算得到，这些信息被录入文件中。

文件操作函数：fopen()、fwrite()和 fclose()。

税金的计算：

```
if(应发工资<=800)
    税金=0;
else if (应发工资>800&&应发工资<=1400)
    税金=(应发工资-800)*5%;
else if (应发工资>1400)
    税金=(应发工资-1400)*10%;
```

实发工资=应发工资-水费-电费-税金。

(3) 添加模块：增加新的职工工资信息，从键盘输入并逐条写到原来的输入文件中，采用追加而不是覆盖的方式(以“ab”方式打开文件)。

(4) 浏览模块：分屏显示职工工资信息，可以指定 10 个 1 屏，按任意键显示下一屏。通过菜单选择按照工资卡号还是姓名浏览。如果按照卡号浏览，则显示的记录按照卡号升序输出；如果按照姓名浏览，则按照字典序输出(调用排序模块的排序功能)。

(5) 排序模块：排序模块提供菜单选择，实现按照工资卡号升序、实发工资降序以及姓名字典序排序。排序算法可以选择冒泡排序、插入排序、选择排序等。

(6) 查询模块：实现按照工资卡号和姓名查询，采用基本的查找算法即可。

(7) 统计模块：输入起止月份，按照职工卡号和月份查询记录，把起止月份之间的实发工资金额累加。

附加：思考在数据输入及添加模块尾部添加排序功能，使得文件中的数据按照卡号排序。这样在查询模块和统计模块中可以采用二分查找以提高效率。

5. 学生选修课程系统

假定有 n 门课程，每门课程有课程编号、课程名称、课程性质(公共课、必修课、选修

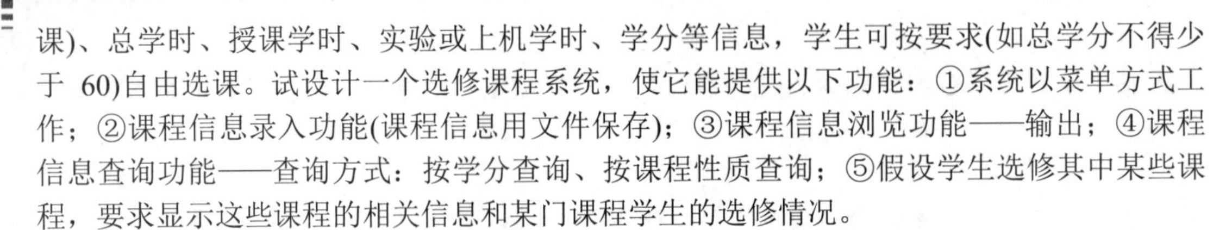

课)、总学时、授课学时、实验或上机学时、学分等信息，学生可按要求(如总学分不得少于 60)自由选课。试设计一个选修课程系统，使它能提供以下功能：①系统以菜单方式工作；②课程信息录入功能(课程信息用文件保存)；③课程信息浏览功能——输出；④课程信息查询功能——查询方式：按学分查询、按课程性质查询；⑤假设学生选修其中某些课程，要求显示这些课程的相关信息和某门课程学生的选修情况。

1) 需求分析

系统以菜单方式工作，需要提供键盘式选择菜单以实现功能选择；由于课程信息要用文件保存，因此要提供文件的输入/输出操作；由于要浏览信息，所以要提供显示功能；要实现查询功能，因此要提供查找操作。

2) 总体设计

整个系统可以设计为信息输入模块、信息查询模块以及信息浏览模块。

3) 详细设计

数据结构采用结构体，这里采用课程信息结构体和学生选课信息结构体。

```
struct CourseInfo              //课程信息结构体
{
   char courseCode[10];        //课程编号
   char courseName[20];        //课程名称
   char courseType[10];        //课程类别
   int  totalPeriod;           //总学时
   int  classPeriod;           //授课学时
   int  experiPeriod;          //上机学时
   float creditHour;           //学分
   int  term;                  //开课学期
};
struct StuCourInfo             //学生选课信息结构体
{
   int stuNo;                  //学号;
   char courseCode[10];        //课程编号
};
```

(1) 信息输入模块：从键盘输入课程信息和学生选课信息，写入文件(fwrite()，fprintf())。

(2) 信息浏览模块：分屏显示课程信息，每屏 10 条课程记录，按任意键继续。从文件中读数据(fread()，fscanf())，然后再显示。

(3) 信息查询模块：通过菜单选择查询字段，可以按照课程编号、课程名称、课程性质、开课学期、学分对课程信息文件进行查找，查找算法可以选择基本查找、二分查找等算法。可以通过菜单选择课程编号，在学生选课信息文件中查询该课程学生的选修情况。

6. 图书馆管理系统

图书数据包括图书名称、出版编号、作者、出版社、出版日期、单价、数量和库存量。主要功能：①添加图书：增加新的图书，同时需检查新书的图书编号是否在原图书中存在，若存在则应取消添加并提示重新输入；②查询图书：通过图书编号或图书名称查询图书信息；③删除图书资料：通过编号查询该图书，若找到则允许删除，否则提示无该图书信息。主要模块包括：图书管理子系统、图书借阅子系统、还书子系统、借阅人管理子系统、图书报损子系统等，每个子模块功能由学生自己补充。

第 6 章

顺序表的基本应用

第 6 章源程序.zip

学法指导.mp4

6.1 理论要点

第 4 章和第 5 章采用结构数组实现系统，本章将采用顺序表来实现系统，使得函数参数更简单。本章第 1 节理论要点部分主要介绍顺序表和系统集成方法。第 2 节采用顺序表实现 2 个信息管理系统，分别是学生信息管理系统和职工管理系统。第 3 节给出实践运用供学生思考和练习，提高理解能力、思考水平和实践能力。通过本章的学习，希望学生学会用顺序表实现系统，应用多文件实现系统集成。

案例 6-1 是对案例 4-1 的改造，将数据结构从结构体数组改为顺序表，采用不同的实现顺序，且增加了修改模块，代码有 400 多行。案例 6-2 是对案例 5-1 的改造，将数据结构从结构体数组改为顺序表，采用不同的实现方式，代码有 300 多行。特别展示了用 ElemType 这个通用类型来实现顺序表，项目的通用性良好。还展示了多文件的使用，提供了系统集成的方法和搭建更复杂系统的思路。

只有真正掌握编程语言的学习方法，才能够学以致用，成为一名合格的编程人员。多文件把多个函数和程序组织成一个项目，提供了复杂程序的组织方法。新工科要求学生具有组织各种库函数解决复杂问题的能力，能够完成几百行、上千行的 C/C++语言项目代码。因此，需要掌握多文件的系统集成方法。熟能生巧，量变引起质变。如果只能完成几十行代码，只能说编程入门了。据调查，基础薄弱的学生通过努力可以完成几百行的代码，优秀的学生能够完成 3000 行以上的代码。建议学生能做一个上千行的综合设计实践，提升编写代码的能力，提高学习能力，提振学习信心，为进一步学习其他编程语言和软硬件开发技术奠定基础。

6.1.1 顺序表

顺序表.mp4

顺序表是将数据序列依次存放在计算机内存中一组地址连续的存储单元中，以数组的形式保存，如图 6-1 所示。顺序表使得在逻辑上相邻的两个元素的存储位置也相邻。简单地说，数组和它的长度捆绑在一起定义的结构体类型就是顺序表，这样顺序表就能处理信息管理系统。事实上，数组和顺序表本质相同，数组在顺序表中用于存储数据。为了使学生更容易理解，本书把数组和顺序表分开表示，数组和顺序表的对比如表 6-1 所示。

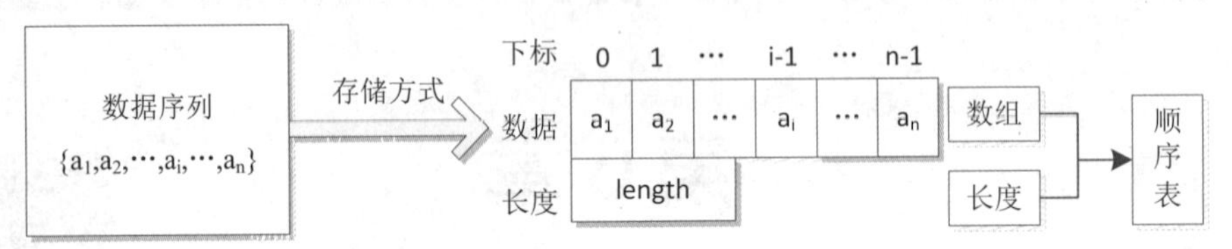

图 6-1　顺序表

表 6-1　结构体数组和顺序表的对比表

类　型	结构体数组	顺 序 表

类型定义	/*定义学生类型 Student*/
	struct Student
	{
	　int num;　　　//学号
	　char name[20];　//姓名
	　float score;　　//分数
	};
	Student data[50]; //定义结构体数组
	int length;//数组长度
		/*定义学生类型 Student*/
		struct Student
		{
		　int num;　　　//学号
		　char name[20];　//姓名
		　float score;　　//分数
		};
		/*定义顺序表类型*/
		struct StudentList
		{
		　Student data[50]; //数据表
		　int length;//顺序表长度
		};

变量	不需要另外再定义变量	需要定义顺序表变量 StudentList　la;//顺序表变量

初始化	初始化数组和数组长度
	Student　data[50]　=　{{80123,"wanghua",89.5}　,{80135,"lilin",88.2}};
	int length = 2;//数组长度
		初始化顺序表的数组和长度
		la.length = 2;//数组长度
		需要对 la.data 数组逐项赋值，不能直接初始化，通常用初始化函数

函数参数	数组名和数组长度两个参数 void output (Student st[],int m);//输出函数	只有一个顺序表参数 void output (StudentList lb);//输出函数

说明：顺序表的插入与数组的插入相同，见 4.1 节的表 4-5；顺序表的删除与数组的删除相同，见 4.1 节的表 4-6。

6.1.2　系统集成

系统集成.mp4

1. 复杂程序的集成必要性

在 C/C++语言的基础学习阶段，每个问题编写的程序只有几十行代码，如前面第 2 章和第 3 章中的案例。但是，综合设计实践需要完成项目的代码通常会在几百行甚至上千行，如第 4 章和第 5 章中的案例。实际的软件工程项目代码行更多，例如 WPS 代码有 150 万行，Windows 系统从几百万行发展到上千万行。显然，过去管理几十行代码的方法不适用于复杂程序。因此，学习复杂程序的组织方法显得尤其重要。

本节主要提供复杂程序的组织方法，采用多文件把多个函数和程序组织成一个项目，能够完成几百行的 C/C++语言项目。事实上，任何程序都是按照算法步骤，根据顺序结构、分支结构和循环结构这些基本控制结构，将复杂的指令和函数组织在一起，按照一定的逻辑顺序执行。另外，还需要考虑多个程序文件、多个函数之间的交互作用，才能构成一个复杂的程序软件。

2. 系统集成方法

软件工程项目使用多文件，即将一个较长的源程序代码分为多个文件，这样可以将函数的声明、实现和调用放在不同的源程序文件中。当项目的代码行数量较大(几百行代码及以上)时，使用单个源程序文件非常不方便，这时多文件在项目管理中就非常有用，能更好地进行项目组织、管理和开发。

一个源程序可以划分为多个源文件(每个源文件是一个编译单元)，如类定义或结构体定义(包括函数的声明)的头文件(.h 文件)、函数的实现文件(.cpp 文件)、使用函数的调用文件(main()所在的.cpp 文件)，如图 6-2(c)所示。每个函数由声明、实现和调用 3 部分构成，如图 6-2(b)所示。将函数的声明、实现和调用分别放在头文件、实现文件和调用文件中，就构成了多文件。头文件还可以包括结构体定义、类定义、常量和全局变量等信息，它被实现文件和调用文件使用。按照先声明后实现再调用的顺序实现函数，如图 6-2(a)所示。此外，一个项目中还可以有多个头文件和实现文件，这些多文件通过集中管理实现项目集成。利用项目来组合各个文件采用多文件结构，如果只修改实现部分功能，可以不管其他文件，从而大大提高编程效率。这实际也是大型、复杂项目搭建的基本框架模型。

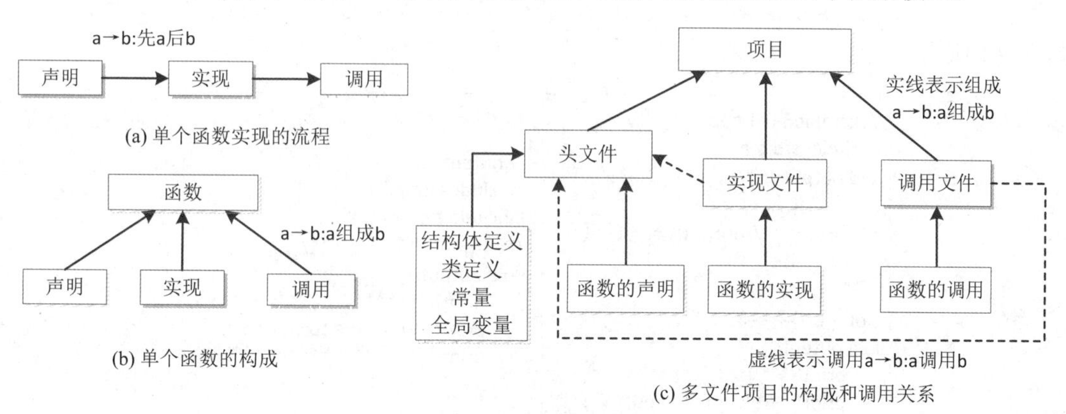

图 6-2　函数与多文件关系

通过编译器，项目将构成多个文件程序中各个函数的代码(包括相应库函数的实现代码、程序启动及退出代码、用户编写的各个函数代码等)链接在一起，从而形成最后可执行程序(英文 execute，文件扩展名为.exe，可以脱离编译环境独立运行)。

在编译器对源程序进行编译之前，首先要由预处理器对程序文本进行预处理。预处理器提供一组编译预处理指令和预处理操作符。预处理指令用来扩充 C/C++程序设计的环境。所有预处理指令都以#号引导，每条指令单独占一行，不用分号结束，可以出现在任何需要的位置。常用预处理命令的作用和位置如表 6-2 所示。

表 6-2　常用预处理命令的作用和位置

预处理命令	作　用	位　置
#include"文件名"	将一个源文件嵌入到当前源文件中该点处	实现文件和调用文件
#define PI 3.1415	宏定义指令，宏定义了一个代表特定字符串内容的标识符，常用于定义常量	头文件

//XXX.h
#ifndef　_XXX_H_
#define　_XXX_H_
//头文件内容
#end if
	#ifndef 防止重复包含头文件
	#end if 与#if 配对表示结束头文件内容
		头文件的前后

例如，编程实现输出下面形式的字符串。

```
*******************
Welcome to you!
*******************
```

解决这个问题可以采用单文件和多文件两种方式，如图 6-3 所示。单文件(example6-0-1.cpp)只提供一个源程序文件，如图 6-3(a)所示。多文件则需要提供一组源程序文件，分别是头文件(output.h)、实现文件(output.cpp)和调用文件(example6-0-2.cpp)。头文件是以 h 为扩展名的文件，可以供多个不同的源程序使用，如图 6-3(b)所示。实现文件通常完成函数的实现代码，需要包含头文件(#include "头文件名")才能正常运行函数，如图 6-3(c)所示。调用文件通常是在 main()函数中调用函数，仍然需要包含头文件(#include "头文件名")，如图 6-3(d)所示。

```
//example6-0-1.cpp
#include<stdio.h>
void output();  //output()函数的声明
int main(){
    output();  //output()函数的调用
    return 0;
}
/*output()函数的实现*/
void output(){
     printf("*****************\n");
     printf("Welcome to you!\n");
     printf("*****************\n");
}
```

(a) 源程序文件

```
// output.cpp
#include<stdio.h>
#include " output.h"
/*output()函数的实现*/
void output(){
      printf("*****************\n");
      printf("Welcome to you!\n");
      printf("*****************\n");
}
```

(c) 实现文件

```
// output.h头文件
#ifndef _PRINTWELCOME_H
#define _PRINTWELCOME_H
void output();//output()函数的声明
#endif
```

(b) 头文件

```
//example6-0-2.cpp
#include<stdio.h>
#include " output.h"
int main(){
    output();//output()函数的调用
    return 0;
}
```

(d) 调用文件

图 6-3　单文件转变为多文件

说明：①文件包含就是把一个指定文件嵌入到源文件中，然后再对源文件进行编译，有效减少重复编程。②软件开发环境中的多文件使用方法，请参考附录 B 中采用多文件实现项目集成的方法。

注意：#include 包含系统头文件(提供标准库函数，如输入/输出函数)和自定义头文件时的区别，包含系统头文件用单书名号，即#include <头文件名>(如#include <stdio.h>)，#include 包含自定义头文件用双引号，即#include “头文件名”(如#include “output.h”)。

6.2　案例解析

本节介绍用顺序表实现两个信息管理系统，分别是 6.2.1 节的学生信息管理系统和 6.2.2 节的职工管理系统。

6.2.1　学生信息管理系统

学生信息管理系统的介绍.mp4

【案例 6-1】利用顺序表管理学生的信息，实现输入、输出、保存、读取、查找、插入、删除、排序、修改等功能。学生的信息只包括学号、姓名、数学和英语两门课程的成绩。这里学号唯一、不重复，唯一标识一个学生信息(即一条记录)，称为主关键字。

本节改造案例 4-1 的结构体数组实现代码，得到顺序表实现的信息管理系统。为了便于学生理解整个系统的演化过程，采用迭代方式进行。迭代可以按照初始化、输入、输出、保存、读取、查找、插入、删除、排序和修改的模块顺序进行。因为输入数据的工作量大，造成了测试花费很多时间。为了减少输入工作量，提高测试效率，先初始化再输入，这里采用如下顺序实现各模块功能：初始化、显示、保存、读取、输入、插入、查找、删除、排序和修改，如图 6-4(b)所示。从图 6-4(a)可以看出，案例 6-1 的实现顺序与案例 4-1 不同且增加了修改模块。

从图 6-4(c)可以看出，案例 4-1 中取得数据(初始化、读取和输入)模块都在为输出、查找、插入、删除、排序和保存模块准备数据，插入和删除需要调用查找模块，插入、删除和排序都要调用保存模块，插入、删除、排序和查找都要调用输出模块。从图 6-4(d)可以看出，案例 6-1 中初始化只为系统显示和保存提供数据，读取为输出、查找、插入、删除、修改和排序等模块准备数据，输入、插入、删除、修改和排序等更新操作都要调用保存模块，删除和修改需要调用查找模块，输入、插入、删除、修改、排序和查找都要调用输出模块。

该项目经历 12 次迭代，实现了简单的学生信息管理系统，代码共 470 行，并提供了测试截图。顺序表实现系统的迭代过程图如图 6-5 所示。整个项目的源程序文件放在文件夹“第 6 章源程序”的子文件夹 example6-1 下。

1. 搭建初始框架

本节为系统搭建初始框架，实现类型定义、初始化、显示和菜单。为了测试输入函数是否成功，需要先测试显示函数；但要测试显示函数，需要有数据，那么就需要先进行初始化。因此，可以进行 4 次迭代，第 1 次迭代建立顺序表，第 2 次迭代初始化顺序表，第

3 次迭代完成显示函数，第 4 次迭代搭建菜单实现自由选择操作、灵活测试模块。

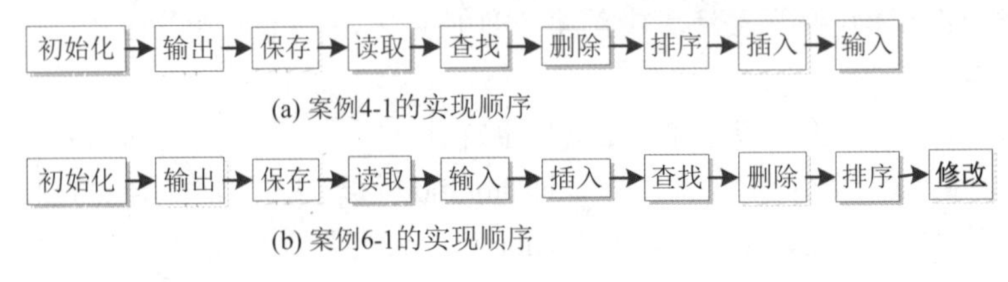

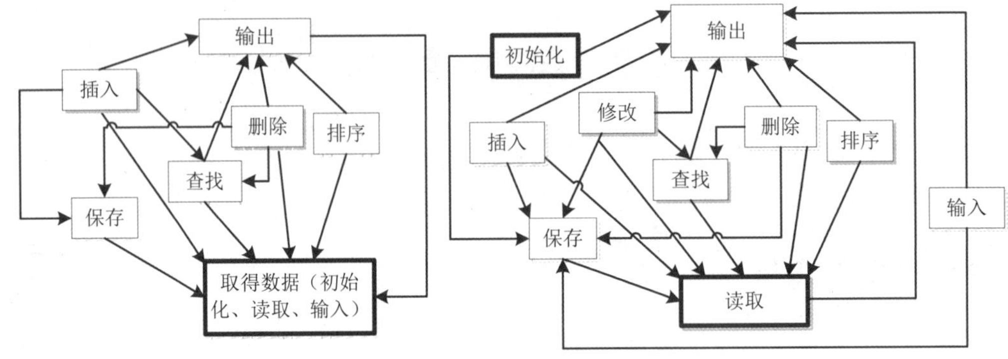

图 6-4　案例 4-1 与案例 6-1 的实现顺序和模块调用关系的对照图

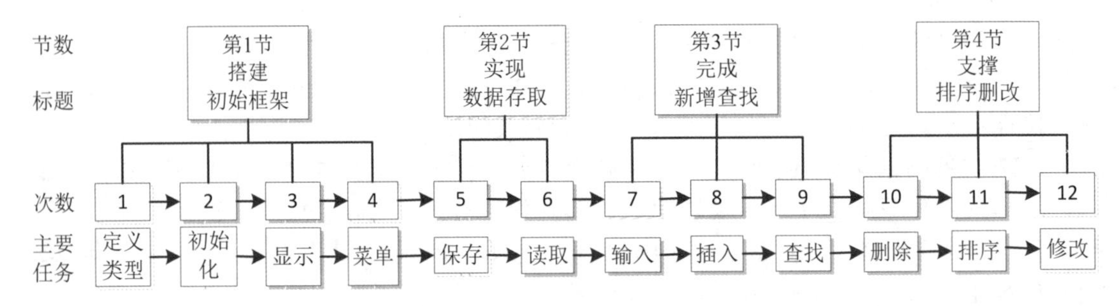

图 6-5　顺序表实现系统的迭代过程图

(1) 第 1 次迭代定义顺序表类型。

本次迭代得到程序 example6-1-1.cpp。

第 1 次迭代定义顺序表类型.mp4

```
#include <stdio.h>
#define N 50
/*定义学生类型 Student*/
struct Student
{
    int num;                //学号
    char name[20];          //姓名
    float math;             //数学成绩
    float English;          //英语成绩
};
/*定义顺序表类型*/
typedef struct StudentList
{
    Student data[N];
```

```
    int length;           //顺序表长度
} StudentList;
/*也可以用如下方式定义顺序表类型*/
struct StudentList
{
    Student data[N];
    int length;           //顺序表长度
};
int main()
{
    printf("\nhelloWorld\n\n");

    return 0;
}
```

(2) 第 2 次迭代初始化顺序表。

第 2 次迭代初始化顺序表.mp4

本次迭代增加了初始化函数的声明、实现和调用，得到程序 example6-1-2.cpp。

```
#include <stdio.h>
#include <string.h>
#define N 50
/*定义学生类型 Student 及顺序表类型的代码略去，下同*/
void initList(StudentList *lb);      //顺序表初始化函数的声明
int main()
{
    StudentList la;       //定义顺序表变量

    initList(&la);        //顺序表初始化函数的调用
    printf("\nhelloWorld\n\n");

    return 0;
}
/*顺序表初始化函数的实现
参数：lb 是指向顺序表的指针，用指针可以实现双向传递*/
void initList(StudentList *lb)
{
    lb->length = 4;

    /*初始化第 1 条记录*/
    lb->data[0].num = 80123;
    strcpy(lb->data[0].name,"wanghua");
    lb->data[0].math = 89;
    lb->data[0].English = 98;

    /*初始化第 2 条记录*/
    lb->data[1].num = 80135;
    strcpy(lb->data[1].name,"lilin");
    lb->data[1].math = 88;
    lb->data[1].English = 99;
```

```
    /*初始化第 3 条记录*/
    lb->data[2].num = 80021;
    strcpy(lb->data[2].name,"zhangshanfeng");
    lb->data[2].math = 60;
    lb->data[2].English = 75;

    /*初始化第 4 条记录*/
    lb->data[3].num = 80239;
    strcpy(lb->data[3].name,"chengbo");
    lb->data[3].math = 72;
    lb->data[3].English = 84;
}
```

特别说明：初始化可以只有一条语句“la.length = 0;”，这里给出一些初始化数据是为了测试后面的显示、保存等操作。

第 3 次迭代完成显示函数.mp4

(3) 第 3 次迭代完成显示函数。

初始化函数为显示函数准备好了数据，现在可以实现顺序表的显示函数，实现输出功能。本次迭代增加了显示函数的声明、实现和调用，得到程序 example6-1-3.cpp。

```
#include <stdio.h>
#include <string.h>
#define N 50
/*定义学生类型 Student 及顺序表类型的代码略去，下同*/
void initList(StudentList *lb);      //顺序表初始化函数的声明
void outputList(StudentList lb);     //顺序表输出函数的声明
int main()
{
    StudentList la;         //定义顺序表变量

    printf("\n");
    initList(&la);          //顺序表初始化函数的调用
    outputList(la);         //顺序表输出函数的调用
    printf("\n");

    return 0;
}
/*略去顺序表初始化函数的代码*/
/*顺序表输出函数的实现
参数：lb 是顺序表*/
void outputList(StudentList lb)
{
    int i = 0;          //数组下标
    /*输出表头*/
    printf("%10s","学号");
    printf("%24s ","姓名");
    printf("%8s","数学");
    printf("%10s\n","英语");

    /*输出表体*/
    for (i = 0;i < lb.length;i++)
```

```
    {
        printf("%10d ",lb.data[i].num);
        printf("%24s ",lb.data[i].name);
        printf("%8.2f ",lb.data[i].math);
        printf("%8.2f\n",lb.data[i].English);
    }
}
```

程序运行结果截图如图 6-6 所示。

```
  学号                        姓名     数学      英语
  80123                   wanghua    89.00     98.00
  80135                     lilin    88.00     99.00
  80021             zhangshanfeng    60.00     75.00
  80239                   chengbo    72.00     84.00
```

图 6-6　运行结果图

(4) 第 4 次迭代搭建菜单。

第 4 次迭代搭建菜单.mp4

为了方便用户操作，提高界面友好性，本次迭代实现菜单函数，菜单对照的作用可以参考第 4.2.4 节的第 10 次迭代。这里将菜单函数放在前面，是为了简化后面的描述，减少篇幅，提高用户友好性，也提高测试效率。将初始化、读取和保存作为菜单项，提高了用户处理的灵活性，展现了与案例 4-1 不同的处理方式。本次迭代增加了菜单函数和执行菜单函数的声明、实现和调用，简化了 main()函数代码，得到程序 example6-1-4.cpp。执行菜单函数中定义了几个后面迭代中需要用到的变量。

```
#include <stdio.h>
#include <string.h>
#include <stdlib.h>
#define N 50
/*定义学生类型 Student 及顺序表类型的代码略去，下同*/
void initList(StudentList *lb);      //顺序表初始化函数的声明
void outputList(StudentList lb);     //顺序表输出函数的声明
void menu();                         //菜单函数的声明
void doMenu();                       //执行菜单函数的声明
int main()
{
    doMenu();                        //执行菜单函数
    return 0;
}
/*菜单函数的实现(不需要参数和返回值)*/
void menu()
{
    printf("\n");
    printf("                    欢迎使用学生成绩管理系统                    \n");
    printf("==============================================================\n");
    printf("|| 1.初始化  2.输入   3.输出   4.插入   5. 查找            ||\n");
    printf("|| 6.删除    7.修改   8.排序   9.读取   10.保存    0.退出 ||\n");
    printf("==============================================================\n");
    printf("请输入你的选择(0-10): ");
```

```
}
/*执行菜单函数的实现(不需要参数和返回值)*/
void doMenu()
{
    StudentList la;            //定义顺序表变量
    int n = 0;                 //学生总数
    int location = -1;         //查找到的位置
    int ID = 0;                //学生学号
    int isSuccess = 0;         //是否成功
    int choice = 0;            //用户的功能选择
    struct Student newStud;    //新的学生信息

    la.length = 0;             //顺序表的初始化
    for (;;)
    {
        menu();                //菜单函数的调用
        scanf("%d",&choice);
        switch(choice)
        {
        case 1:
            initList(&la);     //顺序表初始化函数的调用
            break;
        case 2:
            //执行输入操作
            break;
        case 3:
            outputList(la);    //顺序表输出函数的调用
            break;
        case 4:
            //执行插入操作
            break;
        case 5:
            //执行查找操作
            break;
        case 6:
            //执行删除操作
            break;
        case 7:
            //执行修改操作
            break;
        case 8:
            //执行排序操作
            break;
        case 9:
            //执行读取操作
            break;
        case 10:
            //执行保存操作
            break;
        case 0:
```

```
            printf("\n 欢迎下次使用本系统，再见！\n\n");
            exit(0);        //退出系统
        }
        printf("\n");
    }
}
/*略去顺序表初始化函数和显示函数的代码*/
```

先执行“初始化”菜单项，再选择“输出”菜单项，得到的运行结果如图 6-7 所示。

```
                    欢迎使用学生成绩管理系统
==============================================================
|| 1.初始化  2.输入   3.输出   4.插入   5. 查找           ||
|| 6.删除    7.修改   8.排序   9.读取   10.保存   0.退出||
==============================================================
请输入你的选择（0-8）：3
     学号                  姓名      数学      英语
     80123              wanghua     89.00     98.00
     80135                lilin     88.00     99.00
     80021       zhangshanfeng     60.00     75.00
     80239              chengbo     72.00     84.00
```

图 6-7　运行结果图

2. 实现数据存取

本节实现数据存取，通过文件读写操作能够实现数据保存和读取。第 5 次迭代实现保存，第 6 次迭代实现读取。

(1) 第 5 次迭代实现保存。

第 5 次迭代实现保存.mp4

实现了初始化后，先实现文件的保存模块，还可以充分利用初始化的结果，不用反复输入数据，提高工作效率。本系统采用文件的块读写(块读写的含义见 4.1 节)函数实现文件的保存和读取。有了保存操作，凡是对系统进行了更新操作(如输入、插入、删除、修改、排序等)，都可以调用保存函数实现数据的永久保存。本次迭代增加保存文件函数的声明、实现和调用，得到程序 example6-1-5.cpp。

```
int saveFile(StudentList lb);   //保存文件函数的声明
/*保存文件函数的实现
参数：lb 是顺序表
返回值：1 表示保存成功，0 表示保存失败*/
int saveFile(StudentList lb){
    int i = 0;                       //数组下标
    FILE *fp = NULL;                 //文件类型指针

    /*以“读写”方式打开二进制文件*/
    //if((fp = fopen("./example6-1/student.dat","wb+")) == NULL)
    fp = fopen("./example6-1/student.dat","wb+");
    if(fp == NULL)
    {
        printf("保存失败");

        return 0;
    }

    /*将每个学生信息写入文件*/
```

```
    for(i = 0;i < lb.length;i++) {
        fwrite(&lb.data[i],sizeof(Student),1,fp);
    }
    fclose(fp);
    printf("保存成功");

    return 1;
}
```

文件保存函数的调用是在执行菜单函数 doMenu()的 case 10 中添加调用函数语句“saveFile(la);”。

先执行“初始化”菜单项，再选择“保存”菜单项，得到的运行结果如图 6-8 所示。

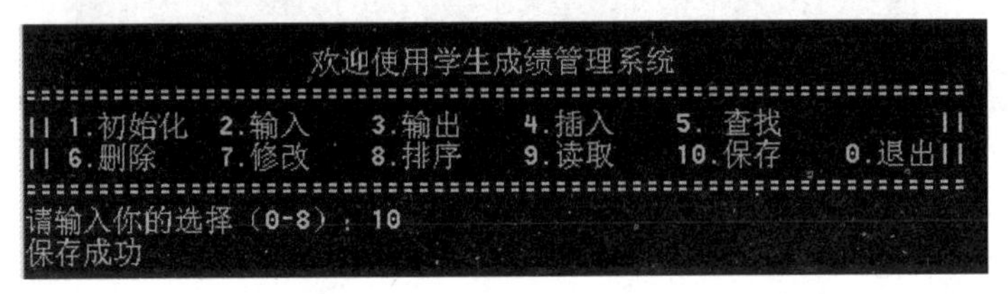

图 6-8　运行结果图

这里的指定目录是 example6-1，因此在当前目录的 example6-1 下有二进制文件 student.dat。但是，该文件用记事本打开后发现，无法识别某些符号，不用管它，这就是二进制文件。现在，保存文件成功，如图 6-9 所示。要进一步验证文件保存是否成功，还可以借助下一节的读取文件操作进行验证。这里没有展示测试失败的情况。

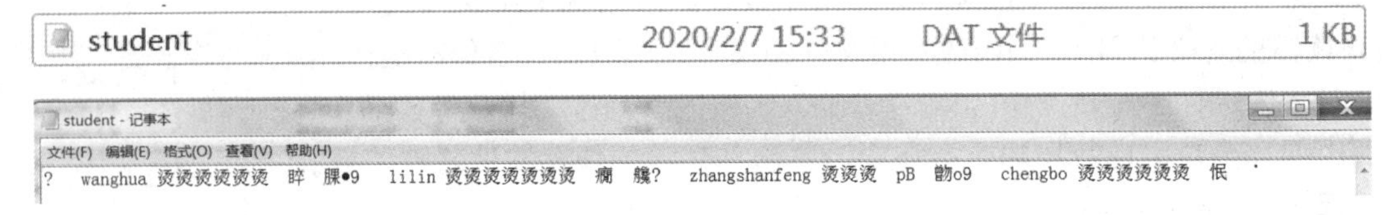

图 6-9　运行结果图

(2) 第 6 次迭代实现读取。

第 6 次迭代实现读取.mp4

第 5 次迭代完成文件的保存函数后，现在可以进行第 6 次迭代，实现文件的读取函数，并通过显示函数来验证读取是否成功。数据可以从读取函数得到，读取为输出、查找、插入、删除、修改和排序等模块准备数据，因此，本次迭代完成后不需要再执行初始化操作。本次迭代增加读取文件函数的声明、实现和调用，得到程序 example6-1-6.cpp。

```
int readFile(StudentList *lb);  //读取文件函数的声明
/*读取文件函数的实现
参数：lb 是指向顺序表的指针
返回值：1 表示读取成功，0 表示读取失败*/
int readFile(StudentList *lb)
{
    int i = 0;              //数组下标
    FILE *fp = NULL;        //文件类型指针

    /*以“只读”方式打开二进制文件*/
```

```
    if((fp = fopen("./example6-1/student.dat","r")) == NULL)
    {
        printf("读取失败");

        return 0;
    }

    /*将每条学生信息读入顺序表*/
    i = 0;
    while(fread(&lb->data[i],sizeof(Student),1,fp) == 1)//1 表示读取成功
    {
        i++;
    }
    fclose(fp);
    lb->length = i;

    return 1;
}
```

文件读取函数可以起到初始化的作用，必须先调用它，才有丰富数据支撑系统运行。在执行菜单函数 doMenu()的 case 9 中添加了调用函数语句“readFile(&la);”，使得用户可以随时调用菜单重新读取数据，这样做的目的是增加操作的灵活性。为了避免用户忘记选择读取数据的菜单操作，在执行菜单函数 doMenu()的 for 循环语句前也增加了调用函数语句“readFile(&la);”，使得启动系统时自动调用文件读取函数。

菜单执行函数 doMenu()调用的部分代码如下：

```
    //la.length = 0;          //顺序表的初始化
    readFile(&la);            //读取文件函数的调用
    for (;;)
    {
        menu();               //菜单函数的调用
        scanf("%d",&choice);
        switch(choice)
        {
        //case1-8 的代码略去
        case 9:
            readFile(&la);    //读取文件函数的调用
            break;
        case 10:
            saveFile(la);     //保存文件函数的调用
            break;
        case 0:
            printf("\n 欢迎下次使用本系统，再见！\n\n");
            exit(0);          //退出系统
        }
        printf("\n");
    }
```

先执行“读取”菜单项，再选择“输出”菜单项，得到的运行结果如图 6-10 所示。事实上，读文件操作在菜单执行前已经执行了“读取”操作，因此，直接选择“输出”菜单项也可以得到同样的结果。

```
                    欢迎使用学生成绩管理系统
==========================================================
|| 1.初始化  2.输入    3.输出    4.插入    5. 查找        ||
|| 6.删除    7.修改    8.排序    9.读取    10.保存    0.退出||
==========================================================
请输入你的选择（0-8）：3
    学号                 姓名      数学      英语
   80123              wanghua    89.00     98.00
   80135                lilin    88.00     99.00
   80021        zhangshanfeng    60.00     75.00
   80239              chengbo    72.00     84.00
```

图 6-10　运行结果图

3. 完成新增查找

第 7 次迭代实现输入.mp4

本节实现新增和查找，完成第 7、8、9 次迭代，依次实现输入、插入和查找功能，输入和插入能增加系统数据，实现系统数据新增。

(1) 第 7 次迭代实现输入。

输入可以代替初始化，为输出、查找、插入、删除、修改和排序等模块准备数据。顺序表的输入操作类似于结构体数组的输入操作，输入操作可以一次输入多条记录，只能放在末尾；插入操作可以指定任意位置，一次只能输入一条记录；输入操作可以调用插入操作来完成。输入操作需要保存，为使操作简洁，不让用户进行选择保存操作，而是在输入完成后自动调用保存操作。本次迭代增加顺序表输入函数的声明、实现和调用，得到程序 example6-1-7.cpp。

```
void inputList(StudentList *lb);  //顺序表输入函数的声明
/*顺序表输入函数的实现
参数：lb 是指向顺序表的指针*/
void inputList(StudentList *lb)
{
    int i = 0;          //数组下标
    int n = 0;          //学生总数

    printf("请输入本次学生信息的人数:");
    scanf("%d",&n);
    for (i = lb->length;i < lb->length + n;i++)
    {
        printf("请输入第%d 名学生的信息：\n", i+1);
        printf("学号：");
        scanf("%d",&lb->data[i].num);
        printf("姓名：");
        scanf("%s",&lb->data[i].name);
        printf("数学：");
        scanf("%f",&lb->data[i].math);
        printf("英语：");
        scanf("%f",&lb->data[i].English);
    }
    lb->length = lb->length + n;
    saveFile(*lb);  //保存文件函数的调用
}
```

输入函数的调用是在执行菜单函数 doMenu()的 case 2 中添加调用函数语句“inputList(&la);”。

先执行“输入”菜单项，再选择“输出”菜单项，得到的运行结果如图 6-11 所示。图的上半部分是输入结果，下半部分是输出结果，输出结果与输入结果一致，说明输入成功。

```
                    欢迎使用学生成绩管理系统
=================================================================
|| 1.初始化  2.输入    3.输出    4.插入    5. 查找           ||
|| 6.删除    7.修改    8.排序    9.读取    10.保存    0.退出||
=================================================================
请输入你的选择（0-10）：2
请输入本次学生信息的人数:2
请输入第5名学生的信息:
学号：30246
姓名：chenlong
数学：84
英语：26
请输入第6名学生的信息:
学号：20213
姓名：nanshan
数学：54
英语：72
保存成功

                    欢迎使用学生成绩管理系统
=================================================================
|| 1.初始化  2.输入    3.输出    4.插入    5. 查找           ||
|| 6.删除    7.修改    8.排序    9.读取    10.保存    0.退出||
=================================================================
请输入你的选择（0-10）：3
      学号                    姓名      数学      英语
     80123                wanghua     89.00     98.00
     80135                  lilin     88.00     99.00
     80021          zhangshanfeng     60.00     75.00
     80239                chengbo     72.00     84.00
     30246               chenlong     84.00     26.00
     20213                nanshan     54.00     72.00
```

图 6-11　运行结果图

(2) 第 8 次迭代实现插入。

顺序表的插入操作和结构体数组的插入操作类似，插入操作的思想可以参考 4.1 节中的表 4-5。这里的插入查找表示将指定数据插入到指定位置，没有调用查找操作。本次迭代增加顺序表插入函数的声明、实现和调用，得到程序 example6-1-8.cpp。

第 8 次迭代实现插入.mp4

```
int insertList(StudentList *lb,int location,Student theStu);//插入函数的声明
/*插入函数的实现
参数：lb 是指向顺序表的指针，location 是插入的逻辑位置，theStu 是插入信息
返回值：1 表示插入成功，0 表示插入失败*/
int insertList(StudentList *lb,int location,Student theStu)
{
    int i = 0;              //数组下标，循环控制变量

    location--;             //逻辑位置转换为物理位置
    if (location < 0 || location > lb->length)
    {
        return 0;//插入失败
    }

    /*移动后面的数据*/
    i = lb->length;
    while (i > location)
    {
       lb->data[i] = lb->data[i-1];//从前往后移动
        i--;
    }
    lb->data[i] = theStu;
    lb->length++;
```

```
    return 1;//插入成功
}
```

说明：保存操作由用户自己选择，没有放入插入函数中。

插入函数的调用在执行菜单函数 doMenu()的 case 4 中进行。首先，需要输入位置 location 和新记录 newStud 两个变量的数据，才能执行函数调用；其次，变量 isSuccess 接受插入函数的返回值，判断是否插入成功。代码如下：

```
case 4:
    /*执行插入操作*/
    printf("请确定插入位置(1-%d): ",la.length + 1);
    scanf("%d",&location);
    printf("请输入第%d名学生的信息: \n",location);
    printf("学号: ");
    scanf("%d",&newStud.num);
    printf("姓名: ");
    scanf("%s",newStud.name);
    printf("数学: ");
    scanf("%f",&newStud.math);
    printf("英语: ");
    scanf("%f",&newStud.English);
    isSuccess = insertList(&la,location,newStud);   //插入函数的调用
    if (isSuccess)
    {
        printf("学号%d的信息插入%d后\n",newStud.num,location);
    }
    else
        printf("插入失败!\n");
    break;
```

先执行“插入”菜单项，在插入完成后显示“学号 10086 的信息插入 3 后”表示插入成功；再选择“输出”菜单项，进一步验证结果，得到的运行结果如图 6-12 所示。图的上半部分是准备插入的记录信息，下半部分是输出插入结果，输出结果与插入记录一致，说明插入成功。

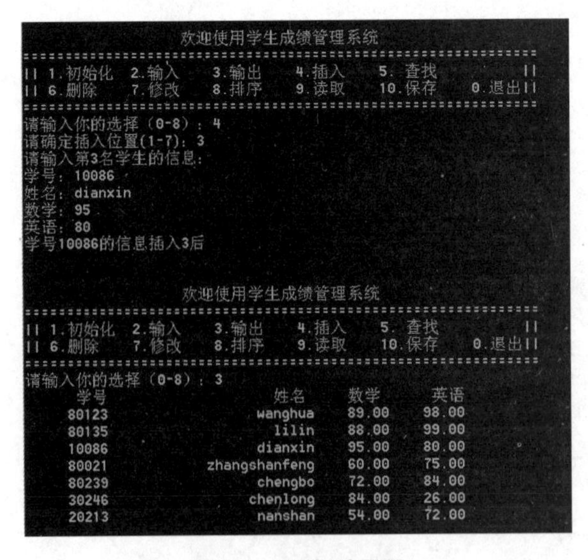

图 6-12　运行结果图

(3) 第 9 次迭代实现查找。

第 9 次迭代实现查找.mp4

删除和修改需要调用查找模块，第 9 次迭代实现查找操作，为后续进行的删除和修改操作做好准备。顺序表的查找操作和结构体数组的查找操作类似，这里采用顺序查找，其操作思想可以参考 4.1.4 节和 4.2.3 节。查找属性可以选择学号、姓名、数学成绩和英语成绩，学号是主关键字，查询结果具有唯一性，因此，选择查找学号。若找到相应学号，则输出该学生的信息；若未找到相应学号，则输出“没有找到！”。为了便于进行删除和修改操作，查找函数的返回值设定为数组的下标(即物理位置)。本次迭代增加查找学号函数的声明、实现和调用，得到程序 example6-1-9.cpp。

```
int searchByNumber(StudentList lb,int number); //查找学号函数的声明
/*查找学号函数的实现
参数：lb 是顺序表，number 表示学号
返回值：查找成功时返回数组下标，-1 表示查找失败*/
int searchByNumber(StudentList lb,int number)
{
   int i = 0;   //数组下标，循环控制变量

   while (lb.data[i].num != number && i < lb.length)
   {
      i++;
   }
   if (i < lb.length)
      return i;
   else
     return -1;
}
```

查找函数的调用是在执行菜单函数 doMenu()的 case 5 中添加调用函数语句，代码如下：

```
case 5:
   /*执行查找模块*/
   printf("输入要查找的学号：");
   scanf("%d",&ID);
   location = searchByNumber(la,ID);   //查找学号函数的调用
   if(location != -1)
   {
      printf("找到学生的信息是：\n");
      printf("学号：%d ",la.data[location].num);
      printf("姓名：%s ",la.data[location].name);
      printf("数学：%.0f ",la.data[location].math);
      printf("英语：%.0f\n",la.data[location].English);
   }
   else
      printf("没有找到!\n");
   break;
```

先执行“输出”菜单项，再选择“查找”菜单项，得到的运行结果如图 6-13 所示。图中上半部分是执行“输出”菜单项后的记录信息，下半部分是执行“查找”操作及其结果，能查找到数据，说明查找成功。

```
请输入你的选择（0-8）：3
      学号                 姓名      数学      英语
     80123              wanghua    89.00    98.00
     80135                lilin    88.00    89.00
     10086              dianxin    95.00    80.00
     80021        zhangshanfeng    60.00    75.00
     80239              chengbo    72.00    84.00
     30246             chenlong    84.00    26.00
     20213              nanshan    54.00    72.00


                    欢迎使用学生成绩管理系统
==============================================================
|| 1.初始化  2.输入    3.输出    4.插入    5. 查找           ||
|| 6.删除    7.修改    8.排序    9.读取    10.保存    0.退出||
==============================================================
请输入你的选择（0-8）：5
输入要查找的学号：10086
找到学生的信息是：
学号：10086 姓名：dianxin 数学：95 英语：80
```

图 6-13　运行结果图

4. 支撑排序删改

本节完成第 10、11、12 次迭代，依次实现删除、排序和修改功能，完成整个软件系统。

(1) 第 10 次迭代实现删除。

第 10 次迭代实现删除.mp4

顺序表的删除操作和结构体数组的删除操作类似，删除操作的思想可以参考 4.1 节表 4-6。这里的删除操作需要先查找再删除，因此，删除函数要调用查找函数。这里的函数没有用指针作为函数参数，而是用普通变量作为函数参数，但是充分利用函数返回值将删除后的顺序表传给主函数。本次迭代增加删除函数的声明、实现和调用，得到程序 example6-1-10.cpp。

```
StudentList deleteList(StudentList lb,int number);  //顺序表删除函数的声明
/*顺序表删除函数的实现
参数：lb 是顺序表，number 表示学号
返回值：删除后的顺序表*/
StudentList deleteList(StudentList lb,int number)
{
    int i = 0;                  //数组下标，循环控制变量
    int location = -1;          //被删除的位置
    char isOperate = 'N';       //是否操作

    location = searchByNumber(lb,number);

    /*显示被删除学生信息*/
    if (location != -1)
    {
        printf("找到学生的信息是：\n");
        printf("学号：%d ",lb.data[location].num);
        printf("姓名：%s ",lb.data[location].name);
        printf("数学：%.0f ",lb.data[location].math);
        printf("英语：%.0f\n",lb.data[location].English);
    }
    else
    {
        printf("没有找到!\n");

        return lb;                  //删除失败
```

```
    }

    /*删除学生信息*/
    printf("是否删除？(Y/N)");       //询问一下，引起思考，可以后悔
    getchar();                          //吸收前面的输入，否则下面无法输入
    scanf("%c",&isOperate);
    if (isOperate=='Y' || isOperate=='y')
    {
        i = location;
        while (i < lb.length - 1)
        {
            lb.data[i] = lb.data[i + 1]; //从后往前移动
            i++;
        }
        lb.length--;
    }
    else
    {
        printf("不删除");
    }

    return lb;
}
```

说明：保存操作由用户自己选择，没有放入删除函数中。

删除函数的调用是在执行菜单函数doMenu()的case 6中添加调用函数语句，代码如下：

```
case 6:
    /*执行删除模块*/
    printf("输入要删除学生的学号：");
    scanf("%d",&ID);
    la = deleteList(la,ID);       //顺序表删除函数的调用
    break;
```

先执行“删除”菜单项，再选择“输出”菜单项，得到的运行结果如图6-14所示。图的上半部分表示存在要删除学号80021的信息，下半部分输出中没有学号80021的信息，表示删除成功。

```
                      欢迎使用学生成绩管理系统
===========================================================
|| 1.初始化  2.输入    3.输出    4.插入    5. 查找          ||
|| 6.删除    7.修改    8.排序    9.读取    10.保存    0.退出||
===========================================================
请输入你的选择（0-8）：6
输入要删除学生的学号：80021
找到学生的信息是：
学号：80021 姓名：zhangshanfeng 数学：60 英语：75
是否删除？(Y/N)y

                      欢迎使用学生成绩管理系统
===========================================================
|| 1.初始化  2.输入    3.输出    4.插入    5. 查找          ||
|| 6.删除    7.修改    8.排序    9.读取    10.保存    0.退出||
===========================================================
请输入你的选择（0-8）：3
      学号                姓名      数学      英语
      80123            wanghua     89.00     98.00
      80135              lilin     88.00     99.00
      10086           dianxin      95.00     80.00
      80239           chengbo      72.00     84.00
      30246          chenlong      84.00     26.00
      20213           nanshan      54.00     72.00
```

图6-14　运行结果图

(2) 第 11 次迭代实现排序。

第 11 次迭代实现排序.mp4

顺序表的排序操作和结构体数组的排序操作类似。这里的函数没有用指针作为函数参数，而是用普通变量作为函数参数，利用直接选择排序算法实现按数学成绩的升序排列，排序算法的原理参见第 5.1.2 节，类似代码可以参考 5.2.5 节的排序部分。本次迭代增加排序函数的声明、实现和调用，得到程序 example6-1-11.cpp。

```
void selectSortByMath(StudentList lb);  //直接选择排序函数的声明
/*直接选择排序函数的实现(按数学成绩升序排列)
参数：lb 是顺序表*/
void selectSortByMath(StudentList lb)
{
    Student temp;     //临时变量
    int i = 0;        //排序趟数
    int j = 0;        //数组下标
    int key = 0;      //最小值下标

    for (i = 0;i < lb.length - 1;i++)
    {
        key = i;
        for (j = i + 1;j < lb.length;j++)
        {
            if (lb.data[j].math < lb.data[key].math)
            {
                key = j;
            }
        }
        if (key != i)
        {
            temp = lb.data[i];
            lb.data[i] = lb.data[key];
            lb.data[key]= temp;
        }
        printf("第%d趟排序结果：\n",i + 1);
        outputList(lb);//输出每趟排序结果
    }
}
```

排序函数的调用是在执行菜单函数 doMenu()的 case 8 中添加调用函数语句“selectSortByMath(la);”。

先执行“输出”菜单项，再选择“排序”菜单项，得到的排序前后运行结果如图 6-15 所示。

```
请输入你的选择(0-8)：3
      学号              姓名     数学     英语
     80123           wanghua    89.00    98.00
     80135             lilin    88.00    99.00
     10086          dianxin    95.00    80.00
     80021    zhangshanfeng    60.00    75.00
     80239          chengbo    72.00    84.00
     30246         chenlong    84.00    26.00
     20213          nanshan    54.00    72.00
```

(a) 排序前的学生信息

图 6-15　排序前后的运行结果图

```
第6趟排序结果:
    学号                姓名       数学     英语
    20213           nanshan      54.00    72.00
    80021     zhangshanfeng      60.00    75.00
    80239           chengbo      72.00    84.00
    30246          chenlong      84.00    26.00
    80135             lilin      88.00    99.00
    80123           wanghua      89.00    98.00
    10086           dianxin      95.00    80.00
```

(b) 排序后的学生信息

图 6-15　排序前后的运行结果图(续)

(3) 第 12 次迭代实现修改。

第 12 次迭代实现修改.mp4

顺序表的修改操作，需要先查找再修改，因此要调用查找函数。此处的函数没有用指针作为函数参数，而是将普通变量作为函数参数；然后利用函数返回值，将修改后的顺序表传给主调函数。修改函数提供了“修改菜单”，用户可以选择想修改的属性，使得修改更灵活，增加了界面的友好性。本次迭代增加修改函数的声明、实现和调用，得到程序 example6-1-12.cpp。

```
StudentList modifyList(StudentList lb,int number);  //顺序表修改函数的声明
/*顺序表修改函数的实现
参数：lb 是顺序表，number 表示学号
返回值：修改后的顺序表*/
StudentList modifyList(StudentList lb,int number)
{
    int location = -1;        //被删除的位置
    int select = 0;           //菜单选择

    location = searchByNumber(lb,number);

    /*显示被修改学生信息*/
    if (location != -1)
    {
        printf("找到学生的信息是：\n");
        printf("学号：%d ",lb.data[location].num);
        printf("姓名：%s ",lb.data[location].name);
        printf("数学：%.0f ",lb.data[location].math);
        printf("英语：%.0f\n",lb.data[location].English);
    }
    else
    {
        printf("没有找到!\n");

        return lb;//修改失败
    }

    /*修改学生信息*/
    do
    {
        printf("                    修改菜单                    \n");
        printf("1.学号 2. 姓名 3.数学成绩 4.英语成绩 0.返回\n");
        printf("请选择：");
        scanf("%d",&select);
        switch(select)
```

```
        {
        case 1:
            printf("请输入新的学号：");
            scanf("%d",&lb.data[location].num);
            break;
        case 2:
            printf("请输入新的姓名：");
            scanf("%s",&lb.data[location].name);
            break;
        case 3:
            printf("请输入新的数学成绩：");
            scanf("%f",&lb.data[location].math);
            break;
        case 4:
            printf("请输入新的英语成绩：");
            scanf("%f",&lb.data[location].English);
            break;
        case 0:
            printf("修改后学生的信息是：\n");
            printf("学号：%d ",lb.data[location].num);
            printf("姓名：%s ",lb.data[location].name);
            printf("数学：%.0f ",lb.data[location].math);
            printf("英语：%.0f\n",lb.data[location].English);

            return lb;
        }
    } while (1);
}
```

说明：主菜单中的保存操作由用户选择，没有放入修改函数中。

修改函数的调用是在执行菜单函数 doMenu()的 case 7 中添加调用函数语句，代码如下：

```
    case 7:
        /*执行修改模块*/
        printf("输入要修改学生的学号：");
        scanf("%d",&ID);
        la = modifyList(la,ID);  //顺序表修改函数的调用
        break;
```

先执行主菜单(又称为一级菜单)“修改”，再选择二级菜单“修改菜单”中的“姓名”，最后选择“返回”从二级菜单返回主菜单，这时显示修改后的学生信息，说明修改成功，得到的运行结果如图 6-16 所示。

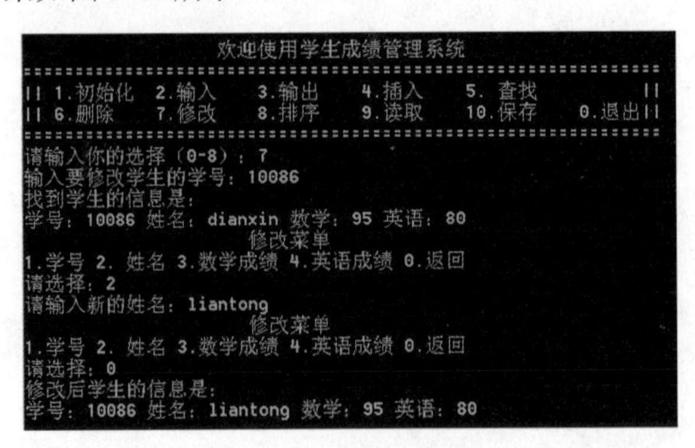

图 6-16　运行结果图

6.2.2　职工管理系统

职工管理系统介绍.mp4

【案例 6-2】采用顺序表实现案例 5-1 要求的职工管理系统，这里采用顺序表实现信息管理操作。

案例 5-1 采用结构体数组实现了职工管理系统，案例 6-2 的需求分析、总体设计和详细设计都与案例 5-1 相同，并采用相同的软件结构。这里只需要修改数据结构为顺序表，需要定义管理职工基本信息(简称职工信息)、部门信息和工资信息的顺序表类型。

首先，定义职工信息类型采用的数据结构。为了便于拓展，提高通用性，采用定义 ElemType 这个通用类型来实现顺序表。

```
/*定义职工信息的类型*/
typedef struct
{
    int no;                         //职工号
    char name[10];                  //姓名
    char sex[3];                    //性别
    int age;                        //年龄
    char degree[10];                //学历
    int  level;                     //职员等级
    char departNo[8];               //部门号
}  Employee;
typedef Employee ElemType;          //程序更通用
```

其次，定义顺序表的数据结构类型，实现群体数据管理。

```
/*用结构体定义顺序表的数据类型*/
typedef struct
{
    ElemType data[MaxLength];       //数据元素
    int length;                     //长度
} SqList;
```

这里顺序表处理的数据类型是 Employee。如果定义“typedef int ElemType;”，则顺序表处理的数据类型是整数；如果定义“typedef char ElemType;”，则顺序表处理的数据类型是字符。当然，顺序表还可以处理实数型和字符串。

对于部门信息的顺序表和工资信息的顺序表可以采用类似的定义。

本案例采用 Visual Studio 2010 编写程序，源程序是 C 语言代码，采用顺序表实现。项目经历 6 次迭代实现了简单的职工信息管理系统，代码共 301 行，但是没有提供运行测试截图。整个项目的源程序文件放在文件夹“第 6 章源程序”的子文件夹 example6-2 下。为了便于拓展，提高通用性，采用定义 ElemType 这个通用类型来实现顺序表。系统迭代从整型数据构成的顺序表开始，最后一轮迭代才把职工信息类型代入。整个迭代过程充分展示了借助 ElemType 这个通用类型如何从简单的整数型转换到复杂的数据类型，实现更加通用、更容易迭代的信息管理系统。第 5 次迭代还展示了多文件的使用，使得系统迭代更加灵活，提供了搭建更复杂系统的思路，提供了系统集成的方法。通过这次迭代，使得学生更容易体会 ElemType 和多文件的作用，提高代码的灵活性、通用性和可扩展性。这里采用软件开发方法实现了一个较复杂系统，解析了项目的迭代开发过程。

为了简单展示迭代过程，这里给出每个版本主要实现的功能及简要的实现过程，迭代过程如图 6-17 所示，迭代过程完成的任务如表 6-3 所示。这里只实现了职工信息管理子系统的部分功能，工资信息管理子系统和部门信息管理子系统的实现需要学生补充。

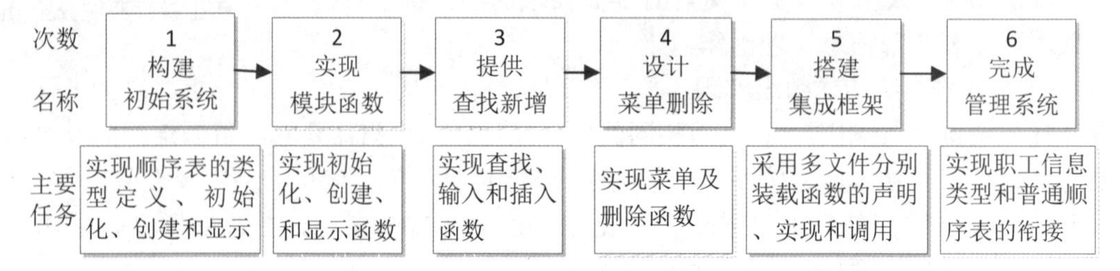

图 6-17　顺序表实现系统的迭代过程图

表 6-3　迭代过程完成的任务表

次　数	名　称	主要增加的功能
1	构建初始系统	搭建框架，实现顺序表的类型定义、初始化、创建和显示
2	实现模块函数	实现初始化、创建和显示函数
3	提供查找新增	实现查找、输入和插入函数
4	设计菜单删除	实现菜单及删除函数
5	搭建集成框架	采用多文件分别装载函数的声明、实现和调用
6	完成管理系统	实现职工信息类型和普通顺序表的衔接。定义职工信息的类型，并将顺序表组成元素改为职工类型，还实现了文件的保存，实现职工信息管理

下面几节依次介绍整个项目的迭代开发实现过程。

构建初始系统.mp4

1. 构建初始系统

第 1 次迭代将整个系统功能分为初始化、创建、显示、插入、删除、查找，并完成顺序表的定义，实现顺序表的初始化、创建、显示。

```
//example6-2-1.cpp
/**
 * 项目名称：顺序表实现的职工信息管理系统 1.0 版
 * 作    者：梁新元
 * 实现任务：搭建系统框架，实现顺序表的定义、初始化、创建、显示
 * 开发日期：2015 年 10 月 15 日 03:31pm
 * 修订日期：2021 年 08 月 07 日 08:42am
 */

#include <stdio.h>
#include <stdlib.h>
#define MaxLength 100
typedef int ElemType;              //增加通用性

/*采用结构体定义顺序表的数据类型*/
typedef struct
{
```

```
    ElemType data[MaxLength];     //数据元素
    int length;                   //长度
} SqList;

int main()
{
    SqList La;                    //声明一个顺序表变量

    /*1.初始化*/
    La.length = 0;

    /*2.创建*/
    /*输入数据*/
    int i = 0;                    //数组下标，循环控制变量
    int n = 0;                    //数据个数
    printf("请确定数据个数：");
    scanf("%d",&n);
    printf("请输入%d 个整数：",n);
    while (i < n)
    {
        scanf("%d",&La.data[i]);
        i++;
    }
    La.length = n;

    /*3.显示*/
    i = 0;
    while (i < n)
    {
        printf("%3d",La.data[i]);
        i++;
    }

    /*4.插入*/
    /*5.删除*/
    /*6.查找*/

    printf("HelloWorld\n");
    system("pause");

    return 0;
}
```

2. 实现模块函数

实现模块函数.mp4

第 2 次迭代将初始化、创建、显示操作改造为函数，完成顺序表的初始化函数、创建函数和显示函数 3 个函数的声明、实现和调用。

```
//example6-2-2.cpp
/**
 * 项目名称：顺序表实现的职工信息管理系统 2.0 版
 * 作    者：梁新元
```

```
 * 实现任务：实现初始化、创建、显示函数及其调用
 * 开发日期：2015 年 10 月 16 日 10:58am
 * 修订日期：2021 年 08 月 07 日 08:51am
 */
#include <stdio.h>
#include <stdlib.h>
#define MaxLength 100
typedef int ElemType;              //增加通用性

/*采用结构体定义顺序表的数据类型*/
typedef struct
{
    ElemType data[MaxLength];    //数据元素
    int length;//长度
} SqList;

void InitList(SqList &Lb);       //初始化函数的声明
void DisplayList(SqList Lb);     //输出函数的声明
bool CreateList(SqList &Lb,ElemType b[],int m);      //创建函数的声明

int main()
{
    SqList La;                     //顺序表的局部变量

    /*1.初始化*/
    //La.length=0;
    InitList(La);                  //初始化函数的调用

    /*2.创建*/
    /*输入数据*/
    int n = 0;                     //数据个数
    printf("请输入数据个数：");
    scanf("%d",&n);
    printf("输入%d 个整数：",n);
    int i = 0;                     //数组下标，循环控制变量
    int a[MaxLength];              //输入数据的数组
    while (i < n)
    {
        scanf("%d",&a[i]);
        i++;
    }
    CreateList(La,a,n);            //创建函数的调用

    /*3.显示*/
    DisplayList(La);               //显示函数的调用

    /*4.插入*/
    /*5.删除*/
    /*6.查找*/
    system("pause");

    return 0;
```

```
}

/*初始化函数的实现
参数：Lb 是对顺序表的引用型参数*/
void InitList(SqList &Lb)
{
    Lb.length = 0;
}

/*显示函数的实现
参数：Lb 是顺序表*/
void DisplayList(SqList Lb)
{
    int i = 0;                      //数组下标，循环控制变量
    printf("顺序表：");
    if (Lb.length == 0)
    {
        printf("空");
        return;
    }

    for (i = 0;i < Lb.length;i++)
    {
        printf("%3d",Lb.data[i]);
    }
    printf("\n");
}

/*创建函数的实现
参数：Lb 是顺序表的引用，b 是数组，m 是数组长度
返回值：1 表示成功，0 表示失败*/
bool CreateList(SqList &Lb,ElemType b[],int m)
{
    int i = 0;                      //数组下标，循环控制变量
    if (!m)
        return 0;
    do
    {
        Lb.data[i] = b[i];
        i++;
    } while (i < m);
    Lb.length = m;

    return 1;
}
```

3. 提供查找新增

提供查找更新.mp4

第 3 次迭代提供查找功能和新增功能，通过输入和插入实现更新。本次迭代将创建操作的输入改为函数，实现输入函数、查找函数和插入函数 3 个函数的声明、实现及调用。

```
//example6-2-3.cpp
/**
 * 项目名称：顺序表实现的职工信息管理系统 3.0 版
 * 作    者：梁新元
 * 实现任务：输入、查找和插入函数的实现
 * 开发日期：2015 年 10 月 22 日 09:42am
 * 修订日期：2020 年 09 月 01 日 01:40pm
 * 修订日期：2021 年 08 月 07 日 09:09am
 */
/*头文件、顺序表定义和通用类型不变，初始化、创建、显示函数的声明和实现不变*/
void InputArray(ElemType b[],int &m);            //输入函数的声明
int Locate(SqList Lb,ElemType e);                //查找函数的声明
bool InsertList(SqList &Lb,int i,ElemType e);    //插入函数的声明

int main()
{
    SqList La;                           //声明顺序表
    int n = 0;                           //数据个数
    ElemType element;                    //元素值
    int k = 0;                           //查找位置

    /*1.初始化*/
    InitList(La);                        //初始化函数的调用

    /*2.创建*/
    /*输入数据*/
    printf("请输入数据个数：");
    scanf("%d",&n);
    printf("输入%d 个整数：",n);
    //int i = 0;                         //数组下标，循环控制变量
    int a[MaxLength];                    //输入数据的数组
    InputArray(a,n);                     //输入函数的调用
    CreateList(La,a,n);                  //创建函数的调用

    /*3.显示*/
    DisplayList(La);                     //显示函数的调用

    /*4.插入*/
    printf("输入要插入的元素：");
    scanf("%d",&element);                //采用 C++输入代码 cin>>element 更通用
    printf("输入要插入的位置：");
    scanf("%d",&k);
    InsertList(La,k,element);            //插入函数的调用

    /*5.删除*/
    /*6.查找*/
    printf("输入要查找的元素");
    scanf("%d",&element);
    k = Locate(La,element);              //查找函数的调用
    if (k == 0)
    {
        printf("没找到该元素\n");
```

```
    }
    else
    {
        printf("元素的位置是%d\n",k);
    }
    system("pause");

    return 0;
}

/*输入函数的实现
参数：b 是数组，m 是对数组长度的引用型参数*/
void InputArray(ElemType b[],int &m)
{
    printf("确定数据个数：");
    scanf("%d",&m);
    printf("请输入%d 个整数：",m);
    int i = 0;                          //数组下标，循环控制变量
    while (i < m)
    {
        scanf("%d",&b[i]);
        i++;
    }
}

/*查找函数的实现
参数：Lb 是顺序表，e 是要查找的元素
返回值：返回逻辑位置，0 表示没有找到*/
int Locate(SqList Lb,ElemType e)
{
    int i = 0;                          //数组下标，循环控制变量
    while (i < Lb.length && Lb.data[i] != e)
    {
        i++;
    }
    if (i >= Lb.length)
        return 0;

    return i+1;
}

/*插入函数的实现
参数：Lb 是顺序表的引用，i 是插入的逻辑位置，e 是待插入的元素
返回值：1 表示插入成功，0 表示插入失败*/
bool InsertList(SqList &Lb,int i,ElemType e)
{
    int j = 0;                          //数组下标，循环控制变量
    if (i < 1 || i > Lb.length+1)
    {
        printf("插入位置非法，插入失败！\n");
        return 0;
    }
```

```
    i--;
    j = Lb.length;
    while (j > i)
    {
        Lb.data[j] = Lb.data[j-1];
        j--;
    }
    Lb.data[i] = e;
    Lb.length++;

    return 1;
}
```

4. 设计菜单删除

设计菜单删除.mp4

第 4 次迭代实现菜单和删除函数。采用菜单能更加灵活地调用各模块，实现菜单使得主函数变动很大，因此原样代码复制。但是，初始化、创建、显示、输入、查找、插入函数的调用在主函数中并没有变化，只是放入到各 case 分支中了。其中，输入函数 InputArray()的调用代码做了一点变化，将元素个数从 main()函数移到输入函数中去实现，简化了调用代码，但输入函数的实现代码没有任何变化。

```
//example6-2-4.cpp
/**
 * 项目名称：顺序表实现的职工信息管理系统 4.0 版
 * 作    者：梁新元
 * 实现任务：菜单及删除函数的实现
 * 开发日期：2015 年 10 月 23 日 10:19am
 * 修订日期：2020 年 09 月 01 日 02:20pm
 * 修订日期：2021 年 08 月 07 日 09:33am
 */
/*顺序表定义和通用类型不变，初始化、创建、显示、输入、查找、插入函数的声明和实现不变*/
bool DeleteList(SqList &Lb,int i,ElemType &e); //删除函数的声明

int main()
{
    SqList La;              //声明顺序表
    int n = 0;              //数据个数
    ElemType element;       //元素值
    int k = 0;              //查找位置
    int select = 0;         //菜单选择

    /*1.初始化*/
    InitList(La);//初始化函数的调用

    for (;;)
    {
        /*菜单生成*/
        printf("顺序表菜单\n");
        printf("1.输入\n");
        printf("2.显示\n");
```

```
    printf("3.插入\n");
    printf("4.删除\n");
    printf("5.查找\n");
    printf("6.退出\n");
    printf("请选择(1-6): ");
    scanf("%d",&select);

    /*菜单执行*/
    switch (select)
    {
    case 1:
        /*输入*/
        int a[MaxLength];           //输入数据的数组
        InputArray(a,n);            //输入函数的调用
        CreateList(La,a,n);         //创建函数的调用
        break;
    case 2:
        /*显示*/
        DisplayList(La);                        //显示函数的调用
        break;
    case 3:
        /*插入*/
        printf("输入要插入的元素: ");
        scanf("%d",&element);
        printf("输入要插入的位置: ");
        scanf("%d",&k);
        InsertList(La,k,element);               //插入函数的调用
        break;
    case 4:
        /*删除*/
        printf("输入删除位置: ");
        scanf("%d",&k);
        if (DeleteList(La,k,element))       //删除函数的调用
           printf("被删除的元素是%d\n",element);
        break;
    case 5:
        /*查找*/
        printf("输入要查找的元素");
        scanf("%d",&element);
        k = Locate(La,element);                 //查找函数的调用
        if (k == 0)
        {
           printf("没找到该元素\n");
        }
        else
        {
           printf("元素的位置是%d\n",k);
        }
        break;
    case 6:
        /*退出*/
        exit(1);
```

```
            break;
        default:
            /*输入错误*/
            printf("选择错误，重新选择！\n");
            break;
        }
    }

    system("pause");

    return 0;
}

/*删除函数的实现
参数：Lb 是顺序表的引用，i 是删除的逻辑位置，e 是被删除元素的引用
返回值：1 表示删除成功，0 表示删除失败*/
bool DeleteList(SqList &Lb,int i,ElemType &e)
{
    int j = 0;//数组下标，循环控制变量
    if (i < 1 || i > Lb.length)
    {
        printf("删除位置不合法，删除失败!\n");
        return 0;
    }

    i--;
    e = Lb.data[i];

    j = i;
    do
    {
        Lb.data[j] = Lb.data[j+1];
        j++;
    } while (j < Lb.length-1);

    Lb.length--;

    return 1;
}
```

5. 搭建集成框架

搭建集成框架.mp4

第 5 次迭代采用多文件搭建集成框架，多文件分别实现函数的声明、实现和调用，包括头文件 sequencelist.h、实现文件 sequencelist.cpp 和调用文件 sequencemain.cpp 共 3 个文件，放在 example6-2-5 文件夹下。头文件 sequencelist.h 包括顺序表和通用类型的定义，还包括初始化、创建、显示、输入、查找、插入、删除函数的声明。实现文件 sequencelist.cpp 包括初始化、创建、显示、输入、查找、插入、删除函数的实现。调用文件 sequencemain.cpp 中的主函数代码不变，仍然是完成菜单生成和菜单执行，实现初始化、创建、显示、输入、查找、插入、删除函数的调用。

(1) 头文件 sequencelist.h。

```
// sequencelist.h
#ifndef _SEQUENCELIST_H
#define _SEQUENCELIST_H
#define MaxLength 100
typedef int ElemType;                                    //程序更通用

/*用结构体定义顺序表的数据类型*/
typedef struct
{
  ElemType data[MaxLength];                              //数据元素
  int length;                                            //长度
} SqList;

void InitList(SqList &Lb);                               //初始化函数的声明
void DisplayList(SqList Lb);                             //显示函数的声明
bool CreateList(SqList &Lb,ElemType b[],int m);          //创建函数的声明
void InputArray(ElemType b[],int &m);                    //输入函数的声明
int Locate(SqList Lb,ElemType e);                        //查找函数的声明
bool InsertList(SqList &Lb,int i,ElemType e);            //插入函数的声明
bool DeleteList(SqList &Lb,int i,ElemType &e);           //删除函数的声明
#endif
```

(2) 实现文件 sequencelist.cpp。

```
#include <stdio.h>
#include <stdlib.h>
#include "sequencelist.h"
/*初始化、创建、显示、输入、查找、插入、删除函数的实现不变*/
```

(3) 调用文件 sequencemain.cpp。

```
/**
 * 项目名称：顺序表实现的职工信息管理系统 5.0 版
 * 作    者：梁新元
 * 实现任务：采用多文件分别实现函数的声明、实现和调用
 * 开发日期：2015 年 11 月 13 日 11:57am
 * 修订日期：2021 年 08 月 07 日 10:56am
 */
#include <stdio.h>
#include <stdlib.h>
#include "sequencelist.h"
/*主函数代码不变*/
```

6. 完成管理系统

完成管理系统.mp4

第 6 次迭代完成职工信息管理系统，得到 6.0 版，定义职工信息的数据类型，并将顺序表组成元素改为职工信息类型，还实现了文件的保存，完成职工信息管理系统，实现职工信息管理。这个版本仍然包括头文件 sequencelist.h、实现文件 sequencelist.cpp、调用文件 sequencemain.cpp 共 3 个文件，放在 example6-2-6 文件夹下。在 5.0 版(第 5 次迭代)基础上，头文件 sequencelist.h

定义了职工信息的类型，修改了通用类型的定义，从而替换顺序表的组成元素，如表 6-4 所示。另外，还增加了保存函数的声明，但是初始化、创建、显示、输入、查找、插入和删除的函数声明不变。实现文件 sequencelist.cpp 修改了显示、输入和查找函数的实现代码，适应数据类型的变化(int 类型变成 Employee)；增加了保存函数的实现代码，创建、插入和删除函数的实现代码基本不变，只需要在函数末尾加上保存函数的调用语句“SaveList(Lb);”。但是，初始化、创建、插入和删除的函数实现代码不变，调用文件 sequencemain.cpp 没有变化，还需要修改调用文件 Sequencemain.cpp 中输入数据的数组类型、插入和查找的输入语句。

表 6-4　6.0 版在 5.0 版基础上的变化情况表

文 件 名	不　变	增　加	修　改
头文件 sequencelist.h	顺序表定义，初始化、创建、显示、输入、查找、插入和删除的函数声明	职工信息的类型、保存函数的声明	通用类型的定义
实现文件 sequencelist.cpp	初始化函数的实现	保存函数的实现	显示、输入和查找的函数实现，创建、插入和删除函数中调用保存函数
调用文件 sequencemain.cpp	没有变化	输入数据的数组类型、插入和查找的输入语句	输入数据的数组类型、插入和查找的输入语句

从 5.0 版到 6.0 版，虽然实际操作的数据类型发生了变化(int 类型变成 Employee)，但由于借用了通用数据类型 ElemType 并将函数的声明、实现和调用分别放在 3 个不同文件中，函数的接口都没有发生变化，作为人机接口的菜单也没有发生变化，减少了代码的修改(如调用文件没有修改)。这样使得声明、实现和调用之间保持了相对的独立性，减少了它们之间的相互依赖，从而提高了代码编写的灵活性和通用性，充分体现了 ElemType 的作用，使得程序更通用。通过这次迭代，使得学生更容易体会 ElemType 和多文件的作用，提高了代码的灵活性、通用性和可扩展性。此外，在 6.0 版基础上还可以把输入、输出、保存和读取文件操作更加通用化，使得系统更加灵活，从而使得程序做最小的改动就能适应更多的自定义数据类型。

(1) 头文件 sequencelist.h。

```
#ifndef _SEQUENCELIST_H
#define _SEQUENCELIST_H
#define MaxLength 100

/*定义职工信息的数据类型*/
typedef struct
{
   int no;                        //职工号
   char name[10];                 //姓名
   char sex[3];                   //性别
   int age;                       //年龄
   char degree[10];               //学历
   int  level;                    //职员等级
```

```
    char departno[8];              //部门号
} Employee;
//typedef int ElemType;            //程序更通用
typedef Employee ElemType;         //程序更通用
/*顺序表定义不变，初始化、创建、显示、输入、查找、插入、删除函数声明不变*/
bool SaveList(SqList Lb);          //保存函数的声明
#endif
```

(2) 实现文件 sequencelist.cpp。

```
#include <stdio.h>
#include <stdlib.h>
#include "sequencelist.h"
/*初始化的实现代码不变*/

只在创建、插入、删除函数的实现末尾增加了保存函数的调用，其余代码不变
/*创建函数的实现
参数：Lb 是顺序表，b 是数组，m 是数组长度
返回值：1 表示成功，0 表示失败*/
bool CreateList(SqList &Lb,ElemType b[],int m)
{
    int i = 0;                //数组下标，循环控制变量
    if (m <= 0)
        return 0;
    do
    {
        Lb.data[i] = b[i];
        i++;
    } while(i < m);
    Lb.length = m;
    SaveList(Lb);

    return 1;
}

/*修改显示、输入和查找函数的实现*/
/*显示函数的实现
参数：Lb 是顺序表*/
void DisplayList(SqList Lb)
{
    int i = 0;                //数组下标，循环控制变量
    printf("职工信息表\n");
    printf("职工号 姓名 性别  年龄 学历 职员等级  部门号\n");
    for (i = 0;i < Lb.length;i++)
    {
        //printf("%3d",Lb.data[i]);
        printf("%3d",Lb.data[i].no);           //职工号
        printf("%11s",Lb.data[i].name);        //姓名
        printf("%4s",Lb.data[i].sex);          //性别
        printf("%3d",Lb.data[i].age);          //年龄
        printf("%6s",Lb.data[i].degree);       //学历
        printf("%3d",Lb.data[i].level);        //职员等级
        printf("%4s\n",Lb.data[i].departno); //部门号
```

```
    }
    printf("\n");
}

/*输入函数的实现
参数：b是数组，m是数组长度的引用*/
void InputArray(ElemType b[],int &m)
{
    printf("确定数据个数：");
    scanf("%d",&m);
    printf("请输入%d条职工信息\n",m);
    printf("职工号 姓名 性别  年龄 学历 职员等级  部门号\n");
    int i = 0;//数组下标，循环控制变量
    while (i < m)
    {
        //scanf("%d",&b[i]);
        scanf("%d",&b[i].no);             //职工号
        scanf("%s",&b[i].name);           //姓名
        scanf("%s",&b[i].sex);            //性别
        scanf("%d",&b[i].age);            //年龄
        scanf("%s",&b[i].degree);         //学历
        scanf("%d",&b[i].level);          //职员等级
        scanf("%s",&b[i].departno);       //部门号
        i++;
    }
}

/*查找函数的实现
参数：Lb是顺序表，e是要查找的元素
返回值：返回逻辑位置，0表示没有找到*/
int Locate(SqList Lb,ElemType e){
    int i = 0;            //数组下标，循环控制变量
    //while (i < Lb.length && Lb.data[i] != e)
    while (i < Lb.length && Lb.data[i].no != e.no)
    {
        i++;
    }
    if (i>=Lb.length)
        return 0;
    return i+1;
}

/*保存函数的实现
参数：Lb是顺序表
返回值：true表示保存成功，false表示保存失败*/
bool SaveList(SqList Lb)
{
    FILE *fp = NULL;      //文件指针
    int i = 0;            //数组下标，循环控制变量
    if ((fp = fopen("employee.txt","w")) == NULL)
    {
        printf("文件打开失败！\n");
```

```
        return false;
    }
    while (i < Lb.length)
    {
        fprintf(fp,"%d\t",Lb.data[i].no);              //职工号
        fprintf(fp,"%s\t",Lb.data[i].name);            //姓名
        fprintf(fp,"%s\t",Lb.data[i].sex);             //性别
        fprintf(fp,"%d\t",Lb.data[i].age);             //年龄
        fprintf(fp,"%s\t",Lb.data[i].degree);          //学历
        fprintf(fp,"%d\t",Lb.data[i].level);           //职员等级
        fprintf(fp,"%s\t\n",Lb.data[i].departno);      //部门号
        i++;
    }
    fclose(fp);

    return true;
}
```

(3) 调用文件 sequencemain.cpp。

最后，还需要修改调用文件 sequencemain.cpp 中输入数据的数组类型、插入和查找的输入语句，如表 6-5 所示。

表 6-5　调用文件的变化情况表

文件名	修改前	修改后
输入数据的数组类型	int a[MaxLength];//输入数据的数组	ElemType a[MaxLength];//输入数据的数组
插入的输入语句	scanf("%d",&element);	printf("职工号 姓名 性别　年龄 学历 职员等级 部门号\n"); scanf("%d",&element.no);　　//职工号 scanf("%s",&element.name);　　//姓名 scanf("%s",&element.sex);　　//性别 scanf("%d",&element.age);　　//年龄 scanf("%s",&element.degree);　　//学历 scanf("%d",&element.level);　　//职员等级 scanf("%s",&element.departNo);　//部门号
查找的输入语句	printf("输入要查找的元素"); scanf("%d",&element);	printf("输入要查找的学号"); scanf("%d",&element.no);

6.0 版中只有保存操作，没有读取操作。如果要读取文件，需要分别在 3 个文件中实现读取文件操作函数的声明、实现和调用。其中，读取文件函数的调用可以放在主函数的初始化操作中，或者直接用读取文件代码替换初始化函数。为了让系统能不断地追加数据，需要改进插入操作为追加多条记录。此外，还可以为系统增加修改和排序等操作。

此外，要把职工信息、部门信息和工资信息连接成一个大的信息管理系统，需要通过职工号、部门号作为主关键字进行连接才能实现，需要学生自己思考如何实现。

6.3 实践运用

6.3.1 基础练习

(1) 在案例 6-1 的 example6-1-2.cpp 中初始化函数的指针型参数可以改成其他类型(普通变量或引用型参数)吗？如果能修改，应该如何修改呢？

(2) 保存和读取文件都是为其他函数服务的，因此，可以不单独进入菜单，请问应该怎样修改案例 6-1 的代码？

(3) 在案例 6-1 的 example6-1-7.cpp 中，如果将输入函数的语句“for (i = lb->length;i < lb->length + n;i++)”改为“for (i = 0;i < n;i++)”，且将语句“lb->length = lb->length + n;”改为“lb->length=n”，会造成什么结果？

(4) 如果案例 6-1 先完成输入函数的代码，再完成显示函数的代码，应该怎样调整代码？

(5) 如果将案例 6-1 中插入函数的指针型参数改为普通变量，应该怎样修改程序？

(6) 如果将案例 6-1 中插入函数的指针型参数改为引用型参数，应该怎样修改程序？

(7) 在案例 6-1 中，利用插入函数如何实现输入函数的代码？

(8) 在案例 6-1 中，如果查找函数返回值是逻辑位置，应该怎样修改程序？

(9) 在案例 6-1 中，如果只知道姓名的部分信息，如何实现姓名的模糊查询？

(10) 在案例 6-1 中，如果要根据成绩的范围来查询，如何实现查询？

(11) 在案例 6-1 中，如果顺序表已经排好序，如何进行二分查找？

(12) 在案例 6-1 中，删除函数参数中的顺序表可以改为指针型或引用型吗？

(13) 在案例 6-1 中，如果查找姓名和成绩，查找到的记录有多条需要删除，应该怎样修改程序？

(14) 在案例 6-1 中，该排序结果无法保存，如果要保存排序结果应该怎样修改程序？

(15) 在案例 6-1 中，如果要将排序结果传给其他函数，应该怎样修改程序？

(16) 在案例 6-1 中，如果要对学号进行降序排序，应该怎样修改程序？

(17) 在案例 6-1 中，如果查找姓名和成绩，查找到的记录有多条需要修改，应该怎样修改程序？

(18) 在案例 6-1 中，如果要用多文件，应该怎样修改程序？

(19) 在案例 6-1 中，如果要用动态内存分配来实现顺序表，应该怎样修改程序？

(20) 在案例 6-1 中，修改完成的保存操作由用户选择，在退出时没有保存但系统却没有提示，能否增加“提示保存”的信息(插入、删除修改中都存在类似情况)？

(21) 在案例 6-1 中，学号应该唯一，但是在输入、插入和修改函数中都没有考虑学号重复问题，应该怎样修改程序才能保证学号唯一？如果学号有专门的编码规则，又该如何自动生成学号？

(22) 在案例 6-1 中，输入成绩时没有考虑成绩的有效性，应该怎样修改程序才能保证有效性？

(23) 如何定义案例 6-2 的部门信息顺序表和工资信息顺序表？

(24) 案例 6-2 只实现了职工信息管理子系统的部分功能，请补充工资信息管理子系统

和部门信息管理子系统的实现。

(25) 如果将案例 6-2 中的职工信息、部门信息和工资信息连接成一个大的信息管理系统，需要通过职工号、部门号作为主关键字进行连接才能实现，请思考如何实现。

(26) 在案例 6-2 的 6.0 版基础上，如何修改才能把输入、输出、保存和读取文件操作更加通用化，使得系统更加灵活，从而使得程序做最小的改动就能适应更多的自定义数据类型？

(27) 如果要在案例 6-2 中 6.0 版基础上增加读取文件功能，需要如何修改代码？

(28) 在案例 6-2 中 ElemType 的作用是什么？如果不用 ElemType，则程序需要如何修改？

(29) 在案例 6-2 中如何增加读取文件功能？

(30) 在案例 6-2 中如何实现修改功能？

(31) 在案例 6-2 中如何实现排序功能？

(32) 在案例 6-2 中，如果要给系统提供若干项初始数据，应该如何修改程序？

(33) 在案例 6-2 中，如果要实现精确查询、范围查询、模糊查询、组合查询等各种查询，应该如何修改程序？

(34) 在案例 6-2 中试试如何实现部门信息管理子系统。

(35) 在案例 6-2 中试试如何实现工资信息管理子系统。

(36) 在案例 6-2 中，如果要增加部门信息和工资信息的管理，使得它们与职工信息连接成一个完整的信息管理系统，应该如何修改程序？

6.3.2　综合练习

这里提供几个设计性课题，供学生选择练习，可以调整要求，提升综合实践能力。

1. 商店销售管理系统

功能：屏幕上出现一个界面，让售货员输入商品编号或者商品名称，可以进货，进货后商品库存同时增加。顾客买走商品后，售货员输入商品编号或者商品名称，可以生成销售清单，统计本次销售的总金额，同时库存数量相应减少。完成前面的基本功能后，还可以完成增加新的商品或删除不需要商品的功能，以及每天销售统计功能等。要求：①完成最低要求：能按商品编号进货和销售；②进一步要求：完成增加新的商品或删除不需要商品的功能，以及每天销售统计功能等。

2. 职工档案管理系统

功能：职工档案管理系统包含职工的全部信息，每个职工是一条记录，包括编号、姓名、性别、出生年月、年龄、所在部门、职称、工资级别、电话等。系统可完成：信息录入、信息查询，并按可选的自定义规则进行排序；信息删除与修改(须设置密码)，将职工的信息保存在外部存储器的文件中。要求：①完成最低要求：建立一个文件，包括 10 个职工的必要信息，能对文件进行查询、补充、修订、排序、删除等；②进一步要求：能进行统计计算，完成包括整个职工的系统，对删除与修改等设置密码。

3. 学生管理系统

功能：学生管理系统应包含学生的全部信息。每个学生是一条记录，包括姓名、学号、性别、出生年月、专业、班级、家庭地址、宿舍号码等。本系统能够按专业班级或学号查找学生，并显示相关学生情况，包括主控程序、学生档案管理子系统、学生成绩管理子系统、学生宿舍管理子系统。要求：①实用，各模块自成系统；②完成最低要求：建立一个文件，包括同一个专业 10 个学生的必要信息，能对文件进行补充、修订、删除，并能进行查找；③进一步要求：完成包括整个自动化学院所有专业的系统。

4. 通讯录管理系统

编写一个通讯录管理程序，要求通讯录中包括姓名、通信地址、邮政编码和联系电话(学生可以调整属性)等，可以对通讯录进行插入、删除、显示、查找等操作，能实现文件的读取和保存。

1) 需求分析

信息记录要存放到文件中，因此要实现文件的输入/输出操作；要实现数据的插入、删除、修改和显示功能，因此要实现插入、删除、修改和显示操作；要实现按人名或电话号码进行查询的功能，因此要提供查找操作；另外，还应该提供键盘式选择菜单以实现功能选择。

2) 总体设计

整个系统可以设计为数据插入模块、数据修改模块、数据删除模块、数据显示模块和数据查询模块。

3) 详细设计

数据结构：可以采用结构体数组、顺序表或链表存储通信数据。

```
struct TelInfo                    //电话簿信息结构体
{
   char name[20];                 //人名
   char post[20];                 //工作单位
   int  tel;                      //电话号码
   char email[20];                //e-mail 地址
};
TelInfo telInfo[N];               //电话簿信息结构体数组
```

链表中结点数据类型示范如下：

```
struct Node{
   char name[20];                 //姓名
   char address[40];              //住址
   char phone[12];                //电话
   long zip;                      //邮编
   struct Node *next;             //下一个结点指针
};
```

(1) 数据插入模块：输入数据，然后采用追加方式写文件(以“wb”方式打开文件，再用 fwrite()写入)。

(2) 数据修改模块：通过菜单选择修改姓名、电话号码。可以把要修改的姓名或电话号码存储在临时变量中，把该记录重新写入文件。

(3) 数据删除模块：要删除一条记录，可以输入要删除的人名，然后读文件，把文件中读出来的记录的人名与待删除的人名比较。如果不匹配，则重新写入文件；否则不写入文件。

(4) 数据显示模块：采用分屏显示，每屏 10 条记录。

(5) 数据查询模块：用基本查找算法对电话簿实现按人名或电话号码进行查询，并把结果输出。

5. 交通处罚单管理

1) 需求分析

交通处罚单信息用文件存储，因此要提供文件的输入/输出操作；要求可以输入、删除、浏览交通处罚单信息，因此要提供信息的输入、删除和显示操作；要实现按车辆、驾驶员和开单交警查询，则要提供查找操作；另外，还要提供统计操作和键盘式选择菜单以实现功能选择。

2) 总体设计

整个管理系统被设计为信息输入模块、信息删除模块、信息浏览模块、信息查询模块和信息统计模块。

3) 详细设计

数据结构采用结构体，设计交通处罚单结构体(可以加上处罚金额、扣分、处罚类型等)：

```
struct TranficPunishBill
{
    char carNo[10];      //车牌号
    char driverNo[20];   //驾照号
    char policeNo[10];   //开单交警号码
    char billNo[20];     //处罚单号码
    char time[12];       //处罚时间(yyyymmddhhmm，年月日时分)
};
```

(1) 主函数提示用户选择功能：输入、删除、浏览、查询和统计。

(2) 信息输入模块：采用追加的方式用 fwrite()或 fprintf()把处罚单信息写入处罚单信息文件。

(3) 信息删除模块：输入处罚单号码，然后在处罚单信息中查找该条处罚单，删除它，并保存删除结果。

(4) 信息浏览模块：分屏输出，每屏 10 条记录。

(5) 信息查询模块：通过菜单选择查询字段：车辆、驾驶员和开单交警，分别按照车牌号、驾照号、开单交警号采用基本的查找算法查找交通处罚单信息文件，如果找到相应的记录则输出处罚单信息，否则输出“您所查找的信息不存在！”。

(6) 信息统计模块：提示输入驾驶员的驾照号和时间段。设置一个计数器，初始化为 0。采用基本算法查找交通处罚单信息，与驾照号比较。如果驾照号匹配，再看处罚单时间是否处于查询时间段内；如果处于查询时间段内，则计数器加 1，并输出该处罚单号。查找结束后，输出计数器的值。

第 7 章

链表的基本应用

第 7 章源程序.zip

7.1 理 论 要 点

学法指导.mp4

第 4 章和第 5 章采用结构数组实现系统，第 6 章采用顺序表实现系统，本章采用链表来实现系统。

本章第 1 节理论要点部分主要介绍链表特点、定义结点、建立链表、插入结点和删除结点，提供了头插法和尾插法两种创建链表的方式。第 2 节解析链表实现的学生信息管理系统案例。第 3 节给出实践运用供学生思考和练习，将知识运用于实践，提高学生的理解能力、思考水平和实践能力。通过本章的学习希望学生学会用链表实现系统，掌握链表的创建、插入和删除，并掌握多文件实现系统集成的方法。

案例 7-1 采用链表实现学生信息管理系统。项目经历 10 次迭代实现学生信息管理系统，代码共 566 行，并提供了测试截图。该系统的迭代顺序为显示、多文件、初始化、创建、保存、读取、查找、插入、删除、修改。多文件能更方便地进行迭代开发和系统集成，项目展示了多文件的建立和迭代过程，解析了较复杂系统的软件开发过程。

链表需要大量使用指针，比顺序表难，是初学者的难点。此外，链表的逻辑很容易出错，学生必须理解它的逻辑才能顺利实现编程。希望学生能按照迭代顺序耐心阅读、动手实现代码，并能多画图(运行过程图、流程图等)来辅助自己理解用链表实现系统操作的逻辑思维与编程代码。学生还可以对照结构体数组实现的案例 4-1 和顺序表实现的案例 6-1 来帮助理解案例 7-1。

7.1.1 链表的特点

链表特点.mp4

在计算机内存中，数据序列既可以采用顺序表进行存储，又可以采用链表方式存储。顺序表把数据序列依次存放在一组地址连续的存储单元中，逻辑位置相邻的数据元素必然存储在相邻的物理存储单元中，如图 7-1(a)所示。链表把数据序列依次存放在一组地址不连续的存储单元中，逻辑位置相邻的数据元素不一定存储在相邻的物理存储单元中，而是通过指针把数据元素链接起来，如图 7-1(b)所示。链表有单链表和双链表等类型，本章只介绍单链表，以下简称链表。

链表的每个结点除了需要存储本身的数据信息(即数据域，简称数据)外，还要存储后面一个数据的实际地址信息(即指针域，简称指针)，通过每个元素的地址信息即可找到后

一个数据，如图 7-1 所示。通俗地说，链表就像幼儿园小朋友手拉手一样组成一个队伍，小朋友是数据结点，手就是指针；如果没有手牵手，小朋友会走丢；如果没有指针连接，结点会丢失。链表必须有一个特殊指针指向第一个数据结点(称为首元结点)，称为头指针，它的值为首元结点的地址。只有通过头指针才能顺序找到链表的结点，因此，头指针非常重要，不能轻易修改。最后一个结点称为尾结点，它的指针为空(NULL，通常用∧表示)，它没有指向任何结点，表示链表结束。链表分为不带头结点的链表和带头结点的链表(在头指针和首元结点之间增加一个不存储任何数据的头结点)，本章只介绍不带头结点的链表，带头结点的链表将在第 9 章介绍。

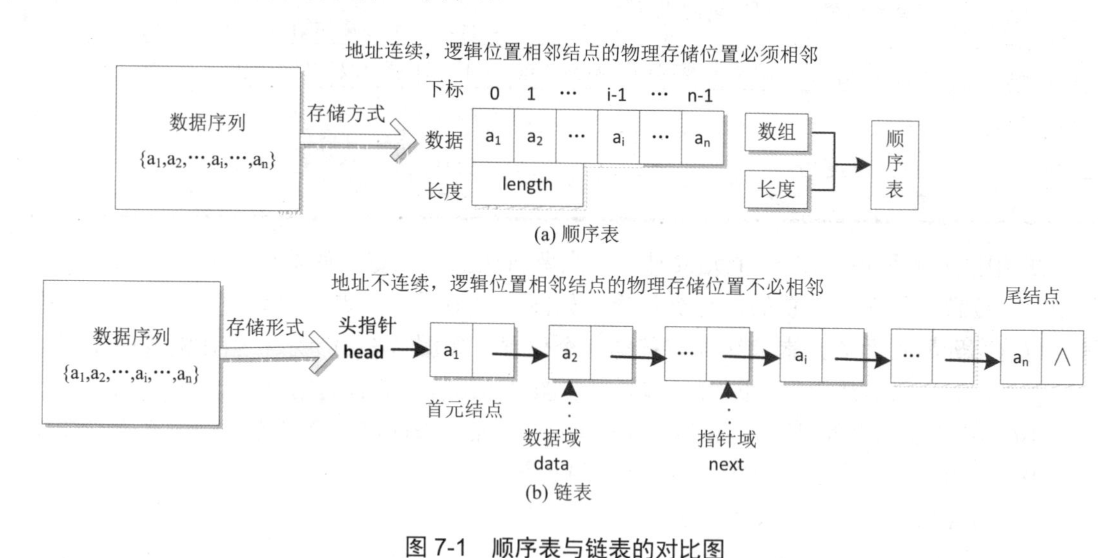

图 7-1　顺序表与链表的对比图

如图 7-2(a)所示，实际地址表示的链表中有 A、B、C、D 共 4 个结点。链表有一个头指针，通常用 head 表示，它存储一个地址，该地址指向首元结点。图中的头指针 head 指向链表的第 1 个结点 A，实际上头指针存储了结点 A 的地址 1255；第 1 个结点 A 存储了第 2 个结点 B 的地址 1356，即指向第 2 个结点 B；第 2 个结点 B 存储了第 3 个结点 C 的地址 1475，即指向第 3 个结点 C；第 4 个结点 D 是尾结点，没有后继结点，因此存储的地址值为 NULL。链表通常简洁表达为只表示结点的逻辑关系，不给出实际地址，且头指针不带框，尾结点的 NULL 用∧表示，如图 7-2(b)所示。

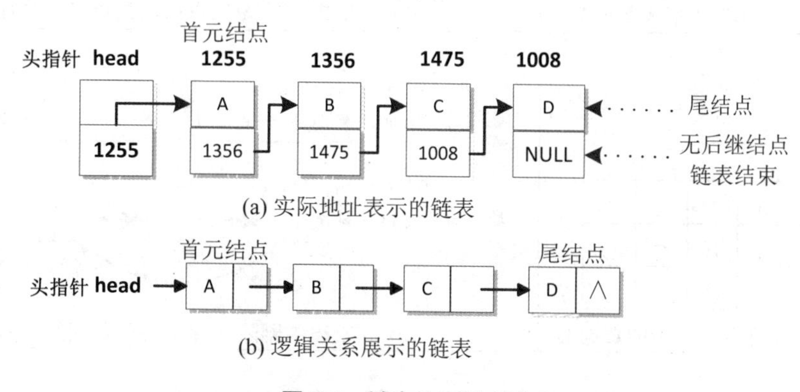

图 7-2　链表的表示方式

为了便于理解链表的作用，这里给出了链表与顺序表(数组)的特点对比，如表 7-1 所示。说明：顺序表和数组的本质相同，本节把顺序表和数组等同，不做区分。

表 7-1 顺序表和链表的特点对照表

类 型	顺序表(数组)	链 表
空间分配	地址连续，逻辑位置相邻结点的物理存储位置必须相邻	地址不连续，逻辑位置相邻结点的物理存储位置不必相邻
主要优点	节省存储空间，可实现随机存取	便于插入和删除，仅需修改相应结点的指针域，不必移动结点
主要缺点	不便于插入和删除，需要移动一系列结点	不能随机存取，只能顺序存取
实现方式	数组	指针
适用范围	适合频繁查询	适合频繁插入和删除操作
应用情况	第 4、5、6、8 章	第 7、9 章

在顺序表(数组)中插入一个元素时，首先要将从插入位置开始后的所有元素依次向后移动一个位置，再对该位置的值进行替换，如图 7-3(a)所示；如果需要删除一个元素，则需要将这个元素后面的元素依次向前移动一个位置，如图 7-3(c)所示。当在链表中做删除和插入操作时，只需修改指针即可。例如，在图 7-3(b)所示链表的第 2 个结点 C 前插入新结点 B(用指针 s 指向新结点)，将第一个结点 A 由原来指向第二个结点 C，改变为指向新结点 B，B 再指向结点 C；将图 7-3(d)所示链表的第 2 个结点 B 删除，只需将第一个结点 A 的指针改成指向第三个结点 C 即可。

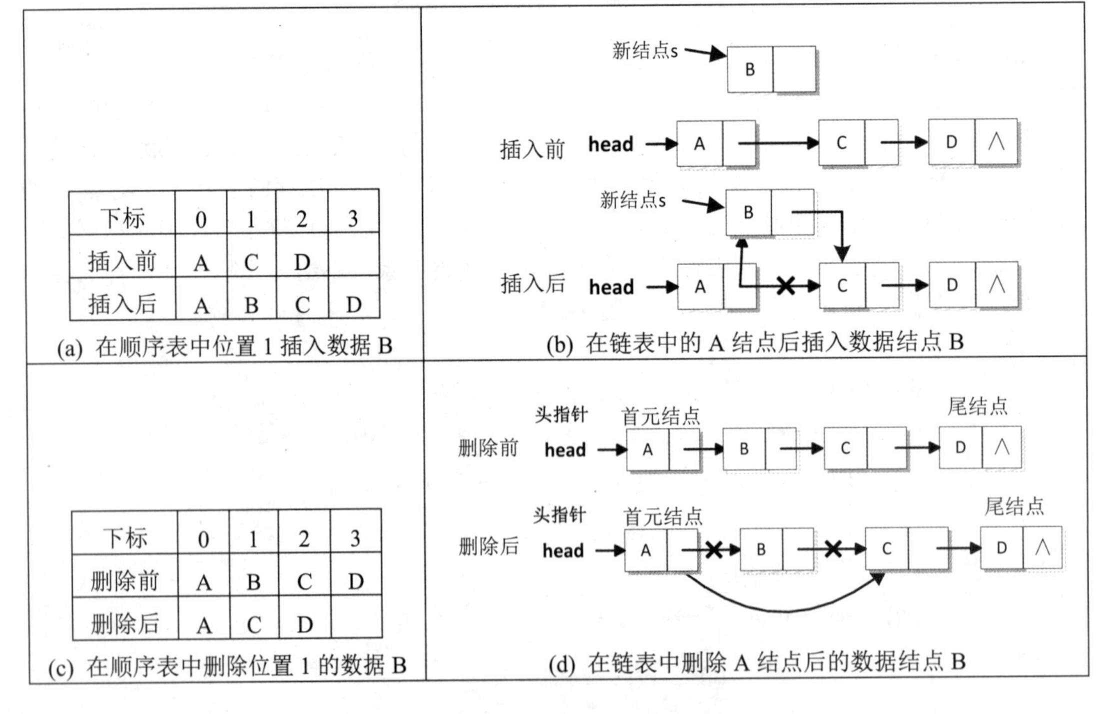

图 7-3 顺序表和链表中插入与删除的对照示意

7.1.2　定义结点

定义结点.mp4

链表结点的类型是一个组合项，至少有两个成员，一个成员用于存放数据，另一个成员用于存放与自身类型相同的指针，可用结构体类型定义。下面给出链表中结点的类型定义。

如果要存储一组整型数据。链表中的结点类型定义如下：

```
struct LinkNode
{
    int data;                   //存放数据的类型，简称数据
    struct LinkNode *next;      //用于存放后一个结点的地址，简称指针
};
```

如果要存储一组字符数据。链表中的结点类型定义如下：

```
struct LinkNode
{
    char data;                  //数据
    struct LinkNode *next;      //指针
};
```

定义了结点类型后，就可以定义链表，实质上是定义一个指向链表的结点类型头指针。

```
struct LinkNode *head;
```

如果要存储一组学生信息数据，数据域就需要改为多个成员表示。链表中学生结点的类型定义如下：

```
struct Student
{
    int num;                    //学号
    char name[20];              //姓名
    float score;                //分数
    struct Student *next;       //指针
};
```

这里的学生结点类型包含一个指向其自身属性类型的指针成员 next，即必须用一个 struct Student 类型的数据所占据的存储空间地址来为 next 成员赋值。

7.1.3　建立链表

建立链表.mp4

所谓建立链表(又称为创建)是指动态申请一个结构体变量的内存空间，如果成功，malloc()会返回一个地址，将该地址赋给头指针。也就是说，头指针指向第一个结点，输入相关数据后，表示第一个结点建立成功；再申请建立下一个结点，输入结点数据，并建立起各结点前后相连的关系，如图 7-1(b)所示。创建操作的数据来源可以通过键盘输入、初始化、参数传递和文件读取等方式，这里简要表达为输入数据。

用动态内存分配空间建立一个链表，使链表中从头到尾的结点数据域依次是一个数组中各个元素的值。建立链表有头插法和尾插法两种方法，两种方法的逻辑对比如表 7-2 所示。例如，将 6 个整数{2,4,6,8,10,12}采用头插法和尾插法两种方法创建链表的运行结果如

表 7-2 所示。尾插法得到链表的结点顺序与数组顺序完全相同，但是头插法得到链表的结点顺序与数组顺序正好相反。

表 7-2 头插法与尾插法创建链表的结果对比

输入数据	2	4	6	8	10	12	特点
尾插法结果	2	4	6	8	10	12	正序
头插法结果	12	10	8	6	4	2	反序

1. 尾插法

采用尾插法新建一个链表，其头指针为 head，每个结点依次插入到链表末尾，将链表的头指针返回。假设数组为 a，有 n 个元素“a[0],a[1],...,a[n−2],a[n−1]”，用 head 作为所建立链表的头指针，从空链表开始，使得 head=NULL，然后将元素值为“a[0],a[1],...,a[n−1]”的结点依次插入到链表的尾部。为方便操作，用尾指针 tail 指向链表的尾结点。当插入值为 a[i]的新结点 s 时，实际上是在 tail 所指尾结点后插入 s 结点，再将 tail 指向新的尾结点 s。可以用自定义函数(返回值为指针型)实现创建操作，并将所建的链表返回(即返回头指针)。例如，将 4 个整数{3,5,7,9}的数组，采用尾插法创建链表，建立过程如图 7-4 所示。

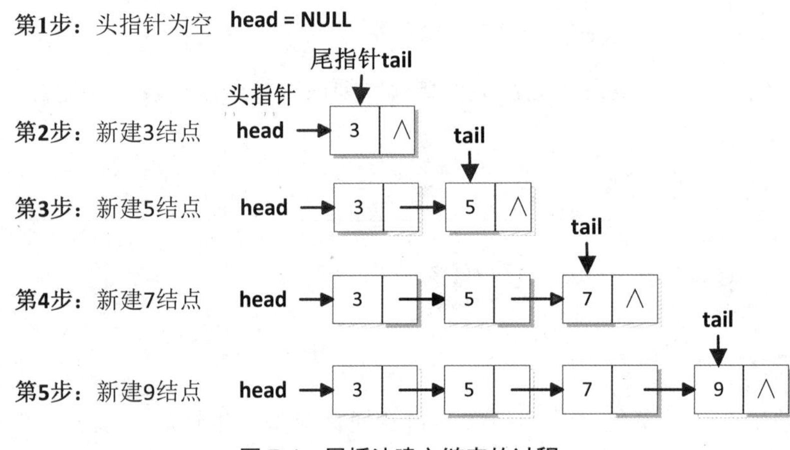

图 7-4 尾插法建立链表的过程

2. 头插法

采用头插法创建链表，每次将新结点插入到链首，将链表的头指针返回。如果数据序列采用数组方式“a[0],a[1],...,a[n−2],a[n−1]”，仍然用 head 作为头指针，从空链表开始，使得 head = NULL。每次新结点都成为链表的第一个数据结点(即首元结点)，这样最后插入的结点成为最终链表的第一个结点，其数据域应该是 a[n−1]；倒数第二次插入的结点成为链表中的第二个结点，其数据域应为 a[n−2]；以此类推，第一个插入的结点成为链表的尾结点，其数据域应为 a[0]。将元素值“a[0],a[1],...,a[n−2],a[n−1]”采用头插法创建链表，实质上是把“a[n−1],a[n−2],…,a[1],a[0]”的结点依次插到链表 head 的链首。可以用自定义函数(返回值为指针型)实现创建操作，并将所建的链表返回(即返回头指针)。例如，将 4 个整数{3,5,7,9}的数组，采用头插法创建链表，建立过程如图 7-5 所示。

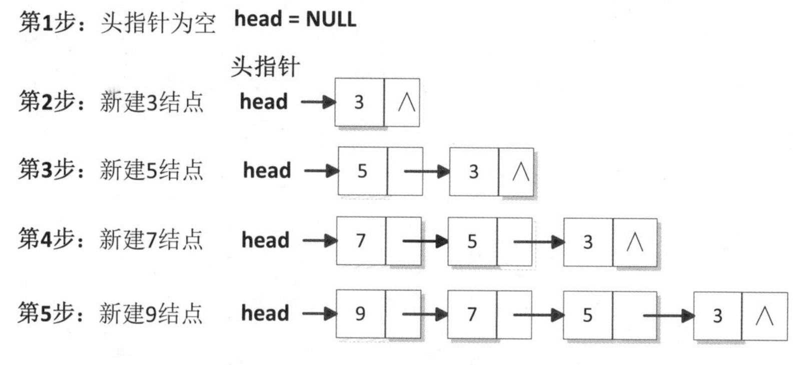

图 7-5　头插法建立链表的过程

7.1.4　插入与删除

插入与删除.mp4

链表的插入就是将一个结点插入到一个已有的链表中。要完成链表的插入操作需要分两步：①找到插入位置；②插入新结点。链表的插入分类比较复杂，这里主要介绍将新结点插入到链表中间(插入的位置既不在第一个结点之前，又不在尾结点之后)，只需要修改相关指针即可。例如，将元素为 x=5 的新结点插入到有序链表的中间并保持升序，如图 7-6 所示。在 p 位置插入新结点 s，需要找到 p 的前驱结点 pre，即 s 插入 pre 和 p 之间作为中间结点，如图 7-6(a)所示。首先，需要执行语句 pre->next=s;，得到如图 7-6(b)所示的链表；其次，需要执行语句 s->next=p;，得到如图 7-6(c)所示的链表，完成插入操作；最后，整理得到如图 7-6(d)所示的链表。

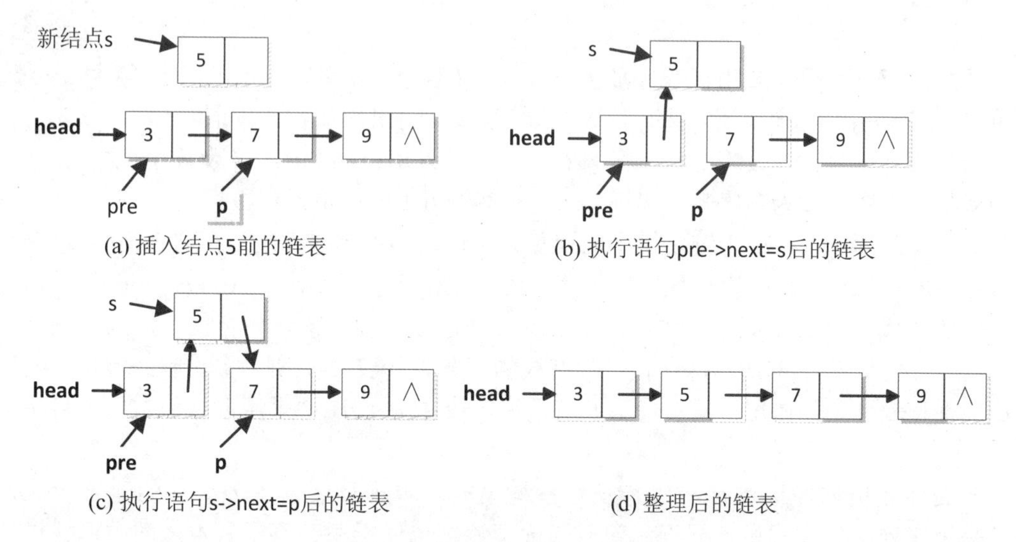

图 7-6　链表插入结点 5 的过程

从链表中删除一个结点，不一定是从内存中真正把它删除(当然可以使用 free()函数释放占用的内存空间)，只需要把它从链表中分离出来，即改变链表中的链接关系即可。完成链表的删除操作需要分两步：①找到删除位置；②删除结点。链表的删除分类比较复杂，这里主要介绍如何删除链表中间的结点，只需要修改相关指针域即可。例如，删除元素为x=5 的结点并保持升序，删除操作的过程如图 7-7 所示。要设置两个指针变量分别指向待比较结点和前驱结点，删除 p 指向的结点，需要找到 p 的前驱结点 pre，如图 7-7(a)所示。执行语句 pre->next = p->next 删除结点，得到如图 7-7(b)所示的链表，整理并释放删除结点后得到如图 7-7(c)所示的链表。

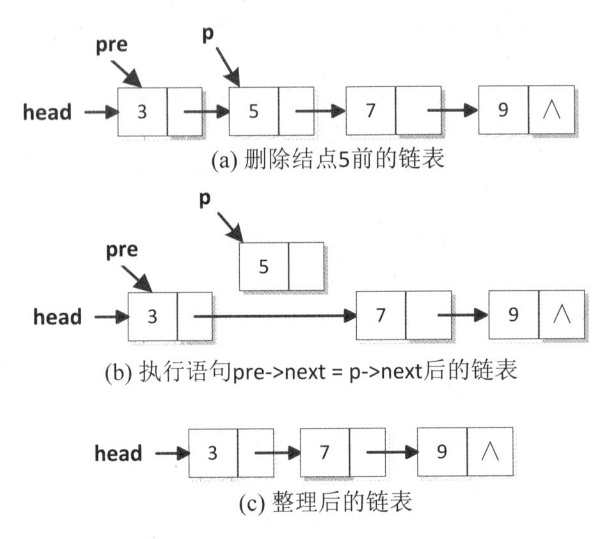

图 7-7　链表删除结点 5 的过程

7.2　案 例 解 析

本节主要介绍如何用链表实现学生信息管理系统案例，展示其迭代实现过程。

案例解析--系统介绍.mp4

【案例 7-1】现在要用链表存放若干个学生(学号、姓名、年龄、分数)的信息。利用链表管理学生的信息，实现输入、输出、保存、读取、查找、插入、删除、修改等功能。案例 6-1 是对案例 4-1 的改造，将数据结构从结构体数组改为顺序表。案例 7-1 是对案例 6-1 的改造，将数据结构从顺序表改为链表。由于链表排序比较复杂，这里不展示排序功能，将在第 9 章介绍链表排序。本系统经历 10 次迭代实现了简单的学生信息管理系统，代码共 566 行。信息管理系统的迭代顺序为显示、多文件、主菜单、创建、保存、读取、查找、插入、删除、修改，迭代过程如图 7-8 所示，迭代过程完成的任务表如表 7-3 所示。说明：多文件的系统集成原理和软件工具使用，请参考 6.1 节系统集成和附录 B 中采用多文件实现项目集成的方法。

多文件能更方便地进行迭代开发和系统集成。本项目展示了多文件的建立和迭代过程，采用序列文件方式进行展示，便于阅读理解，也便于跟踪不同版本之间的迭代过程。在实际编程中可以不更换文件名，只需要保留不同版本即可。每次迭代都进行了测试并给出了运行结果图。整个项目的源程序文件放在文件夹“第 7 章源程序”的子文件夹 example7-1 下。

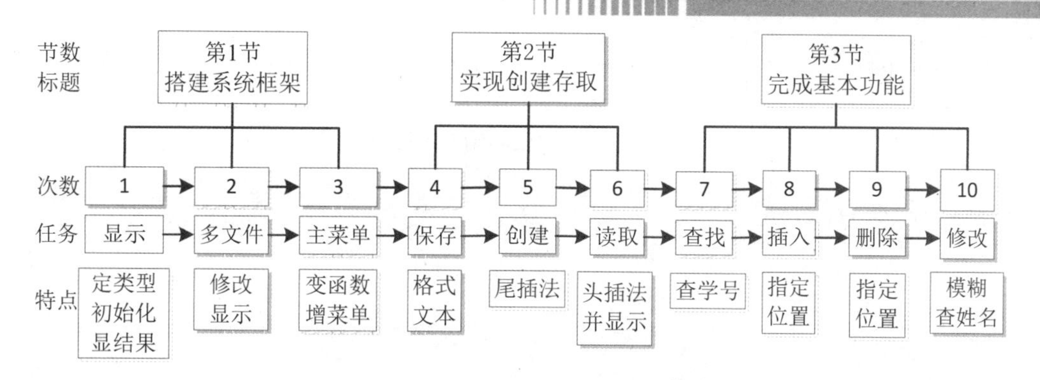

图 7-8　链表实现系统的迭代过程图

表 7-3　迭代过程完成的任务表

节　数	次　数	名　称	主要增加的功能
第 1 节搭建系统框架	1	显示	实现链表的类型定义和初始化，完成输出函数实现显示功能，完成主函数，搭建程序框架
	2	多文件	搭建多文件并修改显示函数
	3	主菜单	将初始化变为函数，并增加主菜单函数
第 2 节实现创建存取	4	保存	采用文件格式读写方式完成保存函数
	5	创建	采用尾插法建立链表
	6	读取	读取文件数据，采用头插法创建链表，并显示读取结果
第 3 节完成基本功能	7	查找	完成学号查找函数
	8	插入	实现插入函数
	9	删除	实现删除函数
	10	修改	完成修改函数和姓名模糊查询函数

7.2.1　搭建系统框架

显示.mp4

本节搭建系统的基本框架，为建立系统实现类型定义和初始化，建立显示、多文件和主菜单。本节的 3 个小节依次完成第 1、2、3 次迭代，分别实现显示、多文件和主菜单。

1. 显示

首先，完成第 1 次迭代，实现链表的类型定义和初始化，完成输出函数实现显示功能，完成主函数，搭建程序框架。为了便于理解多文件，第 1 次迭代提供一个完整程序文件 example7-1-1.cpp，放在 example7-1-1 文件夹中，完成链表结点类型定义、初始化简单链表和显示链表。

主函数实现 3 个学生的链接关系的建立，实现链表的初始化。定义 3 个 struct StuNode 型变量表示 3 个学生，还有一个 struct StuNode 型指针 stuHead 表示对应链表的头指针，它的值为第一个学生 stu1 的地址。建成的链表如图 7-9 所示。

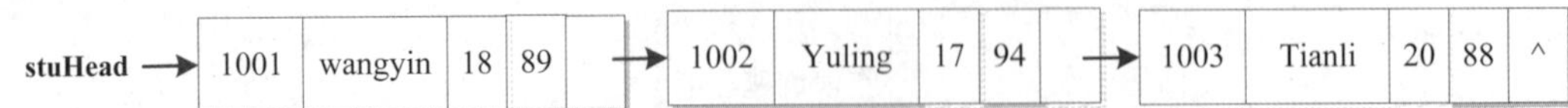

图 7-9　学生信息构成的链表

```
//example7-1-1.cpp
#include <stdio.h>
/*学生结点类型*/
struct StuNode
{
    unsigned int num;           //学号
    char name[18];              //姓名
    int age;                    //年龄
    float score;                //分数
    struct StuNode *next;       //用于存放后一个结点的地址
};
void output(struct StuNode *head);       //输出函数的声明
int main()
{
    /*学生结点信息*/
    struct StuNode stu1 = {1001, "wangyin", 18, 89};
    struct StuNode stu2 = {1002, "Yuling", 17, 94};
    struct StuNode stu3 = {1003, "Tianli", 20, 88};
    struct StuNode *stuHead = NULL;       //stuHead 为链表的头指针

    /*通过初始化建立简单链表*/
    stuHead = &stu1;            //将头指针指向第一个学生结点
    stu1.next = &stu2;          //将第一个学生结点指向第二个学生结点
    stu2.next = &stu3;          //将第二个学生结点指向第三个学生结点
    stu3.next = NULL;           //将第四个学生结点指向空

    output(stuHead);            //输出函数的调用

    return 0;
}

/*输出函数的实现
参数：head 是链表的头指针*/
void output(struct StuNode *head)
{
    struct StuNode *p = head;         //从第一个结点开始，用 p 依次指向各个结点
    /*只要 p 是一个非空结点，则输出其数据域，然后将 p 后移*/
    while (p)
    {
        printf("%d,", p->num);
        printf("%s,", p->name);
        printf("%d,", p->age);
        printf("%4.1f    ", p->score);
        p = p->next;            //将 p 后移指向下一个结点
    }
    printf("\n");
}
```

输出函数将链表 head 中各个结点的数据域依次输出，即遍历该链表实现输出链表。程序运行结果如图 7-10 所示。

```
1001,wangyin,18,89.0   1002,Yuling,17,94.0   1003,Tianli,20,88.0
```

图 7-10　运行结果图

2. 多文件

多文件.mp4

多文件能更方便地进行迭代开发和项目集成。现在进行第 2 次迭代，本次迭代完成多文件并修改显示函数，将程序文件 example7-1-1.cpp 分割为 3 个不同文件，即头文件 student.h、实现文件 student.cpp 和调用文件 example7-1-2.cpp，放在 example7-1-2 文件夹中。其中，student.h 完成链表结点类型定义和显示函数的声明，student.cpp 完成显示函数的实现，example7-1-2.cpp 完成初始化简单链表和显示函数的调用。

(1) 建立头文件。

链表结点类型的定义和函数的声明放在头文件 student.h 中。

```
//student.h
#ifndef _STUDENT_H
#define _STUDENT_H
/*学生结点类型*/
struct StuNode
{
    unsigned int num;          //学号
    char name[18];             //姓名
    int age;                   //年龄
    float score;               //分数
    struct StuNode *next;      //指针域
};
void output(struct StuNode *head);   //输出函数的声明
#endif
```

(2) 建立实现文件。

第 1 次迭代输出函数 output()没有显示表头，显示结点信息不友好。因此，本次迭代需要修改代码，改变显示方式。output()函数的实现代码放在实现文件 student.cpp 中。

```
//student.cpp
#include <stdio.h>
#include "student.h"
/*输出函数的实现
参数：head 是链表的头指针*/
void output(struct StuNode *head)
{
    struct StuNode *p = head;    //从第一个结点开始，用 p 依次指向各个结点

    /*只要 p 是一个非空结点，则输出其数据域，然后将 p 后移*/
    printf("\n  学号          姓名      年龄     分数     指针值\n");
    while (p != NULL)
    {
```

```
        printf("%6d", p->num);
        printf("%18s", p->name);
        printf("%10d", p->age);
        printf("%10.1f", p->score);
        printf("%10x\n", p->next);
        p = p->next;  //将 p 后移
    }
    printf("\n");
}
```

(3) 建立调用文件。

调整主函数的结构，建立简单链表并调用显示函数，建立调用文件 example7-1-2.cpp。

```
//example7-1-2.cpp
#include <stdio.h>
#include "student.h"
int main()
{
    /*学生结点信息*/
    struct StuNode stu1 = {1001, "wangyin", 18, 89};    //定义结点并初始化
    struct StuNode stu2 = {1002, "Yuling", 17, 94};
    struct StuNode stu3 = {1003, "Tianli", 20, 88};

    /*通过初始化建立简单链表*/
    struct StuNode *stuHead = NULL; //stuHead 为链表的头指针
    stuHead = &stu1;                //将头指针指向第一个学生结点
    stu1.next = &stu2;              //将第一个学生结点指向第二个学生结点
    stu2.next = &stu3;              //将第二个学生结点指向第三个学生结点
    stu3.next = NULL;               //将第三个学生结点指向空

    output(stuHead);                //输出函数的调用

    return 0;
}
```

程序运行结果如图 7-11 所示。实际显示时不需要输出指针值，这里列出指针值是让学生知道下一个结点的地址，从而更好地理解指针的作用。

图 7-11　运行结果图

3. 主菜单

第 3 次迭代将初始化变为函数，并增加主菜单函数。在头文件 student.h 的基础上增加菜单函数、执行菜单函数和初始化函数的声明，在实现文件 student.cpp 的基础上增加菜单函数、执行菜单函数和初始化函数的实现。main()只需要一句简单的语句“doMenu();”调用执行菜单

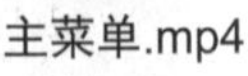
主菜单.mp4

函数，因此，后面的迭代中就不需要修改调用文件 example7-1-3.cpp。将修改后的 student.h、student.cpp 和 example7-1-3.cpp 文件放在 example7-1-3 文件夹中。

(1) 调整头文件。

```
//student.h
#ifndef _STUDENT_H
#define _STUDENT_H
/*略去学生结点类型的代码*/
void output(struct StuNode *head); //输出函数的声明
void menu();                       //菜单函数的声明
void doMenu();                     //执行菜单函数的声明
StuNode *init(StuNode *head);      //初始化函数的声明(形参可以省略)
#endif
```

(2) 调整实现文件。

保存.mp4

实现文件是完成函数实现代码的源程序文件。由于本系统采用了函数方式实现，初始化函数中的 3 个结点指针必须采用动态内存分配方式进行创建，否则在调用初始化函数结束后，该指针变量就不存在了。另外，菜单设计中读取和保存功能由相应的函数进行调用，输入可以通过多次插入的方式完成。由于链表的排序太复杂，系统不进行排序，学生可以参考第 9 章给出的链表排序。因此，菜单里没有输入、排序、保存和读取功能，只提供初始化、创建、输出、查找、插入、删除和修改功能。

```
//student.cpp
/*本次迭代完成链表的初始化函数和菜单函数*/
#include <stdio.h>
#include <malloc.h>
#include <string.h>
#include <stdlib.h>
#include "student.h"
/*略去输出函数的实现代码*/
/*初始化函数的实现，通过初始化建立简单链表
参数：head 为链表的头指针
返回值：返回链表的头指针*/
StuNode *init(StuNode *head)
{
   /*建立第一个学生结点信息，并将头指针指向第一个结点*/
   StuNode *stu1 = (StuNode *)malloc(sizeof(StuNode));     //分配内存空间
   stu1->num = 1001;
   strcpy(stu1->name,"wangyin");
   stu1->age = 18;
   stu1->score = 89;
   head = stu1;              //将头指针指向第一个学生结点

   /*建立第二个学生结点信息，并将第一个学生结点指向第二个学生结点*/
   StuNode *stu2 = (StuNode *)malloc(sizeof(StuNode));     //分配内存空间
   stu2->num = 1002;
   strcpy(stu2->name,"Yuling");
   stu2->age = 17;
```

```
    stu2->score = 94;
    stu1->next = stu2;          //将第一个学生结点指向第二个学生结点

    /*建立第三个学生结点信息，并将第二个学生结点指向第三个学生结点*/
    StuNode *stu3 = (StuNode *)malloc(sizeof(StuNode));      //分配内存空间
    stu3->num = 1003;
    strcpy(stu3->name,"Tianli");
    stu3->age = 20;
    stu3->score = 88;
    stu2->next = stu3;          //将第二个学生结点指向第三个学生结点
    stu3->next = NULL;          //将第三个学生结点指向空
    return head;
}

/*菜单函数的实现(不需要参数和返回值)*/
void menu()
{
    printf("\n");
    printf("                    欢迎使用学生信息管理系统                    \n");
    printf(" ****************************************************** \n");
    printf(" * 1.初始化 2.创建 3.输出 4.查找 5.插入 6.删除 7.修改 0.退出 *\n");
    printf(" ******************************************************\n");
    printf("请输入你的选择(0-7): ");
}

/*执行菜单函数的实现(不需要参数和返回值)*/
void doMenu()
{
    StuNode *stuHead = NULL;                //stuHead为链表的头指针
    int choice = 0;                         //用户的功能选择

    for (;;)
    {
        menu();                             //菜单函数的调用
        scanf("%d",&choice);
        switch(choice)
        {
        case 1:
            stuHead = init(stuHead);        //初始化函数的调用
            break;
        case 2:
            //执行创建操作
            break;
        case 3:
            output(stuHead);                //输出函数的调用
            break;
        case 4:
            //执行查找操作
            break;
        case 5:
```

高等院校计算机教育系列教材

```
            //执行插入操作
            break;
        case 6:
            //执行删除操作
            break;
        case 7:
            //执行修改操作
            break;
        case 0:
            printf("\n 欢迎下次使用本系统，再见！ \n\n");
            exit(0);                    //退出系统
        }
        printf("\n");
    }
}
```

(3) 调整调用文件。

主函数调用非常简单，只调用菜单，后面版本中都不需要改变代码，只需要修改本次迭代的说明。

```
//example7-1-3.cpp
#include <stdio.h>
#include "student.h"
int main()
{
    doMenu();//执行菜单函数

    return 0;
}
```

先执行主菜单的“初始化”，再选择“输出”，得到的运行结果如图 7-12 所示。

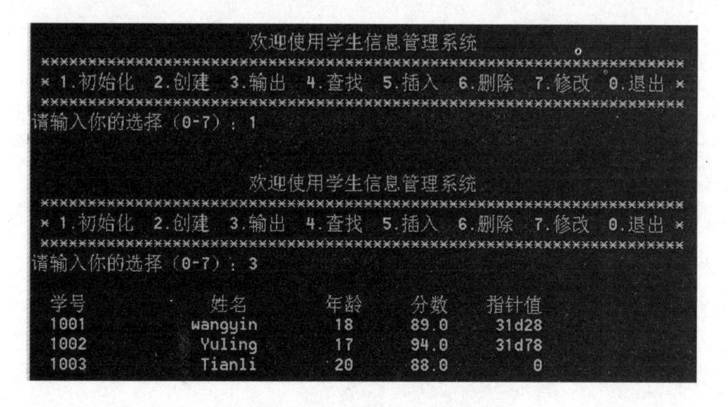

图 7-12　运行结果图

7.2.2　实现创建存取

有了链表才有操作对象，才能实现系统的基本功能，因此，本节需要实现链表的创建操作。此外，通过文件读写操作实现内存数据与外存数据的交换，实现保存和读取操作。本节的 3 个小节依次完成第 4、5、6 次迭代，分别实现保存、创建和读取操作。

保存.mp4

1. 保存

在创建链表时，输入的数据需要保存到外存中，第 4 次迭代完成保存函数。本次迭代分别得到修改文件 student.h、student.cpp 和 example7-1-3.cpp，放在 example7-1-4 文件夹中。其中，student.h 只增加了保存文件函数的声明，example7-1-3.cpp 中只修改了注释，说明本次迭代的修改，不需要再改动代码。student.cpp 文件增加了保存文件函数的实现和调用，调用代码只是在初始化函数 init()的末尾语句“return head;”前增加一条语句“saveFile(head);”。保存函数采用文件格式读写方式实现。

(1) 保存文件函数的声明。

在文件 student.h 中增加了保存文件函数的声明。

```
int saveFile(StuNode *head);    //保存文件函数的声明
```

(2) 保存文件函数的实现。

student.cpp 文件中增加保存文件函数的实现代码如下：

```
/*保存文件函数的实现
参数：head 为链表的头指针
返回值：1 表示保存成功，0 表示保存失败*/
int saveFile(StuNode *head)
{
    struct StuNode *p = NULL;    //用指针 p 依次指向链表各个结点
    FILE *fp = NULL;             //文件类型指针

    /*在当前目录的下级目录下，用“只写”方式打开文本文件*/
    if ((fp = fopen("./example7-1/stud.txt","w")) == NULL)
    {
        printf("保存失败");

        return 0;
    }

    /*将每个学生信息写入文件*/
    p = head;
    while(p != NULL)
    {
        fprintf(fp,"%d\t",p->num);
        fprintf(fp,"%s\t",p->name);
        fprintf(fp,"%d\t",p->age);
        fprintf(fp,"%f\n",p->score);
        p = p->next;
    }
    fclose(fp);

    return 1;
}
```

执行菜单的初始化后，需要查看学生信息是否保存成功。在当前文件夹的 example7-1 下能找到文件 stud.txt，并能打开文件看到数据，运行结果如图 7-13 所示。

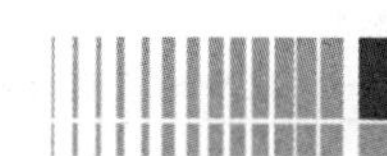

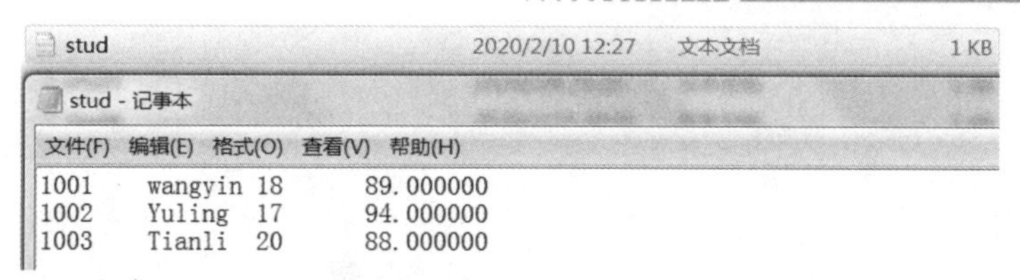
stud　2020/2/10 12:27　文本文档　1 KB
stud - 记事本
文件(F)　编辑(E)　格式(O)　查看(V)　帮助(H)
1001　wangyin 18　89.000000
1002　Yuling　17　94.000000
1003　Tianli　20　88.000000

图7-13　运行结果图

2. 创建

创建.mp4

第4次迭代完成了文件保存操作，第5次迭代应该完成读取文件操作。考虑到读取文件后需要创建链表才能显示读取到的数据，因此，本节需要先创建链表。

本次迭代采用尾插法创建链表，使链表中从头到尾的结点数据域依次是一个数组的各个元素值。

本次迭代完成创建函数的声明、实现和调用，分别得到文件student.h、student.cpp和example7-1-3.cpp，放在example7-1-5文件夹中。其中，student.h增加了创建链表函数的声明和常量N的声明，example7-1-3.cpp只修改了注释。student.cpp文件中增加了创建链表函数的调用语句。

(1) 调整头文件。

student.h中增加了创建函数的声明和常量N的声明“#define N 200”。

```
//student.h
#ifndef _STUDENT_H
#define _STUDENT_H
#define N 200
/*省略学生结点类型定义、输出函数、菜单函数、执行菜单函数、初始化函数和保存函数的声明*/
struct StuNode *create_rear(StuNode a[], int n);  //创建链表函数的声明
#endif
```

(2) 调整实现文件。

student.cpp文件中增加了创建链表函数的实现和菜单调用语句，创建链表函数中直接调用了保存文件函数saveFile()，在执行菜单函数doMenu()的case 2中调用创建函数。创建链表需要先从键盘输入数据，用一个数组来存储输入数据。因此，需要定义学生结点数组“StuNode a[N];”，其中，常量N在头文件中已经定义。实现代码如下：

```
//student.cpp
#include <stdio.h>
#include <malloc.h>
#include <string.h>
#include <stdlib.h>
#include "student.h"
/*略去输出函数、初始化函数、保存函数、菜单函数的实现代码*/
/*执行菜单函数的实现(不需要参数和返回值)*/
void doMenu()
{
    StuNode *stuHead = NULL;     //stuHead为链表的头指针
    int choice = 0;              //用户的功能选择
    StuNode a[N];                //学生结点数组
```

```
    int n = 0;                          //学生总数
    int i = 0;                          //数组下标

    for (;;)
    {
        menu();                         //菜单函数的调用
        scanf("%d",&choice);
        switch(choice)
        {
        //case 1: 代码不变
        case 2:
            /*执行创建操作*/
            /*输入数组元素的值*/
            printf("确定输入数据个数: ");
            scanf("%d",&n);
            printf("输入数组%d个元素的值:\n",n);
            for (i = 0; i < n; i++)
            {
                printf("第%d个学生信息: ",i + 1);
                printf("学号: ");
                scanf("%d", &a[i].num);
                printf("姓名: ");
                scanf("%s", &a[i].name);
                printf("年龄: ");
                scanf("%d", &a[i].age);
                printf("分数: ");
                scanf("%f", &a[i].score);
            }

            /*创建链表 stuHead,其结点的值依次为数组 a 的元素值*/
            stuHead = create_rear(a, n);
            break;
            //略去 case 3-0 的代码
        }
    }
}
```

采用尾插法新建一个链表，其头指针为 head，每个结点依次插入到尾指针 tail 的后面，将链表的头指针返回。

```
/*创建链表函数的实现，采用尾插法通过数组建立新链表
参数: b 是数组，n 是数组长度
返回值: 返回链表的头指针*/
struct StuNode *create_rear(StuNode b[], int n)
{
    struct StuNode *head = NULL;     //头指针
    struct StuNode *s = NULL;        //用指针 s 指向要插入的新结点
    struct StuNode *tail = NULL;     //尾指针 tail 指向链表的尾结点
    int i = 0;                       //数组下标，循环控制变量

    for (i = 0; i < n; i++)
    {
```

```
        s = (struct StuNode *)malloc(sizeof(struct StuNode));  //生成新结点

        /*将数组中的值复制到新结点中*/
        s->num = b[i].num;
        strcpy(s->name,b[i].name);
        s->age = b[i].age;
        s->score = b[i].score;

        s->next = NULL;
        if (head == NULL)
            head = s;            //如果链表为空，则头指针 head 指向 s
        else
            tail->next = s;      //否则将 s 链接到尾结点 tail 之后
        tail = s;                //将 tail 指向尾结点
    }
    saveFile(head);

    return head;                 //返回链表的头指针
}
```

先执行主菜单的“创建”，再执行“输出”，得到的运行结果如图 7-14 所示。

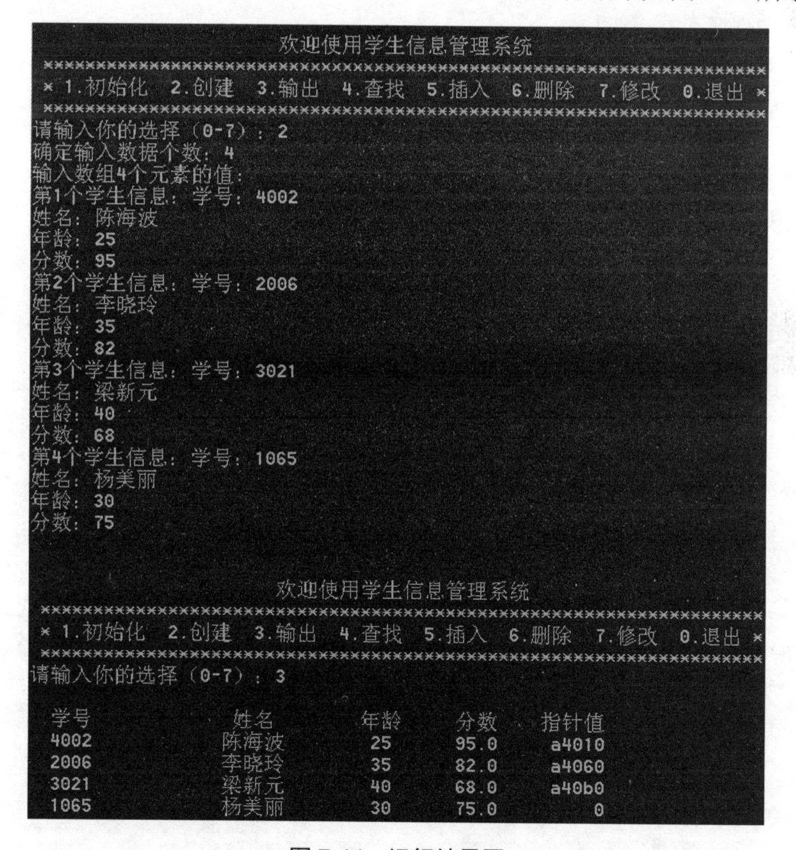

图 7-14　运行结果图

执行菜单的创建操作后，需要查看学生信息是否保存成功，在当前目录 example7-1 下能找到文件 stud.txt，并能打开文件看到数据，运行结果如图 7-15 所示。

```
stud.txt - 记事本
文件(F) 编辑(E) 格式(O) 查看(V) 帮助(H)
4002    陈海波  25    95.000000
2006    李晓玲  35    82.000000
3021    梁新元  40    68.000000
1065    杨美丽  30    75.000000
```

图 7-15　运行结果图

从图 7-15 中可以看到，创建操作执行后得到的新数据与初始化时的旧数据不同，因为这次是使用输入的新数据替换了原来文件中的数据。因此，在初始化时创建新链表，数据来源于程序，将数据复制给所建立的链表。但是，当执行创建操作建立新链表时，其数据来源于键盘输入的数据。

3. 读取

读取.mp4

第 5 次迭代完成了建立链表操作，第 6 次迭代完成读取文件操作，读取的数据采用头插法创建链表，并显示读取结果。本次迭代完成读取文件函数的声明、实现和调用，分别得到文件 student.h、student.cpp 和 example7-1-3.cpp，放在 example7-1-6 文件夹中。其中，student.h 只增加了读取文件函数的声明，student.cpp 增加了读取文件函数的实现和调用语句，example7-1-3.cpp 只修改了注释。

(1) 读取文件函数的声明。

student.h 中增加了读取文件函数的声明。

```
StuNode *readFile();     //读取文件函数的声明
```

(2) 读取文件函数的实现。

student.cpp 增加了读取文件函数的实现和菜单函数中的调用语句，实现代码如下：

```
//student.cpp
//包含头文件略去
/*略去输出函数、初始化函数、保存函数、菜单函数和创建函数的实现代码*/
/*读取文件函数的实现，采用头插法将读取数据建成新链表
返回值：返回链表的头指针*/
StuNode *readFile()
{
    struct StuNode *head = NULL;     //头指针
    struct StuNode *s = NULL;        //用指针 s 指向要插入的新结点
    FILE *fp = NULL;                 //文件类型指针

    /*在当前目录的下级目录下，用“只读”方式打开文本文件*/
    fp = fopen("./example7-1/stud.txt","r");
    if (fp == NULL)
    {
        printf("读取文件失败！\n");

        return NULL;
    }

    /*读取数据并创建链表*/
    while (!feof(fp))        //表示没有指向文件末尾，没指向末尾为 0
    {
```

```
        s = (StuNode *)malloc(sizeof(struct StuNode));
        fscanf(fp,"%d\t",&s->num);
        fscanf(fp,"%s\t",&s->name);
        fscanf(fp,"%d\t",&s->age);
        fscanf(fp,"%f\n",&s->score);
        s->next = NULL;
        if (head == NULL)
            head = s;           //如果链表为空，则头指针 head 指向 s
        else
        {
            s->next = head;
            head = s;
        }
    }
    fclose(fp);

    return head;
}
```

(3) 读取文件函数的调用。

读取文件函数的调用在执行菜单函数中实现，不需要增加变量和修改 for 循环中的代码，只需要在执行菜单函数 doMenu()的 for 循环前增加调用语句“stuHead = readFile();”。

```
void doMenu()
{
    StuNode *stuHead = NULL;      //stuHead 为链表的头指针
    int choice = 0;               //用户的功能选择
    StuNode a[N];                 //学生结点数组
    int n = 0;                    //学生总数
    int i = 0;                    //数组下标
    stuHead = readFile();         //读取文件初始化链表
    //for (;;)代码略
}
```

执行主菜单的“输出”操作，得到的运行结果如图 7-16 所示。

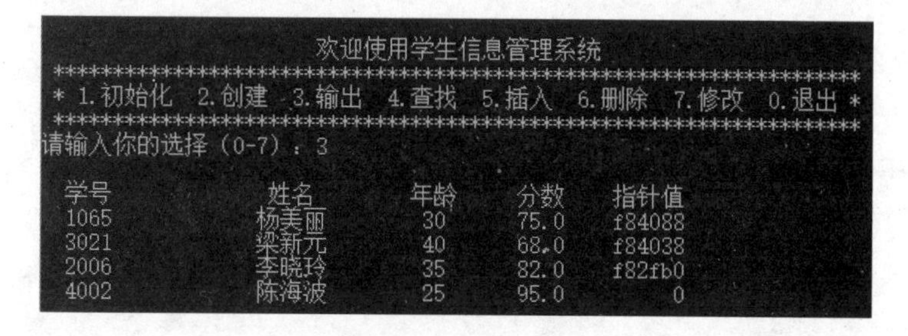

图 7-16　运行结果图

7.2.3　完成基本功能

每个系统都需要完成系统的基本功能(即增加、删除、修改和查询)。本节的 4 个小节依次完成第 7、8、9、10 次迭代，分别实现查找、插入、删除和修改功能。其中，插入操作实现增加功能，查找操作实现查询功能。

1. 查找

查找.mp4

由于链表的查找只能采用顺序方式进行查找，因此，第 7 次迭代采用顺序查找方式实现学生信息的查找操作。以查找学号为例，通过查找某个学生的学号，可以删除或修改这个学生的相关信息。本次迭代完成学号查找函数的声明、实现和调用，分别得到文件 student.h、student.cpp 和 example7-1-3.cpp，放在 example7-1-7 文件夹中。其中，student.h 只增加学号查找函数的声明，student.cpp 增加学号查找函数的实现和调用语句，example7-1-3.cpp 只修改了注释。

(1) 学号查找函数的声明。

student.h 中增加了学号查找函数的声明。

```
int searchByNumber(struct StuNode *head, int number);//学号查找函数的声明
```

(2) 学号查找函数的实现。

student.cpp 增加了学号查找函数的实现和菜单函数中的调用语句，实现代码如下：

```
/*学号查找函数的实现
参数：head 是头指针，number 是学号
返回值：位置序号，返回值-1 表示空链表，0 表示没找到。*/
int searchByNumber(struct StuNode *head, int number)
{
    struct StuNode *p = NULL;    //p 是查找到结点的指针位置
    int i = 0;                   //位置序号

    /*处理特殊情况*/
    if (head == NULL)            //空链表
    {
        printf("链表为空！\n");

        return -1;
    }

    /*查找*/
    p = head;
    while (p != NULL && number != p->num)
    {
        p = p->next;
        i++;
    }

    /*处理查找结果*/
    if (p == NULL)
    {
        printf("没找到学号%d\n",number);

        return 0; //没找到
    }
    else
    {
        printf("要找的学生是第%d 条数据，其信息是：\n",i + 1);
```

```
        printf("学号: %d ",p->num);
        printf("姓名: %s ",p->name);
        printf("年龄: %d ",p->age);
        printf("分数: %f\n",p->score);

        return i + 1;//找到
    }
}
```

(3) 学号查找函数的调用。

查找函数的调用，需要在执行菜单函数 doMenu()中增加学号变量 ID 和位置变量 location，并在 case 4 中增加调用语句。

```
/*执行菜单函数的实现(不需要参数和返回值)*/
void doMenu()
{
    StuNode *stuHead = NULL;          //stuHead 为链表的头指针
    int choice = 0;                   //用户的功能选择
    StuNode a[N];                     //学生结点数组
    int n = 0;                        //学生总数
    int i = 0;                        //数组下标
    int ID = 0;                       //学号
    int location = -1;                //位置

    stuHead = readFile();             //读取文件初始化链表
    for (;;)
    {
        menu();                       //菜单函数的调用
        scanf("%d",&choice);
        switch(choice)
        {//略去其余 case 分支
        case 4:
            /*执行查找操作*/
            printf("输入要查找的学号: ");
            scanf("%d",&ID);
            location = searchByNumber(stuHead,ID);  //学号查找函数的调用
            if (location != 0 && location != -1)
            {
                printf("查找成功!");
            }
            break;
        }
    }
}
```

先执行主菜单的“输出”菜单项，再执行“查找”菜单项，程序运行结果如图 7-17 所示。

```
××××××××××××××××××××××××××××××××××××××××××××××××××××××××××××××××
× 1.初始化  2.创建  3.输出  4.查找  5.插入  6.删除  7.修改  0.退出 ×
××××××××××××××××××××××××××××××××××××××××××××××××××××××××××××××××
请输入你的选择（0-7）：3

  学号          姓名        年龄     分数     指针值
  1065         杨美丽        30      75.0     6440f0
  3021         梁新元        40      68.0     6440a0
  2006         李晓玲        35      82.0     643020
  4002         陈海波        25      95.0          0


                    欢迎使用学生信息管理系统
××××××××××××××××××××××××××××××××××××××××××××××××××××××××××××××××
× 1.初始化  2.创建  3.输出  4.查找  5.插入  6.删除  7.修改  0.退出 ×
××××××××××××××××××××××××××××××××××××××××××××××××××××××××××××××××
请输入你的选择（0-7）：4
输入要查找的学号：2006
要找的学生是第3条数据，其信息是：
学号：2006 姓名：李晓玲 年龄：35 分数：82.000000
查找成功！
```

图 7-17　运行结果图

2. 插入

插入.mp4

链表的插入是将一个结点插入到一个已有的链表中。第 8 次迭代将数据结点插入到指定位置，完成插入函数的声明、实现和调用，分别得到文件 student.h、student.cpp 和 example7-1-3.cpp，放在 example7-1-8 文件夹中。其中，student.h 只增加了插入函数的声明，student.cpp 增加了插入函数的实现和调用语句，example7-1-3.cpp 只修改了注释。

1) 插入函数的声明

student.h 中增加了插入函数的声明。

```
StuNode *insertList(StuNode *head,int location,StuNode theStu);
```

2) 插入函数的实现

要完成链表的插入操作需要分两步：①找到插入位置；②插入新结点。插入操作比较复杂，需要分为四种情况：①空表；②插入到表头；③插入到表尾；④插入到链表中间。链表中间的插入操作如图 7-6 所示，其他三种情况是特殊情况。

(1) 空表的插入操作。

链表为空(即无结点)时，新插入结点 s 作为链表的第一个结点，空链表的插入操作如图 7-18 所示。

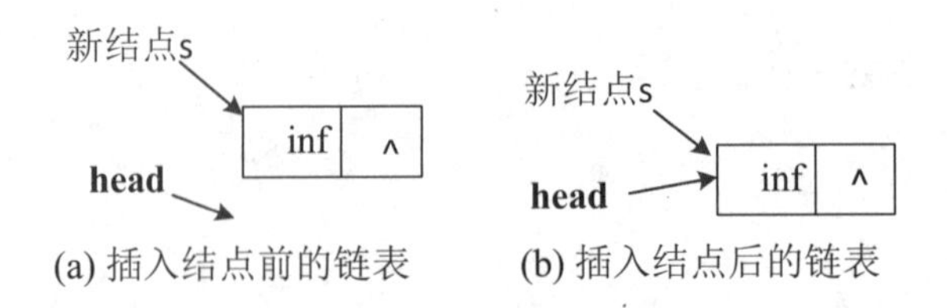

(a) 插入结点前的链表　　(b) 插入结点后的链表

图 7-18　空链表的插入操作示意图

插入的前提条件：head = NULL，插入 s 的操作如下：

```
if (head == NULL)
{
   head = s;
   s->next = NULL;
}
```

(2) 插入到表头的插入操作。

如果插入的位置为第一结点 a_1(p 指针所指结点)之前，即插入 s 作为新的第一个结点，需要修改头指针 head，如图 7-19 所示。

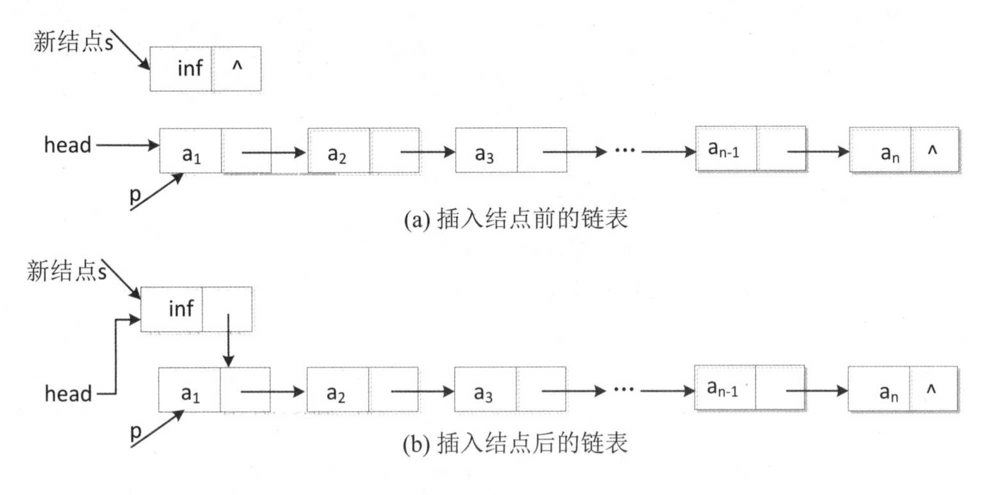

图 7-19　链表头部的插入操作示意图

插入的前提条件：head = p，插入 s 的操作如下：

```
s->next = head;
head = s;
```

(3) 插入到表尾的插入操作。

如果要插入到表尾 a_n(pre 指针所指结点)之后，需要将 pre 的 next 指针指向结点 s，并将插入结点 s 的指针域赋 NULL 值，如图 7-20 所示。

插入的前提条件：p=NULL 或 pre->next = NULL，插入 s 的操作如下：

```
pre->next = s;
s->next = NULL;
```

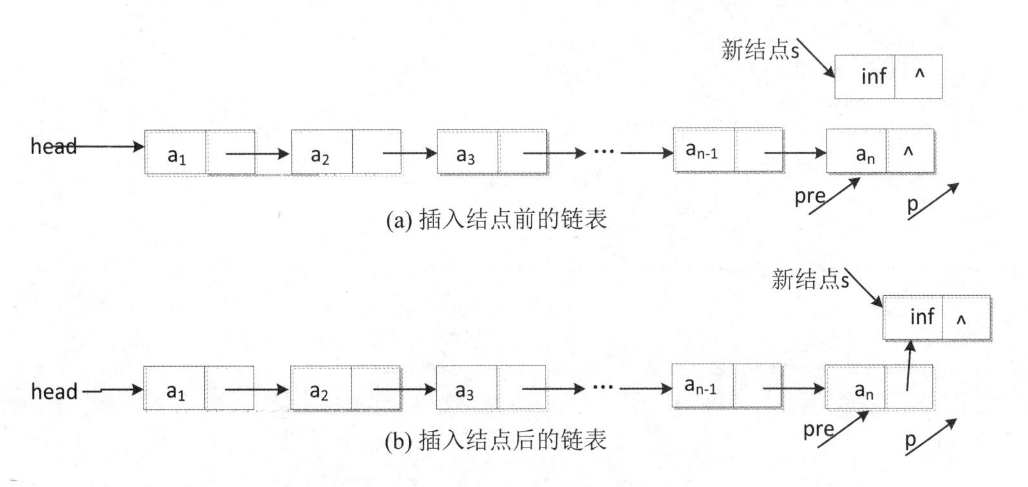

图 7-20　链表尾部的插入操作示意图

student.cpp 增加了插入函数的实现和菜单函数中的调用语句，插入函数的实现顺序：

生成新结点→判空→查找→插入，实现代码如下：

```
/*插入函数的实现，将数据插入指定位置
参数：head 是指向链表的指针，location 是插入的逻辑位置，theStu 是插入信息
返回值：返回链表的头指针*/
StuNode *insertList(StuNode *head,int location,StuNode theStu){
    struct StuNode *s = NULL;    //用指针 s 指向要插入的新结点
    struct StuNode *p = NULL;    //p 是插入位置
    struct StuNode *pre = NULL; //p 的前驱结点
    int i = 0;                  //位置序号

    /*生成新结点并将信息复制给新结点*/
    s = (struct StuNode *)malloc(sizeof(struct StuNode));   //生成新结点
    s->next = NULL;
    s->num = theStu.num;
    strcpy(s->name,theStu.name);
    s->age = theStu.age;
    s->score = theStu.score;

    /*处理特殊情况*/
    if (head == NULL)//空链表
    {
        head = s;

        return head;
    }

    /*找插入位置*/
    i = 1;
    p = head;
    pre = NULL;
    while (i < location && p != NULL) {
        i++;
        pre = p;
        p = p->next;
    }

    /*插入结点 s*/
    if (p == head)//插入到表头
    {
        s->next = head;
        head = s;
    }
    else if (p== NULL)//插入到表尾
    {
        pre->next = s;
    }
    else//插入在中间
    {
        s->next = p;
```

```
        pre->next = s;
    }
    saveFile(head);

    return head;
}
```

3) 插入函数的调用

插入函数的调用，需要在执行菜单函数 doMenu()中增加变量 newStud，并在 case 5 中增加调用语句。

```
/*执行菜单函数的实现(不需要参数和返回值)*/
void doMenu(){
    StuNode *stuHead = NULL;        //stuHead 为链表的头指针
    int choice = 0;                 //用户的功能选择
    StuNode a[N];                   //学生结点数组
    int n = 0;                      //学生总数
    int i = 0;                      //数组下标
    int ID = 0;                     //学号
    int location = -1;              //位置
    StuNode newStud;                //新的学生信息

    stuHead = readFile();           //读取文件初始化链表
    for (;;) {
        menu();                     //菜单函数的调用
        scanf("%d",&choice);
        switch(choice)
        {//略去其余 case 分支
        case 5:
            /*执行插入操作*/
            printf("请确定插入位置: ");
            scanf("%d",&location);
            printf("请输入第%d 名学生的信息: \n",location);
            printf("学号: ");
            scanf("%d",&newStud.num);
            printf("姓名: ");
            scanf("%s",newStud.name);
            printf("年龄: ");
            scanf("%d",&newStud.age);
            printf("分数: ");
            scanf("%f",&newStud.score);
            stuHead = insertList(stuHead,location,newStud);  //插入函数的调用
            break;
        }
    }
}
```

先执行主菜单的“输出”菜单项，然后执行“插入”菜单项，最后再执行“输出”菜单项，程序运行结果如图 7-21 所示。

```
                      欢迎使用学生信息管理系统
****************************************************************
* 1.初始化  2.创建  3.输出  4.查找  5.插入  6.删除  7.修改  0.退出 *
****************************************************************
请输入你的选择（0-7）：3

  学号          姓名        年龄     分数     指针值
  1065          杨美丽       30      75.0     4f40f0
  3021          梁新元       40      68.0     4f40a0
  2006          李晓玲       35      82.0     4f3020
  4002          陈海波       25      95.0          0


                      欢迎使用学生信息管理系统
****************************************************************
* 1.初始化  2.创建  3.输出  4.查找  5.插入  6.删除  7.修改  0.退出 *
****************************************************************
请输入你的选择（0-7）：5
请确定插入位置：3
请输入第3名学生的信息：
学号：5050
姓名：李成贵
年龄：45
分数：95


                      欢迎使用学生信息管理系统
****************************************************************
* 1.初始化  2.创建  3.输出  4.查找  5.插入  6.删除  7.修改  0.退出 *
****************************************************************
请输入你的选择（0-7）：3

  学号          姓名        年龄     分数     指针值
  1065          杨美丽       30      75.0     4f40f0
  3021          梁新元       40      68.0     4f4190
  5050          李成贵       45      95.0     4f40a0
  2006          李晓玲       35      82.0     4f3020
  4002          陈海波       25      95.0          0
```

图 7-21　运行结果图

3. 删除

删除.mp4

第 9 次迭代将指定位置的数据结点删除，完成删除函数的声明、实现和调用，分别得到文件 student.h、student.cpp 和 example7-1-3.cpp，放在 example7-1-9 文件夹中。其中，student.h 只增加了删除函数的声明，student.cpp 增加了删除函数的实现和调用语句，example7-1-3.cpp 只修改了注释。

1) 删除函数的声明

student.h 增加了删除函数的声明。

```
StuNode *deleteList(StuNode *head,int location,StuNode* pStu);
```

2) 删除函数的实现

完成链表的删除操作需要分两步：①找到删除位置；②删除结点。删除操作比较复杂，进行删除操作需要注意：①链表是否为空；②删除的结点是否为首元结点。删除操作需要分为四种情况：①空表；②没找到结点；③删除首元结点；④删除链表中间结点。如果删除中间位置的结点，则修改相关指针域即可，如图 7-7 所示。其他情况是特殊情况。

(1) 空表。

链表为空即无结点时，删除操作不做任何事情。

```
if (head == NULL)
{
   printf("\nlist null!\n");
}
```

(2) 没找到删除结点。

如果没有找到删除结点，则不做任何操作，如图 7-22 所示。

```
if (p==NULL)
{
    printf("%d not been found!\n",num);
}
```

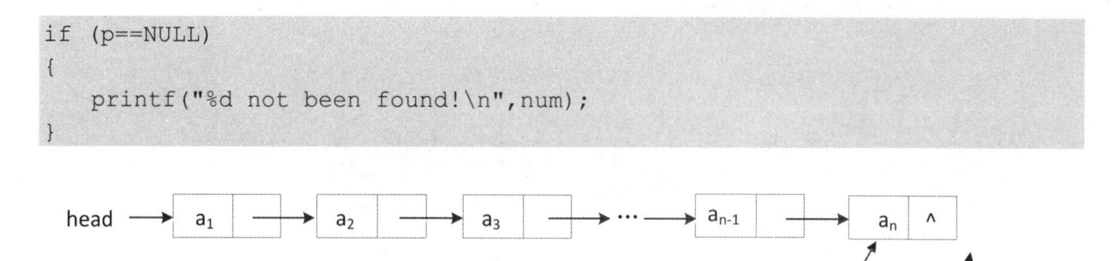

图7-22　没找到结点时链表的删除操作示意图

(3) 删除首元结点。

如果删除的位置p为首元结点，只需要修改头指针(head)的指向，如图7-23所示。

```
if (head == p)
{
    head = p-next;
}
```

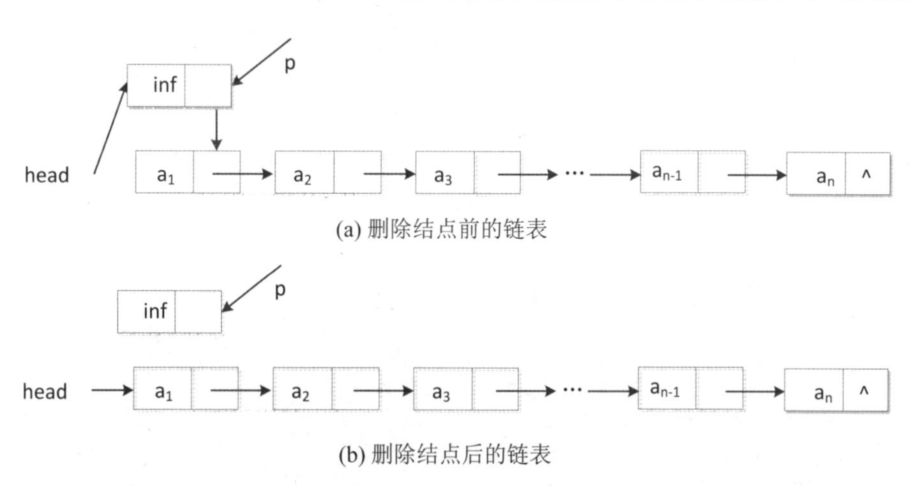

图7-23　链表首元结点的删除操作示意图

student.cpp 增加了删除函数的实现和菜单函数中的调用语句，删除后需要用户选择是否保存，删除函数的实现顺序：判空→查找→删除→复制→释放→保存，实现代码如下：

```
/*删除函数的实现，删除指定位置的结点，并将删除数据传给调用函数
参数：head是指向链表的指针，location是删除的逻辑位置，指针pStu存储被删除结点信息
返回值：删除后的链表*/
StuNode *deleteList(StuNode *head,int location,StuNode* pStu){
    struct StuNode *p = NULL;    //p指向被删除结点
    struct StuNode *pre = NULL; //p的前驱结点
    int i = 0;                   //位置序号
    char isOperate = 'N';        //是否操作

    /*处理特殊情况*/
    if (head == NULL)            //空链表
    {
```

```
        printf("空链表，删除失败！");
        return head;                    //删除失败
    }

    /*找到删除位置*/
    i = 1;
    p = head;
    pre = NULL;
    while (i < location && p != NULL)
    {
        i++;
        pre = p;
        p = p->next;
    }

    /*删除结点s*/
    if (p== NULL)                       //没有找到结点
    {
        printf("没有找到结点，删除失败！");
        return head;                    //删除失败
    }
    if (p == head)                      //删除表首元结点
    {
        head = p->next;
    }
    else //删除中间结点
    {
        pre->next = p->next;
    }

    /*将删除结点中的值复制到pStu指向的变量中*/
    pStu->num = p->num;
    strcpy(pStu->name,p->name);
    pStu->age = p->age;
    pStu->score = p->score;
    free(p);                            //释放删除结点的内存空间

    /*保存操作*/
    printf("是否保存？(Y/N)");          //询问一下，引起思考，可以后悔
    getchar();                          //吸收前面的输入，否则下面无法输入
    scanf("%c",&isOperate);
    if (isOperate=='Y' || isOperate=='y')
    {
        saveFile(head);
    }

    return head;                        //删除成功
}
```

3) 删除函数的调用

删除函数的调用，不需要在执行菜单函数 doMenu()中增加变量，只需要在 case 6 中增

加调用语句。

```
/*执行菜单函数的实现(不需要参数和返回值)*/
void doMenu()
{
    /*变量定义*/
    stuHead = readFile();           //读取文件初始化链表
    for (;;)
    {
        menu();                     //菜单函数的调用
        scanf("%d",&choice);
        switch(choice)
        {//略去其余 case 分支
        case 6:
            /*执行删除操作*/
            printf("请确定删除位置: ");
            scanf("%d",&location);
            stuHead = deleteList(stuHead,location,&newStud); //删除函数的调用
            printf("被删除的第%d 名学生的信息: \n",location);
            printf("学号: %d ",newStud.num);
            printf("姓名: %s ",newStud.name);
            printf("年龄: %d ",newStud.age);
            printf("分数: %.1f\n",newStud.score);
            break;
        }
    }
}
```

先执行主菜单的“输出”菜单项，然后执行“删除”菜单项，最后再执行“输出”菜单项，程序运行结果如图 7-24 所示。

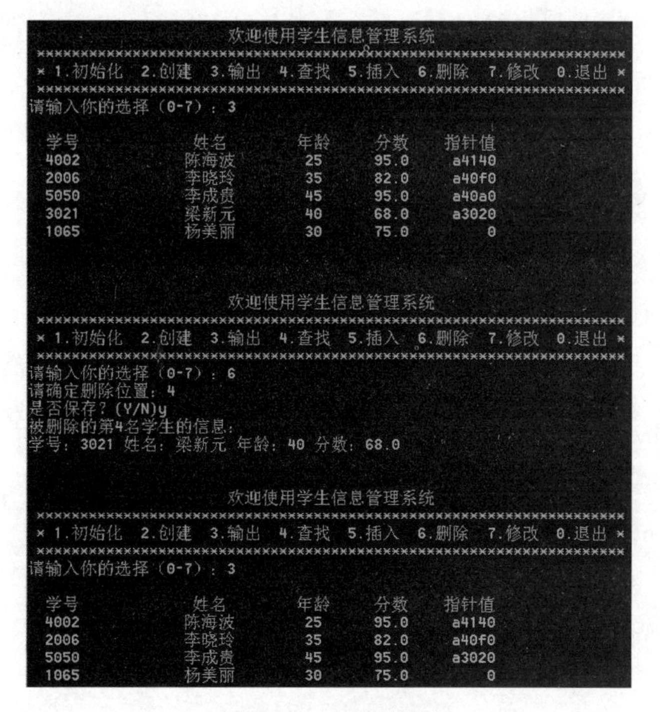

图 7-24　运行结果图

4. 修改

修改.mp4

第 10 次迭代实现链表的修改操作，需要先查找再修改，因此需要调用查找函数。查找可以按学号、姓名、年龄、分数进行，这里按照姓名进行模糊查询。由于没有姓名查找函数，因此这里需要实现姓名的模糊查询函数和链表的修改函数。姓名模糊查询函数在这里只供链表修改函数使用，当然也可以扩展到其他地方使用。根据姓名模糊查询结果，得到链表修改函数的代码。

本次迭代完成姓名模糊查询函数和链表修改函数的声明、实现和调用，分别得到文件 student.h、student.cpp 和 example7-1-3.cpp，放在 example7-1-10 文件夹中。其中，student.h 只增加姓名模糊查询函数和链表修改函数的声明，student.cpp 增加姓名模糊查询函数和链表修改函数的实现和调用语句，example7-1-3.cpp 只修改注释。

(1) 姓名模糊查询函数和链表修改函数的声明。

student.h 中增加了姓名模糊查询函数和链表修改函数的声明。

```
//姓名模糊查询函数的声明(fuzzy 表示模糊)
StuNode *fuzzySearchByName(struct StuNode *head,char name[]);
StuNode *modifyList(StuNode *head,char name[]);  //链表修改函数的声明
```

(2) 姓名模糊查询函数和链表修改函数的实现。

student.cpp 增加了姓名模糊查询函数、链表修改函数的实现和菜单函数中的调用语句。链表修改函数首先调用姓名模糊查询函数，还提供了修改选择菜单，提升了友好性，修改后需要用户选择是否保存。实现代码如下：

```
/*姓名模糊查询函数的实现，匹配姓名部分信息找到第一个结点
参数：head 是头指针，name 是姓名
返回值：找到第一个结点的位置，NULL 表示没找到*/
StuNode *fuzzySearchByName(struct StuNode *head, char name[])
{
    struct StuNode *p = NULL;    //p 是查找位置

    /*处理特殊情况*/
    if (head == NULL)            //空链表
    {
        printf("链表为空! \n");

        return NULL;
    }

    /*查找*/
    p = head;
    while (p != NULL && strstr(p->name,name) != NULL)
    {
        p = p->next;
    }

    /*处理查找结果*/
    if (p == NULL)
    {
        printf("没找到姓名含%s 的学生!\n",name);
```

```
        return NULL;  //没找到
    }
    else
    {
        printf("找到的学生信息是：\n");
        printf("学号：%d ",p->num);
        printf("姓名：%s ",p->name);
        printf("年龄：%d ",p->age);
        printf("分数：%.1f\n",p->score);

        return p;  //找到
    }
}

/*链表修改函数的实现，修改包含 name 结点的所有信息
参数：head 是头指针，name 是姓名
返回值：修改后的链表*/
StuNode *modifyList(StuNode *head,char name[])
{
    struct StuNode *p = NULL;              //p 是查找的指针位置
    int select = 0;                        //菜单选择
    char isOperate = 'N';                  //是否操作
    int isChange = 0;                      //是否修改

    p = fuzzySearchByName(head, name);  //姓名模糊查询函数的调用
    while (p != NULL)
    {
        printf("              修改菜单              \n");
        printf("1.学号 2. 姓名 3.年龄 4.分数 0.返回\n");
        printf("请选择：");
        scanf("%d",&select);
        isChange = 1;

        /*执行修改*/
        switch(select)
        {
        case 1:
            printf("请输入新的学号：");
            scanf("%d",&p->num);
            break;
        case 2:
            printf("请输入新的姓名：");
            scanf("%s",&p->name);
            break;
        case 3:
            printf("请输入新的年龄：");
            scanf("%d",&p->age);
            break;
        case 4:
            printf("请输入新的分数：");
            scanf("%f",p->score);
```

```
            break;
        case 0:
            isChange = 0;
            break;
        }

        /*显示修改结果*/
        if (isChange == 1)
        {
            printf("修改后学生的信息是：\n");
            printf("学号：%d ",p->num);
            printf("姓名：%s ",p->name);
            printf("年龄：%d ",p->age);
            printf("分数：%.1f\n",p->score);
        }

        p = fuzzySearchByName(p->next, name);    //查找下一个结点
    }//while 循环结束

    /*保存操作*/
    printf("是否保存？(Y/N)");     //询问一下，引起思考，可以后悔
    getchar();                     //吸收前面的输入，否则下面无法输入
    scanf("%c",&isOperate);
    if (isOperate=='Y' || isOperate=='y')
    {
        saveFile(head);
    }

    return head;
}
```

(3) 姓名模糊查询函数和链表修改函数的调用。

姓名查询函数在链表修改函数中调用。链表修改函数的调用，需要在执行菜单函数doMenu()中增加姓名字符串 name，并在 case 7 中增加调用语句。

```
/*执行菜单函数的实现(不需要参数和返回值)*/
void doMenu()
{
    /*其余变量的定义省略*/
    char name[18];            //姓名

    stuHead = readFile();     //读取文件初始化链表
    for (;;)
    {
        menu();               //菜单函数的调用
        scanf("%d",&choice);
        switch(choice)
        {//略去其余 case 分支
        case 7:
            /*执行修改模块*/
            printf("输入要修改学生的姓名(部分信息)：");
            scanf("%s",&name);
```

```
            stuHead = modifyList(stuHead,name);  //链表修改函数的调用
            break;
        }
    }
}
```

先执行主菜单的“输出”菜单项，然后执行“修改”菜单项，程序运行结果如图 7-25 所示。当然，执行修改后还可以再次执行“输出”菜单项。

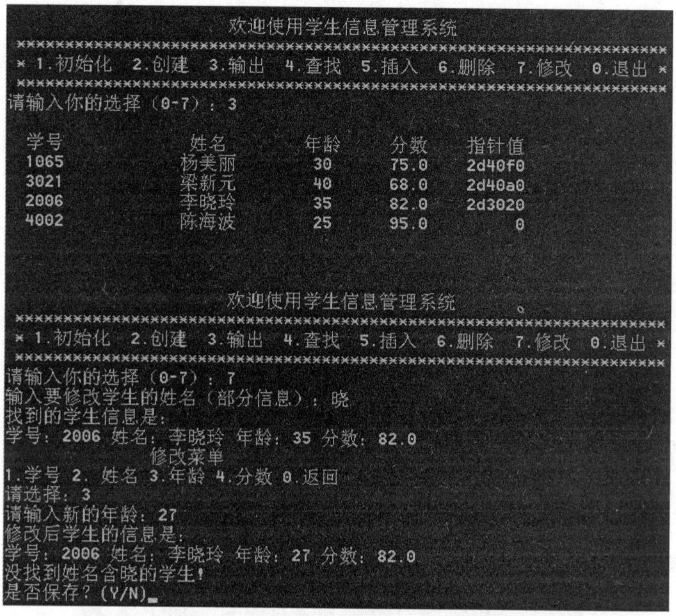

```
                    欢迎使用学生信息管理系统
***************************************************************
* 1.初始化  2.创建  3.输出  4.查找  5.插入  6.删除  7.修改  0.退出 *
***************************************************************
请输入你的选择 (0-7) : 3

 学号              姓名         年龄      分数      指针值
 1065             杨美丽         30       75.0     2d40f0
 3021             梁新元         40       68.0     2d40a0
 2006             李晓玲         35       82.0     2d3020
 4002             陈海波         25       95.0          0


                    欢迎使用学生信息管理系统
***************************************************************
* 1.初始化  2.创建  3.输出  4.查找  5.插入  6.删除  7.修改  0.退出 *
***************************************************************
请输入你的选择 (0-7) : 7
输入要修改学生的姓名 (部分信息) : 晓
找到的学生信息是:
学号: 2006 姓名: 李晓玲 年龄: 35 分数: 82.0
                修改菜单
1.学号 2. 姓名 3.年龄 4.分数 0.返回
请选择: 3
请输入新的年龄: 27
修改后学生的信息是:
学号: 2006 姓名: 李晓玲 年龄: 27 分数: 82.0
没找到姓名含晓的学生!
是否保存? (Y/N)_
```

图 7-25　运行结果图

7.3　实践运用

7.3.1　基础练习

(1) 如何采用头插法建立链表?

(2) 案例 7-1 的初始化函数返回值不用指针类型可以吗? 如何实现?

(3) 案例 7-1 菜单设计的理由是什么? 能否提供不同的菜单设计方案?

(4) 案例 7-1 能否用块读写(块读写含义见 4.1 节)文件函数实现文件保存? 如何改写代码?

(5) 案例 7-1 中初始化和创建都会清除原来文件中的数据。如果要不断积累数据，即不同时间段输入的数据都能保存到文件里，应该怎么办呢?

(6) 案例 7-1 中采用尾插法建立链表，如果采用头插法建立链表，应该如何修改代码?

(7) 案例 7-1 调用查找函数时没有用函数的返回值，那么函数的返回值怎么使用? 在哪里使用?

(8) 案例 7-1 提供了学号的查找，如何实现姓名模糊查询? 如何实现分数的范围查询?

(9) 在一个有序(按非递减顺序)的链表中插入一个元素为 x 的结点，使插入后的链表仍

然有序。插入的逻辑要求的程序运行结果如图 7-26 所示，采用数据类型由自己选择，应该如何设计插入函数？

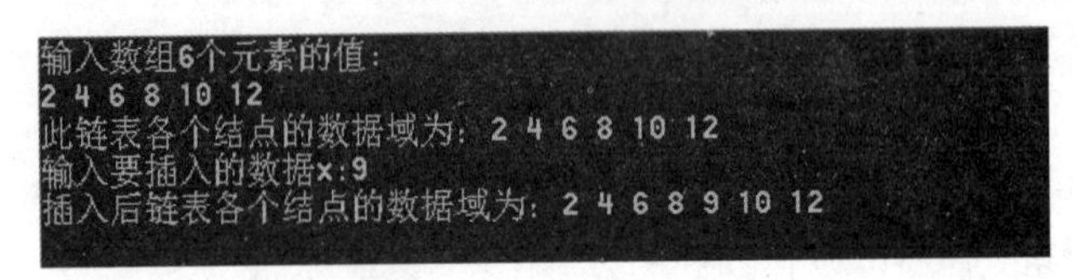

图 7-26　运行结果图

(10) 在案例 7-1 中，如果要查找某一个数据，并在其位置插入新数据，应该怎样设计插入函数？

(11) 如图 7-27 所示，假设链表中的元素值都不相同，将一个链表中元素值为 x 的结点删除，需要如何修改删除程序？

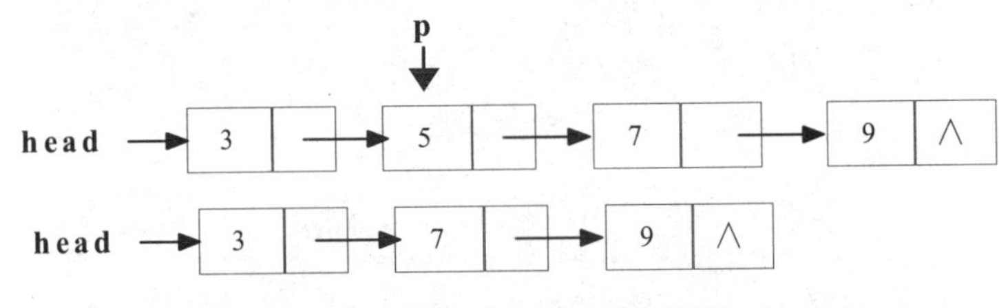

图 7-27　删除结点值 5 的示意图

(12) 在案例 7-1 的插入和删除操作中，并没有用上查找函数，这是什么原因？怎样修改才能用上查找函数？建议用图 7-28 所示的方式来测试你的想法。

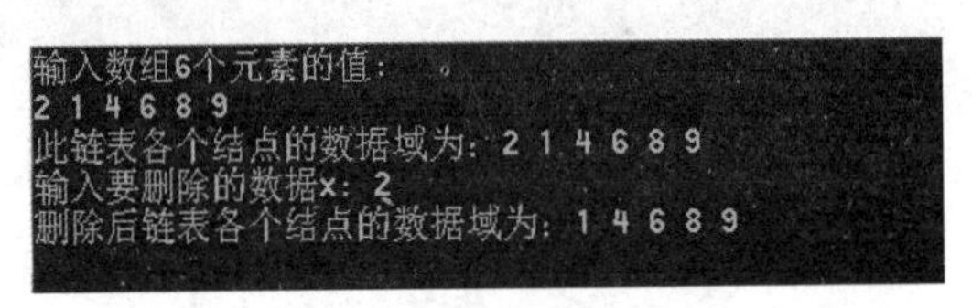

图 7-28　运行结果图

(13) 在案例 7-1 中，如果链表中不止一个结点的元素值为 x，要删除所有 x 结点，需要如何修改程序？

(14) 案例 7-1 中删除的结点不存在时，程序会显示错误的结点信息，如何改正这个错误？

(15) 案例 7-1 中能否通过分数的范围查询实现修改？

(16) 案例 7-1 中的每条信息只能修改一次，如何实现多次修改？能否将所有符合条件的信息查询出来后再选择修改？怎样才能做到？

(17) 案例 7-1 中保存有什么缺陷，怎么修改？

(18) 在案例 7-1 中，如果初始化、创建、读取、插入、删除、修改函数的返回值不是指针型，应该如何修改程序？

(19) 案例 7-1 中用链表如何实现直接插入排序、直接选择排序和冒泡排序？

(20) 案例 7-1 的链表是不带头结点的，如果链表是带头结点的(即 head 不是指向数据结点，而是指向头结点，头结点再指向第一个数据结点即首元结点)，如何修改程序？

7.3.2 综合练习

这里提供几个设计性课题，供学生选择练习，可以调整要求，提升综合实践能力。

1. 飞机航班订票系统

功能：本飞机共有 80 个座位，分 20 排。每排 4 个位子，编号为 A、B、C、D，如 10D 表示 10 排 D 座；A 和 D 靠窗，19 到 20 排为吸烟区。本系统可让乘客自己选座号和区域，直到乘客满意为止；无法满足的话，只能改乘另一个航班。已经订票的乘客需给出姓名和身份证号，最后要打印出乘客清单。实现订票、售票、退票、统计、查询等功能。要求：①完成最低要求：建立一个小系统，包括 5 排座位、两个区域，能供乘客选择；②进一步要求：完成全部功能的系统。

2. 设备管理系统

功能：设备管理系统应包含各种设备的全部信息，每台设备为一条记录(同一时间同一部门购买的若干台相同设备可作为 1 条记录)，包括设备号、设备名称、领用人、所属部门、数量、购买时间、价格等。能够显示和统计各种设备的信息。要求：①完成最低要求：建立一个文件，包含一个部门 10 台设备的信息，能对文件进行补充、修订、删除，能统计所有设备的总价值。②进一步要求：实现按种类、按所属部门进行设备统计。

3. 歌手比赛系统

对一次歌手比赛的成绩进行管理，功能要求：①输入每个选手的数据，包括编号、姓名、十个评委的成绩，根据输入计算出总成绩和平均成绩(去掉最高分，去掉最低分)。②显示主菜单如下：a.输入选手数据；b.评委打分；c.成绩排序(按平均分)；d.数据查询；e.追加学生数据；f.写入数据文件；g.退出系统。

4. 班级档案管理系统

对一个有 N 个学生的班级，通过该系统实现对该班级学生的基本信息进行录入、显示、修改、删除、保存等操作的管理。

功能要求：

(1) 本系统采用一个包含 N 个数据的结构体数组、顺序表或链表，每个数据的结构应当包括学号、姓名、性别、年龄、备注等。

(2) 本系统显示这样的菜单：

请选择系统功能项：

a. 学生基本信息录入

b. 学生基本信息显示

c. 学生基本信息保存

d. 学生基本信息删除

e. 学生基本信息修改(要求先输入密码)

f. 学生基本信息查询

① 按学号查询

② 按姓名查询

③ 按性别查询

④ 按年龄查询

g. 退出系统

(3) 执行一个具体的功能之后，程序将重新显示菜单。

(4) 将学生基本信息保存到文件中。

(5) 进入系统之前要先输入密码。

5. 航班信息管理系统

问题描述：乘客订票的主要方式是乘客提出航班号、起飞地点、起飞时间、降落地点、订票数等订票要求，根据事先保存的航班数据决定乘客能否订票？只有满足乘客全部的订票要求并且所订航班有足够的未订座位才能完成订票处理，并且修改该航班的未订座位数(每个航班的未订座位数的初始值就是该航班的最大载客数)；否则，订票失败，并且给出不能订票的原因。要求将航班数据保存在数据文件中，在处理时按航班的起飞地点建立不同的链表。

飞机航班系统的数据包括两部分：①航班信息：航班号、最大载客数、起飞地点、起飞时间、降落地点、降落时间、单价；②乘客信息：航班号、身份证号码、姓名、性别、出生年月、座位号。

功能要求：

(1) 增加航班记录。将新的航班记录增加到原有的航班数据文件中。在进行处理时必须检查所要增加的航班记录是否存在，如果已经存在，应给出提示信息后停止增加。

(2) 航班取消。如果某次航班的乘客数太少(已订票的人数少于本次航班最大载客数的10%)，将取消该航班，但该航班的记录仍然保存在原有的航班数据文件中。

(3) 航班查询。应该有以下几种基本的查询方式：按航班号、按起飞地点、按起飞时间、按降落地点、按起飞地点和降落地点。

(4) 航班订票。按上述问题描述中的乘客订票方式完成航班订票处理。

(5) 设计一个菜单，至少具有上述操作要求的基本功能。

第 8 章

顺序表类实现面向对象编程

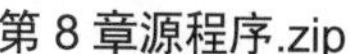
第 8 章源程序.zip

8.1 理 论 要 点

学法指导.mp4

第 4～7 章介绍了结构体数组、顺序表和链表 3 种常用数据结构及其实现的信息管理系统，都是面向过程的结构化设计方法。第 8 章和第 9 章将分别介绍顺序表类和链表类，采用面向对象设计方法实现顺序表和链表这两种数据结构，并用案例展示类定义和封装的实现方法。但由于篇幅限制，没有实现继承和多态。

本章第 1 节理论要点部分主要介绍面向对象编程、顺序表类、C++的输入/输出和二分查找算法。第 2 节解析顺序表类实现的职工管理系统案例。第 3 节给出实践运用供学生思考和练习，提高理解能力、思考水平和实践能力。通过本章的学习希望学生学会用顺序表类实现系统，掌握面向对象编程、顺序表类、C++的输入/输出、二分查找算法和组合查询，掌握多文件实现系统集成的方法。说明：多文件的系统集成原理和软件工具使用，请参考 6.1 节系统集成和附录 B 中采用多文件实现项目集成的方法。

案例 8-1 采用顺序表类实现职工管理系统，采用面向对象方法实现一个较复杂的系统。项目经历 8 次迭代实现职工信息管理子系统，代码共 1294 行，提供了丰富的查询方式(顺序查找、二分查找、精确查询、模糊查询、范围查询和组合查询)和排序方式(直接插入排序、直接选择排序和冒泡排序)。多文件能更方便地进行迭代开发和系统集成，项目展示了多文件的建立和迭代过程。

顺序表类比顺序表更难，希望学生能按照迭代顺序耐心阅读和实现代码，并能自己绘制一些运行过程图来辅助理解程序代码。学生可以比较案例 6-2 采用顺序表实现的职工管理系统来帮助理解面向对象的编程方法。

8.1.1 面向对象编程

面向对象编程.mp4

第 2.1 节介绍了结构化程序设计方法，结构化程序设计方法是面向解决问题的过程，把数据和处理数据的过程分离为相互独立的实体，数据用结构体进行定义，处理过程用函数实现。面向对象方法中的对象是系统中用来描述客观事物的一个实体，它是用来构成软件系统的一个基本单位。对象由一组属性和一组行为构成。属性是用来描述对象静态特征的数据项，行为是用来描述对象动态特征的操作序列。面向对象将数据及对数据的操作方法封装在一起成为类，作为一个相互依存、不可分离的整体类型，其中数据是类的属性成员，操作方法是类的函数成员，类的变量就是对象。

面向过程编程是把数据和操作(即属性和函数)分开，多个结构体的同名函数之间容易混淆造成调用错误。面向对象编程把数据和操作(即属性和函数)封装在一起形成一个类，多个类的同名函数之间不会混淆、不会发生调用错误。面向过程编程与面向对象编程的对照关系如图 8-1 所示。

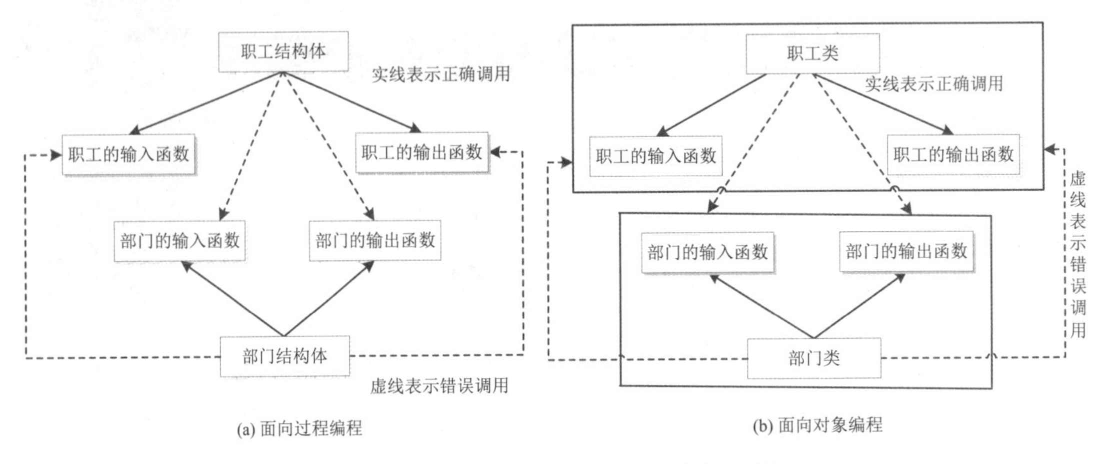

图 8-1　面向过程编程与面向对象编程的对照图

先学习面向过程编程才能更好地理解面向对象编程。对象更符合人类通常的思维方法，面向对象编程具有更多优点，下面分析面向过程编程和面向对象编程的对比，如表 8-1 所示。

表 8-1　面向过程编程和面向对象编程的对照表

类　型	面向过程编程	面向对象编程
作用	面向处理的详细过程	面向处理的多个对象
适用	小软件开发、字符界面	大型复杂软件、图形界面
优点	模块化，任务分解	易重用、易扩展、易维护、灵活性高、效率高
缺点	可重用性差、可扩展性差、可维护性差、灵活性差、效率低	初学者不易理解

C 和 C++都支持结构体类型，C++还支持类。考虑到学生容易混淆结构体和类这两种常用的用户自定义类型，这里给出结构体和类的区别，如表 8-2 所示。其中，类成员函数的实现既可以在类定义的内部进行，又可以在类定义之外完成，类还需要增加构造函数和析构函数。面向对象具有封装、继承和多态 3 种性质，这里展示的封装性是最基本的性质，是本章讨论的内容。限于篇幅，本章不讨论继承和多态。

表 8-2　结构体和类的区别

类　型	结 构 体	类
设计方法	结构化设计方法	面向对象设计方法
作用	数据和操作分开，属性和函数分开，多个结构体的同名函数之间容易混淆造成调用错误	数据和操作封装在一起，属性和函数封装在一起，多个类的同名函数之间不会混淆、不会发生调用错误

续表

类　型	结 构 体	类
属性	是成员，通过结构体变量调用属性成员	是成员，不能通过类的对象调用属性成员，只能通过类的函数调用
函数	不是成员，是普通函数，结构体变量只能作为函数参数	成员函数，通过类的对象调用函数
构造函数	系统自动分配内存空间，不需要构造函数	需要构造函数分配内存空间并进行初始化
析构函数	系统自动释放内存空间，不需要析构函数	需要析构函数释放内存空间

类型定义示例	struct Student
	{
	int num;//学号
	char name[20];//性别
	};
	/*输入函数的实现*/
	void input(Student st)
	{代码略}
	/*输出函数的实现*/
	void output(Student st)
	{代码略}
		class Student
		{
		private:
		int num;//学号
		char name[20];//性别
		public:
		Student(){代码略}//构造函数
		~Student(){代码略}//析构函数
		void input(){代码略}//输入函数
		void output();//输出函数的声明
		};
		/*输出函数的实现*/
		void Student::output(){代码略}

调用示例	Student stu;//定义结构体变量
	stu.num = 1001;//正确的赋值语句
	input(stu);//调用输入函数
	output(stu);//调用输出函数
		Student stu;//定义类的对象
		stu.num = 1001;//错误的赋值语句
		stu.input();//调用输入函数
		stu.output();//调用输出函数

8.1.2 顺序表类

顺序表类.mp4

顺序表类是将顺序表的数组和长度定义为类的属性成员，将顺序表的函数定义为成员函数，还需要增加构造函数和析构函数。此外，成员函数的实现既可以放在类的外部实现，又可以放在类的内部实现。顺序表和顺序表类的对比如表 8-3 所示。顺序表中的 Student 还可以定义为类。

表 8-3 顺序表和顺序表类的对比

类　型	顺 序 表	顺序表类

定义学生类型	/*定义学生类型 Student*/
	struct Student
	{
	int num; //学号
	char name[20]; //姓名
	float score; //分数
	};
		/*定义学生类型 Student*/
		struct Student
		{
		int num; //学号
		char name[20]; //姓名
		float score; //分数
		};

续表

类　型	顺 序 表	顺序表类

定义数据结构及其实现	/*定义顺序表类型*/
	struct StudentList
	{
	    Student data[50];
	    int length;//顺序表长度
	};
	/*输入函数的实现*/
	void input(StudentList st)
	{代码略}
		/*定义顺序表类*/
		class StudentList
		{
		private:
		    Student data[50]; //数据表
		    int length;//顺序表长度
		public:
		    StudentList(){代码略}//构造函数
		    ~StudentList(){代码略}//析构函数
		    void input(){代码略}//输入函数
		    void output();//输出函数的声明
		};

外部实现	/*输出函数的实现*/ void output(StudentList st) {代码略}	/*输出函数的实现(类的外部)*/ void StudentList::output(){代码略}

调用示例	StudentList stu;//定义顺序表
	stu.length = 20;//正确的赋值语句
	input(stu);//调用输入函数
	output(stu);//调用输出函数
		StudentList stu;//定义类的对象
		stu. length = 20;//错误的赋值语句
		stu.input();//调用输入函数
		stu.output();//调用输出函数

说明：顺序表和顺序表类的插入与数组的插入相同，见 4.1 节的表 4-5；顺序表和顺序表类的删除与数组的删除相同，见 4.1 节的表 4-6。

8.1.3　C++的输入/输出

C++的输入输出.mp4

C 语言常用的输入/输出函数是 scanf()和 printf()，还有字符输入/输出函数 getchar()和 putchar()，字符串输入/输出函数 gets()和 puts()。C++不仅兼容 C 语言的输入/输出函数，而且提供了更简单的输入和输出方式，降低了使用难度。C++中输入/输出任何数据类型的变量，都调用输入/输出流来实现。因此，C 语言的头文件 stdio.h 需要更换为 iostream 并加上默认命名空间语句“using namespace std;”。C 与 C++常用输入/输出的对比如表 8-4 所示。

表 8-4　C 与 C++常用输入/输出的对比

类　型		C	C++
头文件		Stdio.h	iostream
输入	整型	scanf(“%d”, &m);	cin>>m;
	浮点型	scanf(“%f”, &x);	cin>>x;
	字符型	scanf(“%c”, &ch)或 ch=getchar();	cin>>ch;
	字符串型	scanf(“%s”, &str)或 scanf(“%s”, str); gets(str);	cin>>str;

续表

类　型		C	C++
输出	整型	printf(“%d”,m);	cout<<m;
	浮点型	printf(“%f”,x);	cout<<x;
	字符型	printf(“%c”,ch)或 putchar(ch);	cout<<ch;
	字符串型	printf(“%s”,str); puts(str);	cout<<str;

但是，C 和 C++的输出控制格式有很大差别，C++提供输出格式控制可以只采用输入/输出流头文件 iostream，还可以采用头文件 iomanip 来调用操纵函数，如表 8-5 所示。C++的输出格式化方式较多，在使用中就容易熟练，学生不必记住这个表，需要时可以查询此表或者网上资料。

表 8-5　C 和 C++常用输出格式化的对比

类　型	C	C++	
头文件	输入/输出 stdio.h	输入/输出流 iostream	iostream+操作函数 iomanip
换行	printf(“%d\n”,m);	cout<<m<<endl;	cout<<m<<endl;
输出宽度	printf(“%5d\n”,m); printf(“%d\t”,m);	cout.width(5); cout<<m<<endl;	cout<<setw(5); cout<<m<<endl;

对齐方式	printf(“%5d\n”,m);
	printf(“%-5d\n”,m);
		cout.setf(ios::right);
		cout.width(5);
		cout<<m<<endl;
			cout<<setiosflags(ios_base::right);
			cout<<setw(5);
			cout<<m<<endl;

小数位数	printf(“%.3f\n”,x);	cout.precision(4); cout<<x<<endl;	cout<<setprecision(4); cout<<x<<endl;

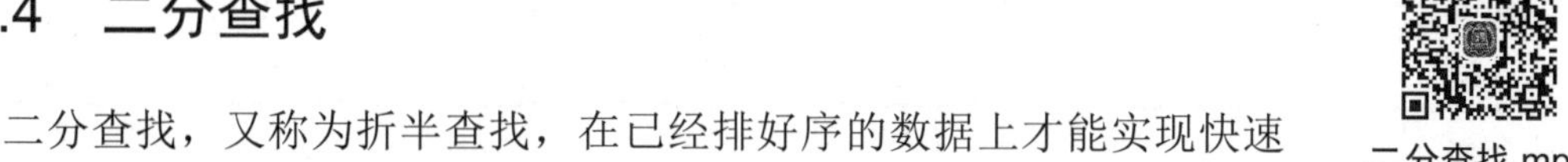

8.1.4　二分查找

二分查找.mp4

二分查找，又称为折半查找，在已经排好序的数据上才能实现快速查找，查找效率远高于顺序查找。采用二分查找算法，首先要求查找对象中的 n 个元素是有序的(假设升序)，设要查找的元素为 x、查找范围的最小元素下标为 low、最大元素下标为 high。如果查找范围中至少有一个元素(即 low<=high)，则中间元素的下标为 mid=(low+high)/2，比较 x 与 mid 对应元素的关系如下。

① 如果 x=a[mid]则查找成功，返回 mid；

② 如果 x<a[mid]，若 x 在此数组中，则其下标肯定在 low 与 mid−1 之间(执行 high=mid-1)，则在低半区间进行查找；

③ 如果 x>a[mid]，若 x 在此数组中，则其下标肯定在 mid+1 与 high 之间(执行 low=mid+1)，则在高半区间进行查找；

④ 重复折半查找，直到 x=a[mid]或查找范围中没有元素(即 low>high)。如果所给数据中没有找到 x，即 x= =a[mid]值永远为假，则返回−1。

图 8-2 给出了二分查找算法的流程图。

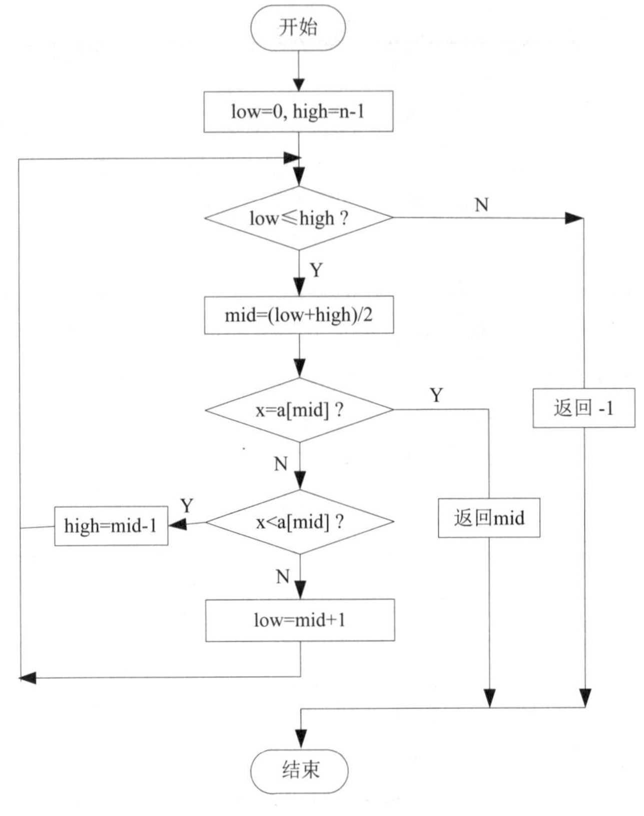

图 8-2 二分查找算法的流程图

测试用例“2 3 5 6 8 11”，n = 6，如表 8-6 所示。查找对象 6，得到变量变化表如表 8-7 所示。

表 8-6 测试用例

元素	a[0]	a[1]	a[2]	a[3]	a[4]	a[5]
数据	2	3	5	6	8	11

表 8-7 查找 6 时的变量变化表

low	high	mid	a[mid]
0	5	2	5
3	5	4	8
3	4	3	6

8.2 案例解析

系统分析.mp4

8.2.1 系统分析

【案例 8-1】用顺序表类实现案例 5-1 要求的职工管理系统，这里采用顺序表类实现

信息管理操作。

案例 6-2 采用顺序表实现了案例 5-1 要求的职工管理系统。整个系统分析与 5.2 节相同，采用的软件结构和 5.2 节相同。这里采用的数据结构与案例 6-2 不同，再次进行了变化，从顺序表变成了顺序表类。因此，需要分析采用的数据结构，不仅要定义职工信息、部门信息和工资信息的数据结构，而且还要给出职工信息顺序表类、部门信息顺序表类和工资顺序表类的定义。定义职工信息、部门信息和工资信息的数据结构，既可以采用结构体实现又可以采用类实现。这里给出了职工信息、部门信息和工资信息的结构体定义，给出了职工信息顺序表类和工资顺序表类的定义，但是没有给出部门信息顺序表类。

首先，完成职工信息的类型定义(也可以采用类的定义)。

```
typedef struct {
    int no;                 //职工号
    char name[10];          //姓名
    char sex[3];            //性别
    int age;                //年龄
    char degree[10];        //学历
    int  level;             //职员等级
    char departNo[8];       //部门号
} Employee;
```

其次，完成职工信息顺序表类的定义。

```
class EmployeeList{
private:
    Employee data[MaxEmployeeNumber];                    //数据
    int length;                                          //长度
public:
    EmployeeList();                                      //默认构造函数
    EmployeeList(Employee Eb[],int m);                  //一般构造函数(带参数的构造函数)
    void InputEmployee(Employee Eb[],int m);             //输入函数
    void DisplayEmployee();                              //显示函数
    bool SaveFile();                                     //保存函数
    bool ReadFile();                                     //读取数据函数
    EmployeeList SearchEmployee();                       //查询函数
    EmployeeList AccurateSearchEmployee();               //精确查询函数
    EmployeeList RangeSearchEmployee();                  //范围查询函数
    EmployeeList FuzzySearchEmployee();                  //模糊查询函数
    EmployeeList CombinateSearchEmployee();              //组合查询函数
    bool DeleteEmployee();                               //删除函数
    bool ModifyEmployee();                               //修改函数
};
```

第三，完成工资信息的结构体定义(也可以采用类的定义)。

```
struct Salary
{
    int no;                     //职工号
    float basicSalary;          //基本工资
    float positionSalary;       //职务工资
    float salarySum;            //总工资
    char date[11];              //发工资时间
};
```

第四，完成工资顺序表类的定义。

```
class SalaryList
{
private:
    Salary data[MaxSalaryNumber];   //数据
    int length;//长度
public:
    SalaryList();                              //默认构造函数
    bool InputSalary();                        //输入数据函数
    bool AppendSalary(Salary b[],int m);       //追加记录函数
    void DisplaySalary();                      //显示函数
    bool SaveSalary();                         //保存函数
    bool ReadSalary();                         //读取数据函数
    SalaryList SearchSalary();                 //查询函数
    bool DeleteSalary();                       //删除函数
    bool ModifySalary();                       //修改函数
};
```

最后，完成部门信息的类定义(也可以采用结构体的定义)，略去成员函数的声明。

```
class Department
{
private:
    char departNo[8];         //部门号
    char departName[30];      //部门名称
    int  numbers;             //人数
    int leaderNo;             //部门负责人的职工号
public:
    //省略成员函数的声明
};
```


本案例采用 Visual Studio 2010 编写程序，源程序是 C++语言代码，采用顺序表类实现。为了简单展示迭代过程，这里给出每个版本主要实现的功能及简要的实现过程，如表 8-8 所示。共实现 8 次迭代，代码共 1294 行。这里只实现了职工信息管理子系统的部分功能，搭建了 3 个子系统链接的框架，但工资信息管理子系统和部门信息管理子系统没有完成，学生可以自己补充。顺序表类实现系统的迭代过程如图 8-3 所示，迭代过程完成的任务表如表 8-8 所示。

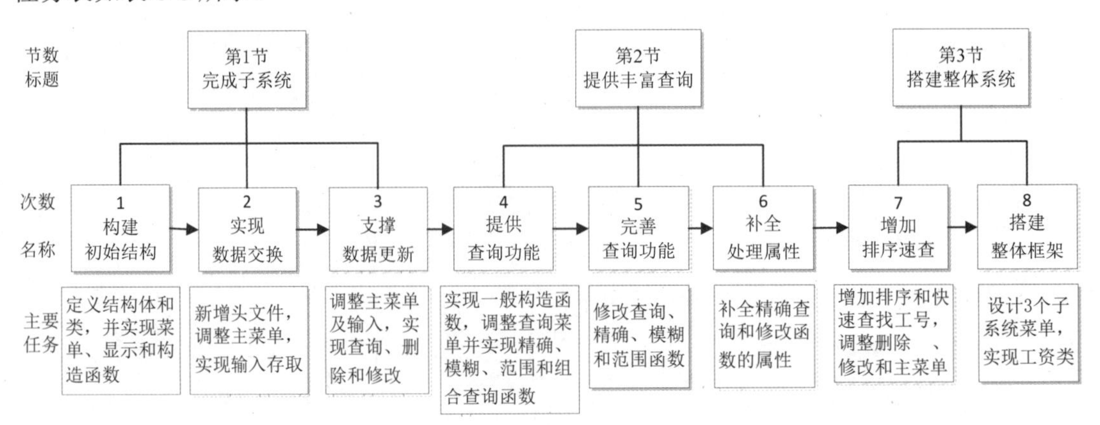

图 8-3　顺序表类实现系统的迭代过程图

表 8-8　迭代过程完成的任务表

节　数	次　数	名　称	主要增加的功能
第 1 节 完成子 系统	1	构建初始结构	定义结构体和类，并实现菜单、显示和构造函数。定义职工信息结构体、部门信息结构体和工资信息结构体，实现职工信息顺序表类的默认构造函数和显示函数，实现职工信息菜单的设计。本轮迭代完成后代码达到 146 行
	2	实现数据交换	新增头文件，调整主菜单，实现输入和存取。新增 2 个单独的头文件分别定义工资信息类型和部门信息类型，调整主菜单，实现职工信息顺序表类的输入、保存和读取。文件保存和读取采用 C 语言的格式读写和块读写方式。本轮迭代完成后代码达到 282 行
	3	支撑数据更新	调整主菜单及输入，实现查询、删除和修改。调整主菜单，实现主函数中的数据输入函数，调整职工信息顺序表类的输入函数以实现累积输入数据，新增查询、删除和修改函数，查询函数和修改函数还提供了属性选择的二级菜单，删除和修改调用查询函数，查询只实现职工号查询。本轮迭代完成后代码达到 414 行
第 2 节 提供丰 富查询	4	提供查询功能	实现一般构造函数，调整查询菜单并实现精确、模糊、范围和组合查询函数。实现职工信息顺序表类的一般构造函数，查询菜单从选择查询属性变成了选择查询功能，实现按部分属性进行精确查询、模糊查询、范围查询和组合查询的功能。本轮迭代完成后代码达到 866 行
	5	完善查询功能	继续完善查询，修改查询、精确查询、模糊查询和范围查询 4 个函数。本轮迭代完成后代码达到 934 行
	6	补全处理属性	补全精确查询和修改 2 个函数剩余属性的处理，继续完善查询函数和修改函数。本轮迭代完成后代码达到 1001 行
第 3 节 搭建整 体系统	7	增加排序速查	增加排序和快速查找职工号函数，调整删除、修改和主菜单。提高查询效率，新增排序函数和查找职工号函数，调整删除函数和修改函数，主菜单增加排序菜单项。排序函数能够进行直接插入排序、冒泡排序和直接选择排序，查找职工号函数调用了冒泡排序且能够顺序查找和二分查找，删除函数和修改函数调用了查找职工号函数。本轮迭代完成后代码达到 1134 行
	8	搭建整体框架	设计 3 个子系统菜单，实现工资类。搭建整个系统框架，实现职工信息、工资信息和部门信息 3 个子系统的菜单，实现工资顺序表类的定义、构造函数和输入函数。本轮迭代完成后代码达到 1294 行

为了方便开发，本案例采用多文件方式，将类成员函数的声明、实现和调用分别放在头文件 employee.h、实现文件 employee.cpp 和调用文件 systemmain.cpp 中。为了便于拓展，系统展示了职工信息管理子系统的开发过程，在最后一轮迭代才搭建整个系统的框架，展示了从自底向上进行开发的探索过程。整个项目的源程序文件放在文件夹“第 8 章源程序”的子文件夹 example8-1 下，8 个版本代码分别用文件夹 employee-system-v1.0、employee-system-v2.0 、 employee-system-v3.0 、 employee-system-v4.0 、 employee-system-v5.0、employee-system-v6.0、employee-system-v7.0、employee-system-v8.0 表示，这种表示

能更好地进行版本管理，回顾开发过程，回溯过去开发版本所做的工作和存在的问题。后面几节给出迭代开发实现过程。

8.2.2 完成子系统

本节的 3 个小节完成第 1、2、3 次迭代，依次构建初始结构、实现数据交换和支撑数据更新，完成子系统的基本功能，即实现输入、输出、保存、读取、查询、删除和修改功能。

1. 构建初始结构

第 1 次迭代搭建子系统框架，将整个系统功能分为增加职工信息、显示职工信息、增加职工工资信息、显示职工工资信息、增加部门信息、显示部门信息，实现了主菜单的设计。多文件能更方便地进行迭代开发和项目集成，本次迭代采用多文件实现职工信息类型、职工信息顺序表类、部门信息类型、工资信息类型的声明，实现职工信息顺序表类的默认构造函数和显示函数及其调用。多文件包含头文件 employee.h、实现文件 employee.cpp 和调用文件 systemmain.cpp，它们都放在 employee-system-v1.0 文件夹下。其中，头文件 employee.h 完成结构体和顺序表类等类型的定义，employee.cpp 实现顺序表类的默认构造函数(完成初始化)和显示函数，systemmain.cpp 实现菜单及相关函数的调用，它们的主要内容如表 8-9 所示。

表 8-9　第 1 次迭代构建初始结构的多文件内容

文 件 名	主要内容
头文件 employee.h	定义职工信息、工资信息和部门信息的结构体类型，完成职工信息的顺序表类定义，给出类成员函数(默认构造函数和显示函数)的声明
实现文件 employee.cpp	默认构造函数和显示函数的实现
调用文件 systemmain.cpp	主菜单和显示函数的调用

(1) 头文件。

(1)头文件.mp4

头文件 employee.h 定义了职工信息、工资信息和部门信息的结构体类型，完成了职工信息的顺序表类定义，给出了类成员函数(默认构造函数和显示函数)的声明。但是，头文件 employee.h 没有给出所有数据结构的类型定义，而是后面根据项目进展再进行补充和修改。

```
//employee.h
/*职工信息类型(这里用结构体实现，也可以用类实现)*/
typedef struct
{
   int no;                    //职工号
   char name[10];             //姓名
   char sex[3];               //性别
   int age;                   //年龄
   char degree[10];           //学历
   int  level;                //职员等级
   char departNo[4];          //部门号
```

```
} Employee;

/*职工信息的顺序表类*/
class EmployeeList
{
private:
    Employee data[20];          //存储数据
    int length;                 //顺序表长度
public:
    EmployeeList();             //默认构造函数
    void DisplayEmployee();  //显示函数
};

/*部门信息类型*/
struct Department
{
    char departNo[4];           //部门号
    char departName[26];        //部门名称
    int  numbers;               //人数
    int leaderNo;               //部门负责人的职工号
};

/*工资信息类型*/
struct Salary{
    int no;                     //职工号
    float basicSalary;          //基本工资
    float positionSalary;       //职务工资
    float salarySum;            //总工资
    char date[11];              //发工资时间
};
```

(2) 类的实现。

(2)类的实现.mp4

头文件 employee.h 给出职工信息顺序表类所有成员函数的声明，employee.cpp 则给出类成员函数的实现，本次迭代完成默认构造函数和显示函数的实现。

```
//employee.cpp
#include <iostream>
#include <iomanip>
#include <string.h>
#include "Employee.h"
using namespace std;
/*职工信息顺序表类的实现*/
/*默认构造函数：完成初始化*/
EmployeeList::EmployeeList()
{
    length = 3;
    data[0].no = 1;
    strcpy(data[0].name,"陈海波");
    strcpy(data[0].sex,"男");
    data[0].age=20;
    strcpy(data[0].degree,"本科");
```

```
    data[0].level = 2;
    strcpy(data[0].departNo,"101");

    data[1].no = 2;
    strcpy(data[1].name,"黄轩");
    strcpy(data[1].sex,"男");
    data[1].age = 25;
    strcpy(data[1].degree,"本科");
    data[1].level = 1;
    strcpy(data[1].departNo,"103");

    data[2].no = 4;
    strcpy(data[2].name,"彭媛");
    strcpy(data[2].sex,"女");
    data[2].age=21;
    strcpy(data[2].degree,"本科");
    data[2].level = 4;
    strcpy(data[2].departNo,"102");
}

/*显示函数*/
void EmployeeList::DisplayEmployee()
{
    int i = 0;         // 数组下标，循环控制变量
    cout<<"职工号 姓名 性别 年龄 学历 职员等级 部门号"<<endl;
    for (i = 0;i < length;i++)
    {
        cout<<setw(3)<<data[i].no;
        cout<<setw(8)<<data[i].name;
        cout<<setw(3)<<data[i].sex;
        cout<<setw(5)<<data[i].age;
        cout<<setw(6)<<data[i].degree;
        cout<<setw(6)<<data[i].level;
        cout<<setw(10)<<data[i].departNo<<endl;
    }
}
```

(3) 类的调用。

(3)类的调用.mp4

systemmain.cpp 主要完成菜单的生成，提供人机界面，实现类成员函数的调用。主菜单考虑到了职工信息、工资信息和部门信息的增加和显示。

```
//systemmain.cpp
/**
 * 项目名称：顺序表类实现的职工管理系统 1.0 版
 * 作    者：梁新元
 * 实现任务：完成主菜单的设计，搭建系统框架，采用多文件实现职工信息类型、职工信息顺序表类、部门信息类、工资信息类的声明，实现职工信息顺序表类的默认构造函数和显示函数及其调用
 * 开发日期：2014 年 12 月 04 日 08:50pm
 * 修订日期：2022 年 03 月 25 日 00:25am
 */
#include <iostream>
#include "Employee.h"
```

```
using namespace std;
int main()
{
    int select = 0;        //菜单选项
    EmployeeList La;       //职工信息表
    while (1)
    {
        cout<<"1.增加职工信息"<<endl;
        cout<<"2.显示职工信息"<<endl;
        cout<<"3.增加职工工资信息"<<endl;
        cout<<"4.显示职工工资信息"<<endl;
        cout<<"5.增加部门信息"<<endl;
        cout<<"6.显示部门信息"<<endl;
        cout<<"0.退出"<<endl;
        cout<<"输入选择(0-6):";
        cin>>select;

        switch(select)
        {
        case 1:
            break;
        case 2:
            La.DisplayEmployee();
            break;
        case 3:
            break;
        case 4:
            break;
        case 5:
            break;
        case 6:
            break;
        case 0:
            return 0;
        }
    }
    system("pause");

    return 0;
}
```

选择主菜单的“显示职工信息”菜单项，得到的运行结果如图 8-4 所示。

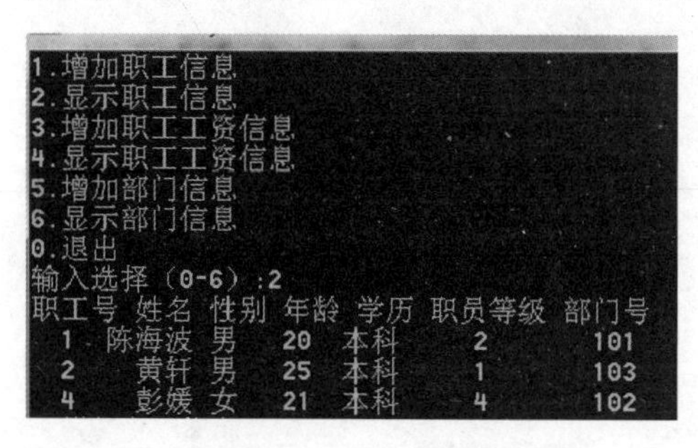

图 8-4　运行结果图

2. 实现数据交换

第 2 次迭代实现职工信息顺序表类的输入、保存和读取功能，进行数据交换。此外，还新增 2 个单独的头文件，在单独的头文件中分别定义工资信息类型和部门信息类型，并调整主菜单，简化默认构造函数。

在原来 3 个文件 employee.h、employee.cpp 和 systemmain.cpp 的基础上，增加了 2 个头文件 department.h 和 salary.h，所有文件放在 employee-system-v2.0 文件夹下。对 3 个文件 employee.h、employee.cpp 和 systemmain.cpp 都进行了大量的修改操作，变化情况如表 8-10 所示。

表 8-10　第 2 次迭代实现数据交换的变化情况表

文件类型	文 件 名	不　变	增　加	修　改
头文件	employee.h	职工信息类型	输入、保存和读取函数的声明	移除工资信息类型和部门信息类型
	新增 salary.h		工资信息类型	
	新增 department.h		部门信息类型	
实现文件	employee.cpp		输入、保存和读取函数的实现	简化默认构造函数
调用文件	systemmain.cpp		调用输入、保存和读取数据函数	主菜单

(1) 调整头文件。

(1)调整头文件.mp4

将 employee.h 分为 3 个头文件 employee.h、department.h 和 salary.h，将原来 employee.h 中的部门信息类型和工资信息类型分别放入新增头文件 department.h 和 salary.h 中。部门信息类型和工资信息类型暂时不使用，因此，不定义它们的顺序表类、不声明函数。employee.h 还为职工信息顺序表类新增输入、保存和读取数据 3 个函数的声明。还增加了常量 MaxSize 的定义。此外，头文件中的“#pragma once”语句与“#ifndef”语句的作用相同，表示该头文件只被编译一次，避免重复编译。“#ifndef”语句提供一种系统集成方式，“#pragma once”语句提供另一种系统集成方式。

```
//department.h
#pragma once                          //避免被重复编译
/*部门信息类型*/
struct Department
{
   char departNo[4];                  //部门号
   char departName[26];               //部门名称
   int  numbers;                      //人数
   int leaderNo;                      //部门负责人的职工号
};

//salary.h
#pragma once
/*工资信息类型*/
```

```
struct Salary
{
    int no;                          //职工号
    float basicSalary;               //基本工资
    float positionSalary;            //职务工资
    float salarySum;                 //总工资
    char date[11];                   //发工资时间
};

//employee.h
#define MaxSize 200
/*职工信息类型与上一个版本相同，这里不给出代码*/
/*职工信息的顺序表类*/
class EmployeeList
{
private:
    Employee data[MaxSize];          //存储数据
    int length;                      //顺序表长度
public:
    EmployeeList();                  //默认构造函数
    void DisplayEmployee();          //显示函数
    void InputEmployee(Employee Eb[],int m);     //输入函数
    bool SaveFile();                 //保存函数
    bool ReadFile();                 //读取数据函数
};
```

(2) 类的实现。

(2)类的实现.mp4

源程序文件 employee.cpp 完成类成员函数的实现，本次迭代简化默认构造函数，实现新增的输入、保存和读取数据文件 3 个函数。项目的数据可以通过输入和读取文件得到，默认构造函数不需要再提供初始化数据，只需要初始化顺序表对象的长度为 0。文件读写采用 C 语言的格式读写和块读写方式，并为读写文件提供了 3 种方法；但没有采用 C++的文件读写，留给学生自己完成。注意实现顺序：保存→构造→读取→输入，可以进行 4 次小迭代。在保存数据函数中，用户可以选择是否保存，增加操作灵活性。

```
//employee.cpp
#include <iostream>
#include <iomanip>
#include <string.h>
#include "employee.h"
using namespace std;
/*职工信息的顺序表类的实现*/
/*默认构造函数*/
EmployeeList::EmployeeList()
{
    length = 0;
}

/*显示函数代码不变，省略代码*/
/*输入函数
参数：Eb 是输入数组，m 是数组长度*/
```

```
void EmployeeList::InputEmployee(Employee Eb[],int m)
{
    int i = 0;            //数组下标，循环控制变量
    for (i = 0;i < m;i++)
    {
        data[i].no = Eb[i].no;
        strcpy(data[i].name,Eb[i].name);
        strcpy(data[i].sex,Eb[i].sex);
        data[i].age = Eb[i].age;
        strcpy(data[i].degree,Eb[i].degree);
        data[i].level = Eb[i].level;
        strcpy(data[i].departNo,Eb[i].departNo);
    }
    length = m;
}

/*保存数据函数
返回值：true 表示保存成功，false 表示保存失败*/
bool EmployeeList::SaveFile()
{
    FILE *fp = NULL;      //文件指针
    int i = 0;            //数组下标
    char isSave = 'Y';    //是否保存变量

    /*用户选择*/
    cout<<"是否保存？(Y/N):";
    cin>>isSave;
    while (isSave != 'Y' && isSave != 'y' && isSave != 'N' && isSave != 'n')
    {
        cout<<"输入错误，重新输入！"<<endl;
        cin>>isSave;
    }
    if (isSave=='N' || isSave=='n')
        return 0;

    /*打开文件*/
    fp = fopen("employee.txt","w+");
    if(!fp)
    {
        cout<<"创建文件失败!"<<endl;
        return 0;
    }

    /*保存到文件*/
    i = 0;
    while(i < length)
    {
        /*实现方法 1: fwrite(&data[i],sizeof(Employee),1,fp);
        实现方法 2:
            fprintf(fp,"%d\t%s\t%s\t%d\t%s\t%d\t%s\t\r\n",data[i].no,
                data[i].name, data[i].sex, data[i].age, data[i].degree,
                data[i].level,data[i].departNo);*/
```

```
        /*实现方法 3*/
        fprintf(fp,"%d\t",data[i].no);
        fprintf(fp,"%s\t",data[i].name);
        fprintf(fp,"%s\t",data[i].sex);
        fprintf(fp,"%d\t",data[i].age);
        fprintf(fp,"%s\t",data[i].degree);
        fprintf(fp,"%d\t",data[i].level);
        fprintf(fp,"%s\t\n",data[i].departNo);
        i++;
    }
    fclose(fp);

    return true;
}

/*读取数据函数
返回值：true 表示读取成功，false 表示读取失败*/
bool EmployeeList::ReadFile()
{
    FILE *fp = NULL;      //文件指针
    int i = 0;            //数组下标
    fp = fopen("employee.txt","r");
    if(fp == NULL)
    {
        cout<<"打开文件失败!"<<endl;
        return 0;
    }
    i = 0;
    /*实现方法 1:
    while (fread(&data[i],sizeof(Employee),1,fp)==1)
        i++;*/
    while(!feof(fp))
    {
        /*实现方法 2:
            fscanf(fp,"%d\t%s\t%s\t%d\t%s\t%d\t%s\t\n",&data[i].no,
                &data[i].name, &data[i].sex, &data[i].age, &data[i].degree,
                &data[i].level,&data[i].departNo);*/
        /*实现方法 3*/
        fscanf(fp,"%d\t",&data[i].no);
        fscanf(fp,"%s\t",&data[i].name);
        fscanf(fp,"%s\t",&data[i].sex);
        fscanf(fp,"%d\t",&data[i].age);
        fscanf(fp,"%s\t",&data[i].degree);
        fscanf(fp,"%d\t",&data[i].level);
        fscanf(fp,"%s\t\n",&data[i].departNo);
        i++;
    }
    length = i;

    return true;
}
```

(3)类的调用.mp4

(3) 类的调用。

主调函数 systemmain.cpp 调整主菜单，调用职工信息顺序表类的输入、保存和读取函数。调整主菜单的设计，将原来的菜单项“增加职工信息、显示职工信息、增加职工工资信息、显示职工工资信息、增加部门信息、显示部门信息”调整为“增加职工信息、显示职工信息、保存职工信息、读取职工信息、增加部门信息、显示部门信息”。即将“增加职工工资信息、显示职工工资信息”两项改为“保存职工信息、读取职工信息”，并调用输入、保存和读取数据函数。

```
//systemmain.cpp
/**
 * 项目名称：顺序表类实现的职工管理系统 2.0 版
 * 作    者：梁新元
 * 实现任务：调整主菜单的设计，将定义职工信息类型、部门信息类型和工资信息类型的头文件分
成 3 个头文件，新增职工信息顺序表类的输入、保存数据和读取数据函数
 * 开发日期：2014 年 12 月 08 日 09:04pm
 * 修订日期：2022 年 03 月 25 日 07:33am
 */
#include <iostream>
#include "employee.h"
using namespace std;
int main()
{
    int select = 0;             //菜单选项
    Employee Ea[MaxSize];       //职工数组
    int n = 0;                  //元素个数
    EmployeeList La;            //职工信息表
    while (1)
    {
        cout<<"1.增加职工信息"<<endl;
        cout<<"2.显示职工信息"<<endl;
        cout<<"3.保存职工信息"<<endl;
        cout<<"4.读取职工信息"<<endl;
        cout<<"5.增加部门信息"<<endl;
        cout<<"6.显示部门信息"<<endl;
        cout<<"0.退出"<<endl;
        cout<<"输入选择(0-6):";
        cin>>select;
        switch(select)
        {
        case 1:
            cout<<"确定输入记录条数：";
            cin>>n;
            while (n <= 0 || n > MaxSize)
            {
                cout<<"输入条数不合法，重新输入!";
                cin>>n;
            }
            for (int i = 0;i < n;i++)
            {
                cout<<"职工号：";
```

```
            cin>>Ea[i].no;
            cout<<"姓名: ";
            cin>>Ea[i].name;
            cout<<"性别: ";
            cin>>Ea[i].sex;
            cout<<"年龄: ";
            cin>>Ea[i].age;
            cout<<"学历: ";
            cin>>Ea[i].degree;
            cout<<"职员等级: ";
            cin>>Ea[i].level;
            cout<<"部门号: ";
            cin>>Ea[i].departNo;
         }//for
         La.InputEmployee(Ea,n);
         break;
      case 2:
         La.DisplayEmployee();
         break;
      case 3:
         La.SaveFile();
         break;
      case 4:
         La.ReadFile();
         break;
      case 5:
         break;
      case 6:
         break;
      case 0:
         return 0;
      } //switch
   } //while
   system("pause");

   return 0;
} //main
```

主菜单的第 3、4 项发生了变化，主菜单的调整对比如图 8-5 所示。

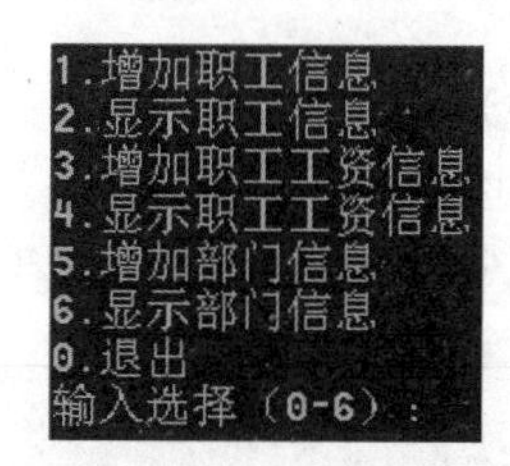

(a) 第 1 次迭代的主菜单

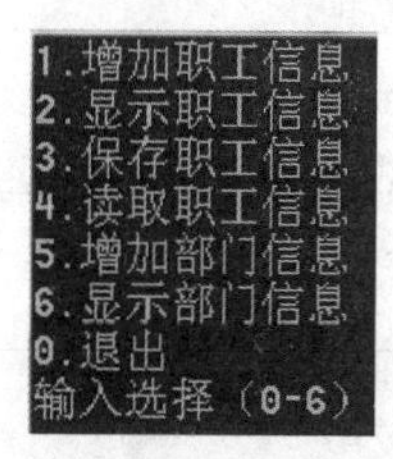

(b) 第 2 次迭代的主菜单

图 8-5　主菜单调整前后对比

3. 支撑数据更新

第 3 次迭代调整输入函数，实现职工信息顺序表类的查询、删除和修改函数，支撑数

据更新。此外，再次调整主菜单，集中处理职工信息，并将输入菜单项调用的输入语句变成输入函数。修改顺序表类的输入函数，并新增查询函数、删除函数和修改函数 3 个函数的声明、实现及其调用。查询函数和修改函数还提供了属性选择的二级菜单，删除和修改都调用了查询函数。头文件 department.h 和 salary.h 没有使用也没有变化，原来的头文件 employee.h、实现文件 employee.cpp 和调用文件 systemmain.cpp 都进行了大量修改操作，所有文件放在 employee-system-v3.0 文件夹下。变化情况如表 8-11 所示。

表 8-11　第 3 次迭代支撑数据更新的变化情况表

文件类型	文 件 名	不　变	增　加	修　改
头文件	employee.h	职工信息类型、其他函数	查询、删除和修改函数的声明	
	salary.h	没有使用也没有变化		
	department.h			
实现文件	employee.cpp	其他函数	查询、删除和修改函数的实现	顺序表类的输入函数
调用文件	systemmain.cpp		调用查询、删除和修改函数	主菜单集中处理职工信息，输入语句变成输入函数

(1) 调整头文件。

修改头文件 employee.h，为职工信息顺序表类新增查询、删除和修改 3 个函数的声明。

(1)调整头文件.mp4

```
//employee.h
#define MaxSize 200
/*职工信息类型与上一个版本相同，这里不给出代码*/
/*职工信息的顺序表类*/
class EmployeeList
{
    /*新增 3 个函数，其余不变*/
    int SearchEmployee();          //查询函数
    bool DeleteEmployee();         //删除函数
    bool ModifyEmployee();         //修改函数
};
```

(2) 调整类的实现。

源程序文件 employee.cpp 修改输入函数，实现新增的查询、删除和修改 3 个函数，查询和修改函数都给出了属性选择的二级菜单。实现顺序：输入→查询→删除→修改，还可以进行 4 次小迭代。

(2) 调整类的实现.mp4

```
//employee.cpp
#include <iostream>
#include <iomanip>
#include <string.h>
#include "employee.h"
using namespace std;
/*职工信息的顺序表类的实现*/
/*默认构造函数、显示函数、保存函数和读取函数的代码没变化，这里省略代码*/
```

首先，修改输入函数的实现代码。修改上一版代码，可以实现累积输入数据，避免覆盖以前的数据。

```
/*输入函数
参数：Eb 是输入数组，m 是数组长度*/
void EmployeeList::InputEmployee(Employee Eb[],int m)
{
    int i = 0;//数组下标，循环控制变量
    for (i = 0;i < m;i++)
    {
        data[length+i].no = Eb[i].no;
        strcpy(data[length+i].name,Eb[i].name);
        strcpy(data[length+i].sex,Eb[i].sex);
        data[length+i].age=Eb[i].age;
        strcpy(data[length+i].degree,Eb[i].degree);
        data[length+i].level = Eb[i].level;
        strcpy(data[length+i].departNo,Eb[i].departNo);
    }
    length = length + m;
    SaveFile();
}
```

其次，完成查询函数的实现代码。当数据量很大时，需要先查询到记录才能进行删除和修改操作。因此，查询是删除和修改的基础，实现删除函数和修改函数之前，需要先实现查询函数。事实上，在删除和修改之前都调用了查询函数，都调用了查询语句“k = SearchEmployee();”，根据查找结果再进行删除和修改操作。查询函数还提供了查询属性选择的二级菜单，可以选择职工号、姓名、性别、年龄、学历、等级和部门号进行查询，本次迭代只完成了按职工号查找。如果查询到，就显示查询结果。

```
/*查询函数
返回值：返回逻辑位置，查找失败返回 0*/
int EmployeeList::SearchEmployee()
{
    int i = 0;          //数组下标
    int choice = 0; //菜单选项

    /*处理特殊情况*/
    if (length == 0)
    {
        cout<<"没有数据，不能查找"<<endl;
        return 0;
    }

    /*查询菜单及执行*/
    cout<<"1.职工号 ";
    cout<<"2.姓名 ";
    cout<<"3.性别 ";
    cout<<"4.年龄 ";
    cout<<"5.学历 ";
    cout<<"6.等级 ";
    cout<<"7.部门号"<<endl;
    cout<<"查询选择(1-7): ";
```

```
    cin>>choice;
    switch (choice)
    {
    case 1:
        int no;        //职工号
        cout<<"输入职工号：";
        cin>>no;
        while (i < length && data[i].no != no)
            i++;
        break;
    case 2:
        break;
    case 3:
        break;
    case 4:
        break;
    case 5:
        break;
    case 6:
        break;
    case 7:
        break;
    }

    /*处理查询结果*/
    if (i >= length)
    {
        cout<<"没有找到"<<endl;
        return 0;
    }
    cout<<"找到的职工信息"<<endl;
    cout<<"职工号     姓名  性别 年龄 学历 职员等级 部门号"<<endl;
    cout<<setw(3)<<data[i].no;
    cout<<setw(10)<<data[i].name;
    cout<<setw(5)<<data[i].sex;
    cout<<setw(5)<<data[i].age;
    cout<<setw(6)<<data[i].degree;
    cout<<setw(6)<<data[i].level;
    cout<<setw(10)<<data[i].departNo<<endl;
    return i + 1;
}
```


再次，完成删除函数。删除函数需要先进行查找，调用查询函数“k = SearchEmployee();”，根据查找结果再选择删除策略。如果查找成功，可以选择是否删除；如果选择删除，将后续数据往前移动。删除完成后，用户还可以选择是否保存。

```
/*删除函数
返回值：1 表示删除成功，0 表示删除失败*/
bool EmployeeList::DeleteEmployee()
{
    cout<<"现在开始执行删除，请慎重操作！！！"<<endl;
    int i = 0;                //数组下标，循环控制变量
```

```
    int k = 0;            //删除记录的位置
    k = SearchEmployee();
    if (!k)
    {
        cout<<"没有找到数据，无法删除"<<endl;
        return 0;
    }

    bool isDelete = 0;   //是否删除
    cout<<"你真的要删除吗？(1:删除 0:不删除)"<<endl;
    cin>>isDelete;
    if (!isDelete)
        return 0;

    for (i = k - 1;i < length;i++)
    {
        data[i].no = data[i+1].no;
        strcpy(data[i].name,data[i+1].name);
        strcpy(data[i].sex,data[i+1].sex);
        data[i].age = data[i+1].age;
        strcpy(data[i].degree,data[i+1].degree);
        data[i].level = data[i+1].level;
        strcpy(data[i].departNo,data[i+1].departNo);
    }
    length--;
    SaveFile();

    return 1;
}
```

最后，完成修改函数。修改函数需要先进行查找，调用查询函数“i = SearchEmployee();”找到需要修改的记录，根据查找结果再选择修改策略。修改函数提供了属性选择的二级菜单，可以选择职工号、姓名、性别、年龄、学历、等级和部门号进行修改。修改完成后，用户还可以选择是否保存。

```
/*修改函数
返回值：true 表示修改成功，false 表示修改失败*/
bool EmployeeList::ModifyEmployee()
{
    int i = 0;            //记录号
    i = SearchEmployee();
    cout<<"现在执行修改操作"<<endl;
    if (i == 0)
    {
        cout<<"没有找到数据，无法进行修改"<<endl;
        return false;
    }

    /*修改菜单及执行*/
    int choice = 0;       //菜单选择
    cout<<"1.职工号 ";
    cout<<"2.姓名 ";
```

```
    cout<<"3.性别 ";
    cout<<"4.年龄 ";
    cout<<"5.学历 ";
    cout<<"6.等级 ";
    cout<<"7.部门号"<<endl;
    cout<<"选择修改属性(1-7): ";
    cin>>choice;
    switch (choice)
    {
    case 1:
        int no;       //职工号
        cout<<"输入职工号: ";
        cin>>no;
        data[i-1].no = no;
        break;
    case 2:
        break;
    case 3:
        break;
    case 4:
        break;
    case 5:
        break;
    case 6:
        break;
    case 7:
        break;
    }
    SaveFile();

    return true;
}
```

(3) 调整类的调用。

(3)调整类的调用.mp4

调整类的调用需要修改主调程序 systemmain.cpp，完成数据输入函数并调整主菜单。

首先，完成数据输入函数的声明和实现，将输入菜单项调用的输入语句变成输入函数。

```
/*数据输入函数的实现
参数：Eb是输入数组，m是数组长度的引用*/
void input(Employee Eb[],int &m){
    cout<<"确定输入记录条数: ";
    cin>>m;
    while (m <= 0 || m > MaxSize)    {
        cout<<"输入条数不合法，重新输入!";
        cin>>m;
    }
    for (int i = 0;i < m;i++)
    {
        cout<<"第"<<i+1<<"条记录"<<endl;
```

```
        cout<<"职工号：";
        cin>>Eb[i].no;
        cout<<"姓名：";
        cin>>Eb[i].name;
        cout<<"性别：";
        cin>>Eb[i].sex;
        cout<<"年龄：";
        cin>>Eb[i].age;
        cout<<"学历：";
        cin>>Eb[i].degree;
        cout<<"职员等级：";
        cin>>Eb[i].level;
        cout<<"部门号";
        cin>>Eb[i].departNo;
    }
}
```

其次，需要调整主菜单。主调程序 systemmain.cpp 再次调整主菜单的设计，集中处理职工信息，调整主菜单的函数调用，将输入菜单调用的输入语句变成数据输入函数。为了调用职工信息顺序表类的输入、保存和读取函数，将原来主菜单中的“增加职工信息、显示职工信息、保存职工信息、读取职工信息、增加部门信息、显示部门信息”调整为“增加职工信息、删除职工信息、修改职工信息、查询职工信息、显示职工信息、保存职工信息”。

```
//systemmain.cpp
/**
 * 项目名称：顺序表类实现的职工管理系统 3.0 版
 * 作　　者：梁新元
 * 实现任务：调整主菜单的设计，集中处理职工信息；修改顺序表类输入函数并新增查询、删除和
修改 3 个函数的声明、实现及其调用，将输入菜单调用的输入语句变成输入函数
 * 开发日期：2014 年 12 月 15 日 08:51pm
 * 修订日期：2022 年 03 月 25 日 12:06am
 */
#include <iostream>
#include "employee.h"
using namespace std;
void input(Employee Eb[],int &m);//数据输入函数的声明
int main()
{
    int select = 0;                 //菜单选项
    bool isDelete= 0;               //是否删除
    Employee Ea[MaxSize];           //职工数组
    int n = 0;                      //元素个数
    EmployeeList La;                //职工信息表
    La.ReadFile();                  //读入职工信息
    while (1)
    {
        cout<<"1.增加职工信息"<<endl;
        cout<<"2.删除职工信息"<<endl;
        cout<<"3.修改职工信息"<<endl;
        cout<<"4.查询职工信息"<<endl;
```

```
    cout<<"5.显示职工信息"<<endl;
    cout<<"6.保存职工信息"<<endl;
    cout<<"0.退出"<<endl;
    cout<<"输入选择(0-6):";
    cin>>select;
    switch(select)
    {
    case 1:
        input(Ea,n);
        La.InputEmployee(Ea,n);
        break;
    case 2:
        isDelete = La.DeleteEmployee();
        /*如果在删除函数中没有选择保存，用户还可以选择保存*/
        if (isDelete)
        {
            La.SaveFile();
        }
        break;
    case 3:
        La.ModifyEmployee();
        break;
    case 4:
        La.SearchEmployee();
        break;
    case 5:
        La.DisplayEmployee();
        break;
    case 6:
        La.SaveFile();
        break;
    case 0:
        return 0;
    }
  }
  system("pause");

  return 1;
}
```


本次迭代调整了主菜单的第 2、3、4、5、6 项，变成处理职工信息，调整对比如图 8-6 所示。

(a) 第 2 次迭代的主菜单

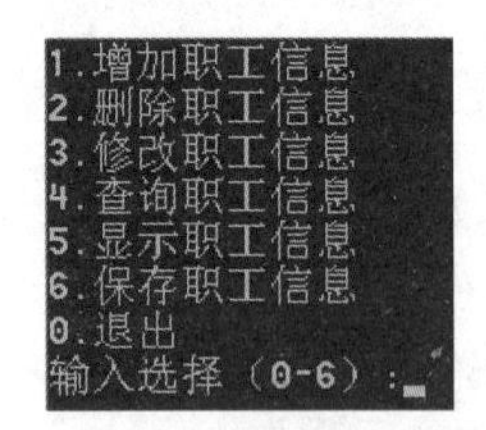

(b) 第 3 次迭代的主菜单

图 8-6　主菜单调整前后对比

8.2.3　提供丰富查询

本节的 3 个小节完成第 4、5、6 次迭代，依次提供查询功能、完善查询功能和补充查询属性。

1. 提供查询功能

第 4 次迭代主菜单不变，新增一般构造函数、精确查询函数、范围查询函数、模糊查询函数和组合查询函数共 5 个函数，提供丰富的查询功能(精确查询、范围查询、模糊查询和组合查询)，能够查询多条数据。此外，调整查询函数、删除函数和修改函数这 3 个函数的实现代码，能够支撑丰富查询功能并处理查询的多条数据。本次迭代的组合查询函数设计得非常巧妙，可以按照任意顺序组合多条件进行查询；组合查询函数逻辑较复杂且代码比较长，需要学生非常有耐心才能看懂。

本次迭代只修改了 employee.h 和 employee.cpp，头文件 department.h 和 salary.h 没有使用也没有变化，调用文件 systemmain.cpp 也没有变化，所有文件放在 employee-system-v4.0 文件夹下。变化情况如表 8-12 所示。

表 8-12　第 4 次迭代提供丰富查询功能的变化情况表

文件类型	不　变	增　加	修　改
头文件 employee.h	职工信息类型、其他函数	一般构造、精确查询、范围查询、模糊查询和组合查询的函数声明	查询函数的返回值类型
实现文件 employee.cpp	其他函数	一般构造、精确查询、范围查询、模糊查询和组合查询的函数实现	查询、删除和修改的函数实现

本次迭代新增 5 个函数，修改 3 个函数，为了理解函数的调用关系和实现顺序，给出如图 8-7 所示的关系图。

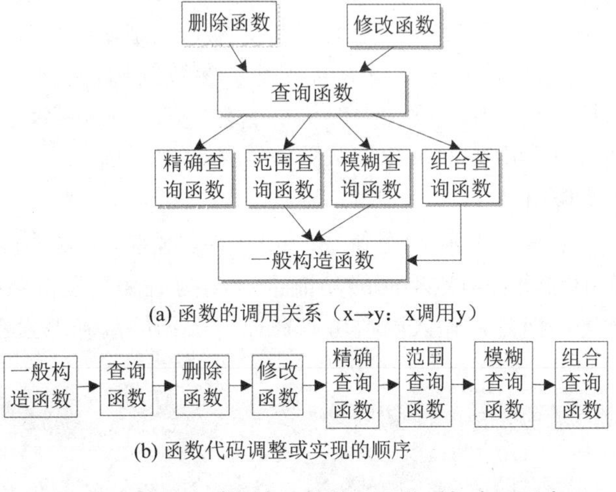

图 8-7　第 4 次迭代中函数的调用关系与实现顺序

图 8-7(a)展示了函数的支撑关系(即调用关系)，一般构造函数被范围查询函数、模糊查询函数和组合查询函数进行调用，查询函数又调用 4 个查询功能函数(精确查询函数、范围

查询函数、模糊查询函数和组合查询函数)，删除函数和修改函数调用查询函数。图 8-7(b)展示了函数代码调整或实现的顺序。本次迭代把实现代码分成 5 个阶段，进行多次小迭代完成。首先，需要实现职工信息顺序表类的一般构造函数，以生成顺序表对象，处理查询结果的多条数据。其次，修改查询函数代码，修改查询菜单，从选择查询属性变成选择查询功能，为删除函数和修改函数提供查询工具，传递多条查询结果。再次，调整删除函数和修改函数的代码，从只能查询到一条记录转变为能查询多条记录，并从中选择一条进行删除和修改。最后，完成精确查询、范围查询和模糊查询 3 个功能查询，并通过查询函数进行验证。考虑到组合查询函数比较复杂，放在最后一个阶段完成。

(1) 调整头文件。

修改头文件 employee.h，在职工信息顺序表类中新增一般构造函数、精确查询函数、范围查询函数、模糊查询函数和组合查询函数 5 个函数声明，还需要修改查询函数 SearchEmployee()的返回值类型，将 int 类型改为 EmployeeList 类型。

```
//employee.h
#define MaxSize 200
/*职工信息类型与上一个版本相同，这里不给出代码*/
/*职工信息的顺序表类*/
class EmployeeList{
    //int SearchEmployee();                      //查询函数
    EmployeeList SearchEmployee();               //查询函数
    /*新增 5 个函数，其余不变*/
    EmployeeList(Employee Eb[],int m);           //一般构造函数
    int AccurateSearchEmployee();                //精确查询函数
    EmployeeList RangeSearchEmployee();          //范围查询函数
    EmployeeList FuzzySearchEmployee();          //模糊查询函数
    EmployeeList CombinateSearchEmployee();      //组合查询函数
};
```

(2) 实现一般构造函数。

在所有新增函数和调整函数中，本次迭代需要首先完成一般构造函数的实现代码，在源程序文件 employee.cpp 中实现第一个新增函数。默认构造函数不带参数，为新建立的对象提供系统默认的初始化数据。一般构造函数是带参数的构造函数，接受外部传入的数据，为新建立的对象提供初始化数据。一般构造函数能够生成顺序表对象，它能处理本次迭代查询结果的多条数据，由查询函数、范围查询函数、模糊查询函数和组合查询函数进行调用，不在主函数中调用。

请注意一般构造函数与输入函数(见第 3 次迭代)的区别。一般构造函数在接受输入数据后进行初始化，实现与输入函数不同的功能；一般构造函数使得数据每次下标从 0 开始，会覆盖以前的数据；但是，输入函数可以在以前数据的基础上累积输入数据，避免覆盖以前的数据。

```
/*一般构造函数(带参数的构造函数)
功能：由数组 Eb 中的 m 个元素构造顺序表
参数：Eb 是数组，m 是数组长度*/
EmployeeList::EmployeeList(Employee Eb[],int m)
{
    int i = 0;//数组下标，循环控制变量
    for (i = 0;i < m;i++)
```

```
    {
        data[i].no = Eb[i].no;
        strcpy(data[i].name,Eb[i].name);
        strcpy(data[i].sex,Eb[i].sex);
        data[i].age = Eb[i].age;
        strcpy(data[i].degree,Eb[i].degree);
        data[i].level = Eb[i].level;
        strcpy(data[i].departNo,Eb[i].departNo);
    }
    length = m;
}
```

(3) 调整查询函数的实现。

在源程序文件 employee.cpp 中调整查询函数。第 3 次迭代提供的是属性菜单，只能按照属性进行选择查询，实际只实现了按职工号进行精确查询。由于新增了精确查询、范围查询、模糊查询和组合查询 4 种查询功能，需要调整查询函数的查询菜单。这次迭代将查询函数做了很大调整，调整了查询菜单，从选择属性查询变成了选择查询功能(包括精确查询、模糊查询、范围查询和组合查询)，如图 8-8 所示。本次迭代后，查询可以选择“精确查询、范围查询、模糊查询和组合查询”，提供了丰富的查询功能。新增查询功能(范围查询、模糊查询和组合查询)能查询到多条数据，查询函数需要返回顺序表对象来处理这些数据。

```
1.增加职工信息
2.删除职工信息
3.修改职工信息
4.查询职工信息
5.显示职工信息
6.保存职工信息
0.退出
输入选择(0-6):4
1.职工号 2.姓名 3.性别 4.年龄 5.学历 6.等级 7.部门号
查询选择(1-7):
```

(a) 第 3 次迭代的查询菜单

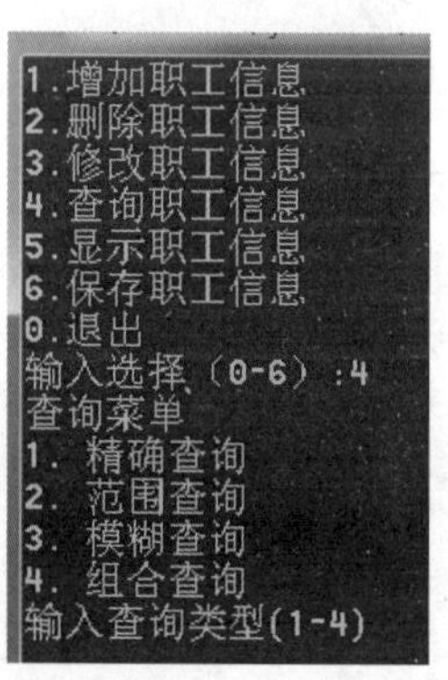

(b) 第 4 次迭代的查询菜单

图 8-8　查询菜单调整前后对比

```
//employee.cpp
#include <iostream>
#include <iomanip>
#include <string.h>
#include "employee.h"
using namespace std;
/*职工信息的顺序表类的实现*/
/*默认构造函数、显示函数、输入函数、读取函数和保存函数的代码不变，这里省略*/

/*查询函数
返回值：顺序表类型*/
EmployeeList EmployeeList::SearchEmployee()
{
    int menu = 0;          //菜单选择
```

```
    EmployeeList Eb;     //声明一个职工对象
    cout<<"查询菜单"<<endl;
    cout<<"1. 精确查询"<<endl;
    cout<<"2. 范围查询"<<endl;
    cout<<"3. 模糊查询"<<endl;
    cout<<"4. 组合查询"<<endl;
    cout<<"输入查询类型(1-4)";
    cin>>menu;
    switch(menu)
    {
    case 1:
        AccurateSearchEmployee();
        break;
    case 2:
        Eb = RangeSearchEmployee();
        break;
    case 3:
        Eb = FuzzySearchEmployee();
        break;
    case 4:
        Eb = CombinateSearchEmployee();
        break;
    }
    return Eb;
}
```

(4) 调整删除函数和修改函数的实现。

源程序文件 employee.cpp 依次调整删除函数和修改函数的实现代码。

首先，调整删除函数的代码。调整删除函数的查询代码，从上一个版本只能查询到一条记录转变为能查询到多条记录，并从中选择一条进行删除。因此，需要用主关键字职工号 no 重新定位原来顺序表中的位置才能进行删除。

```
/*删除函数
返回值：返回逻辑位置，查找失败返回 0*/
bool EmployeeList::DeleteEmployee()
{
    cout<<"现在开始执行删除，请慎重操作！！！"<<endl;
    int i = 0;                  //数组下标，循环控制变量
    EmployeeList Eb;            //声明一个职工对象

    Eb = SearchEmployee();   //先查询再删除
    if (Eb.length == 0)
    {
        cout<<"没有找到数据，无法删除"<<endl;
        return 0;
    }

    int k = 0;         //查找表(得到的查询结果表)中要删除记录的记录号(即逻辑位置)
    cout<<"确定要删除的记录号：("<<1<<"-"<<Eb.length<<")";
    cin>>k;
    bool isDelete = 0;        //是否删除
```

```
    cout<<"你真的要删除吗？(1:删除 0:不删除)"<<endl;
    cin>>isDelete;
    if (!isDelete)
        return 0;

    /*查询到一条记录并删除一条记录
    for (i = k - 1;i < length;i++)
    {
        data[i].no = data[i+1].no;
        strcpy(data[i].name,data[i+1].name);
        strcpy(data[i].sex,data[i+1].sex);
        data[i].age = data[i+1].age;
        strcpy(data[i].degree,data[i+1].degree);
        data[i].level = data[i+1].level;
        strcpy(data[i].departNo,data[i+1].departNo);
    }*/

    /*查询到多条记录并删除一条记录，需要在原始表中查找删除记录的下标，
    查找表中的记录号 k 转换为原始表中的下标 m*/
    int m = 0;              //原始表(原来职工表)中要删除记录的下标
    m = 0;
    i = 0;
    while (i < length && data[i].no != Eb.data[k-1].no)
    {
        i++;
    }
    m = i;
    for (i = m;i < length;i++)
    {
        data[i].no = data[i+1].no;
        strcpy(data[i].name,data[i+1].name);
        strcpy(data[i].sex,data[i+1].sex);
        data[i].age = data[i+1].age;
        strcpy(data[i].degree,data[i+1].degree);
        data[i].level = data[i+1].level;
        strcpy(data[i].departNo,data[i+1].departNo);
    }
    length--;
    SaveFile();
    return 1;
}
```

其次，调整修改函数的代码。调整修改函数的查询代码，从上一个版本只能查询到一条记录转变为能查询多条记录，并从中选择一条进行修改。因此，需要用主关键字职工号 no 重新定位原来顺序表中的位置才能进行修改。

```
/*修改函数
返回值：返回逻辑位置，查找失败返回 0*/
bool EmployeeList::ModifyEmployee()
{
    int i = 0;                  //数组下标，循环控制变量
    EmployeeList Eb;            //声明一个职工对象
```

```
Eb = SearchEmployee();  //先查询再修改
cout<<"现在执行修改操作"<<endl;
if (Eb.length == 0)
{
    cout<<"没有找到数据，无法进行修改"<<endl;
    return false;
}

int k = 0;                  //查找表中要修改记录的记录号
int m = 0;                  //原始表中要修改记录的下标
cout<<"确定修改的记录号：("<<1<<"-"<<Eb.length<<")";
cin>>k;
/*查找表中的记录号 k 转换为原始表中的下标 m*/
m = 0;
i = 0;
while (i < length && data[i].no != Eb.data[k-1].no)     //no 是主关键字
{
    i++;
}

/*执行修改*/;
int choice = 0;             //菜单选择
cout<<"1.职工号 ";
cout<<"2.姓名 ";
cout<<"3.性别 ";
cout<<"4.年龄 ";
cout<<"5.学历 ";
cout<<"6.等级 ";
cout<<"7.部门号"<<endl;
cout<<"选择修改属性(1-7):  ";
cin>>choice;
switch (choice)
{
case 1:
    int no;//职工号
    cout<<"输入新的职工号：";
    cin>>no;
    data[m].no = no;
    break;
case 2:
    char name[10];          //职工姓名
    cout<<"输入新的职工姓名：";
    cin>>name;
    strcpy(data[m].name,name);
    break;
case 3:
    break;
case 4:
    break;
case 5:
    break;
```

```
    case 6:
        break;
    case 7:
        break;
    }
    SaveFile();

    return true;
}
```

(5) 完成3个新增查询函数的实现。

源程序文件employee.cpp中完成了3个新增查询函数(精确查询函数、范围查询函数、模糊查询函数)的实现代码。

首先，完成精确查询函数的实现代码。精确查询函数的代码与第3次迭代的查询函数SearchEmployee()的代码基本相同，只是修改了函数名称。精确查询函数提供了属性选择菜单，只能查询符合条件的第一条记录。

```
/*精确查询函数
返回值：返回逻辑位置，查找失败返回0*/
int EmployeeList::AccurateSearchEmployee(){
    int i = 0;                    //数组下标，循环控制变量
    int choice = 0;               //菜单选项

    /*处理特殊情况，增强健壮性*/
    if (length == 0)    {
        cout<<"没有数据，不能查找"<<endl;
        return 0;
    }

    /*查询菜单及执行*/
    cout<<"1.职工号 ";
    cout<<"2.姓名 ";
    cout<<"3.性别 ";
    cout<<"4.年龄 ";
    cout<<"5.学历 ";
    cout<<"6.等级 ";
    cout<<"7.部门号"<<endl;
    cout<<"查询选择(1-7): ";
    cin>>choice;
    switch (choice)
    {
    case 1:
        int no;                   //职工号
        cout<<"输入职工号: ";
        cin>>no;
        while (i < length && data[i].no != no)
            i++;
        break;
    case 2:
        char name[10];            //姓名
        cout<<"输入职工姓名: ";
```

```
        cin>>name;
        while (i < length && strcmp(data[i].name,name) != 0)
            i++;
        break;
    case 3:
        break;
    case 4:
        break;
    case 5:
        break;
    case 6:
        break;
    case 7:
        break;
    }

    /*处理查询结果*/
    if (i >= length)
    {
        cout<<"没有找到"<<endl;
        return 0;
    }
    cout<<"找到的职工信息"<<endl;
    cout<<"职工号      姓名   性别 年龄 学历 职员等级 部门号"<<endl;
    cout<<setw(3)<<data[i].no;
    cout<<setw(10)<<data[i].name;
    cout<<setw(5)<<data[i].sex;
    cout<<setw(5)<<data[i].age;
    cout<<setw(6)<<data[i].degree;
    cout<<setw(6)<<data[i].level;
    cout<<setw(10)<<data[i].departNo<<endl;

    return i+1;
}
```

其次，完成范围查询函数的实现代码。范围查询函数按照取值范围进行查询，提供了职工号、年龄和等级这类数据(整型和实型为主的数据类型)的查询功能，能查找到多条记录。因此，范围查询函数需要调用一般构造函数，处理查询得到的多条数据，将查询结果放在新生成的顺序表对象中。

注意： 在case中不能初始化新定义的变量。

```
/*范围查询函数
返回值：顺序表类型*/
EmployeeList EmployeeList::RangeSearchEmployee()
{
    EmployeeList Eb;                      //声明一个职工对象用于查找
    int i = 0;                            //数组下标，循环控制变量
    int choice = 0;                       //菜单选项
    Employee searchTable[MaxSize];        //查找表存放查询结果
    int k = 0;                            //记录查找表中元素的个数
```

```
/*处理特殊情况，增强健壮性*/
if (length == 0)
{
    cout<<"没有数据，不能查找"<<endl;
    return Eb;
}

/*选择菜单进行查询*/
cout<<"1.职工号 ";
cout<<"2.年龄 ";
cout<<"3.等级 ";
cout<<"查询选择(1-3): ";
cin>>choice;
switch (choice)
{
case 1:
    int noMin;        //职工号的最小值
    int noMax;        //职工号的最大值
    cout<<"输入职工号的范围: ";
    cin>>noMin;
    cin>>noMax;
    for (i = 0;i < length;i++)
    {
        if (data[i].no >= noMin && data[i].no <= noMax)
        {
            searchTable[k].no = data[i].no;
            strcpy(searchTable[k].name,data[i].name);
            strcpy(searchTable[k].sex,data[i].sex);
            searchTable[k].age = data[i].age;
            strcpy(searchTable[k].degree,data[i].degree);
            searchTable[k].level = data[i].level;
            strcpy(searchTable[k].departNo,data[i].departNo);
            k++;
        }
    }
    break;
case 2:
    int ageMin;       //职工年龄的最小值
    int ageMax;       //职工年龄的最大值
    cout<<"输入职工年龄的范围: ";
    cin>>ageMin;
    cin>>ageMax;
    for (i = 0;i < length;i++)
    {
        if (data[i].age >= ageMin && data[i].age <= ageMax)
        {
            searchTable[k].no = data[i].no;
            strcpy(searchTable[k].name,data[i].name);
            strcpy(searchTable[k].sex,data[i].sex);
            searchTable[k].age = data[i].age;
            strcpy(searchTable[k].degree,data[i].degree);
            searchTable[k].level = data[i].level;
```

```
            strcpy(searchTable[k].departNo,data[i].departNo);
            k++;
        }
    }
    break;
case 3:
    break;
}//switch

/*处理查询结果*/
if (k == 0)
{
    cout<<"没有找到"<<endl;
    return Eb;
}
EmployeeList Ec(searchTable,k);      //声明一个职工对象用于查找
/*显示查找到的职工信息*/
cout<<"找到的职工信息"<<endl;
/*cout<<"职工号    姓名  性别 年龄 学历 职员等级 部门号"<<endl;
for (i = 0;i < k;i++)     {
    cout<<setw(3)<<searchTable[i].no;
    cout<<setw(10)<<searchTable[i].name;
    cout<<setw(5)<<searchTable[i].sex;
    cout<<setw(5)<<searchTable[i].age;
    cout<<setw(6)<<searchTable[i].degree;
    cout<<setw(6)<<searchTable[i].level;
    cout<<setw(10)<<searchTable[i].departNo<<endl;
}*/
Ec.DisplayEmployee();

return Ec;
}
```

最后，完成模糊查询函数的实现代码。模糊查询函数根据属性的部分信息实现查询，提供了姓名、学历和部门号这类字符串数据的查询方式，能查找到多条记录，需要调用一般构造函数，将查询结果放在新生成的顺序表对象中。

注意：模糊查询只能查询字符串的属性，找到 name 中含有“张”字则 strstr(name,"张")值为 NULL(或 0)。

```
/*模糊查询函数
返回值：顺序表类型*/
EmployeeList EmployeeList::FuzzySearchEmployee()
{
    EmployeeList Eb;                        //声明一个职工对象用于查找
    int i = 0;                              //数组下标，循环控制变量
    int choice = 0;                         //菜单选项
    Employee searchTable[MaxSize];          //查找表
    int k = 0;                              //记录查找表中元素的个数

    /*处理特殊情况，增强健壮性*/
    if (length == 0){
        cout<<"没有数据，不能查找"<<endl;
```

```
    return Eb;
  }

  /*查询菜单及执行*/
  cout<<"1.职工姓名 ";
  cout<<"2.学历 ";
  cout<<"3.部门号 ";
  cout<<"查询选择(1-3): ";
  cin>>choice;
  switch (choice)
  {
  case 1:
     char name[10];                //职工姓名
     cout<<"输入职工姓名(部分内容): ";
     cin>>name;
     for (i = 0;i < length;i++)    {
        if (strstr(data[i].name,name))
        {
           searchTable[k].no = data[i].no;
           strcpy(searchTable[k].name,data[i].name);
           strcpy(searchTable[k].sex,data[i].sex);
           searchTable[k].age = data[i].age;
           strcpy(searchTable[k].degree,data[i].degree);
           searchTable[k].level = data[i].level;
           strcpy(searchTable[k].departNo,data[i].departNo);
           k++;
        }
     }
     break;
  case 2:
     break;
  case 3:
     break;
  }//switch


  /*处理查询结果*/
  if (k == 0)
  {
     cout<<"没有找到"<<endl;
     return Eb;
  }
  EmployeeList Ec(searchTable,k);      //声明一个职工对象用于查找
  / *显示查找到的职工信息*/
  cout<<"找到的职工信息"<<endl;
  Ec.DisplayEmployee();

  return Ec;
}
```

(6) 实现组合查询函数。

组合查询函数是本次新增函数，考虑到逻辑较复杂且代码比较长，代码有 188 行，因

此，单独作为 1 小节。组合查询函数设计得非常巧妙，可以按照任意顺序组合多个条件进行查询。组合查询函数提供了组合职工号、年龄、学历多个条件进行查询的功能，能查找到多条记录。按照设定查询条件依次查询得到一个查询表，在查询表基础上继续进行查询。因此，需要设定一个临时查询表来存储中间查询结果。如果按照职工号和学历进行依次查询，需要先按职工号查询得到查询表，在得到的查询表中再按照学历进行查询。语句“char choice[4];”的设计非常巧妙，可以按照任意顺序进行组合查询，例如，输入“312”则按照“学历→职工号→年龄”的顺序依次进行查询，输入“231”则按照“年龄→学历→职工号”的顺序依次进行查询。组合查询也需要调用一般构造函数，生成最后的查询结果对象。组合查询通过循环和多分支结构实现，每个分支都要进行输入/输出、生成并显示查询表的操作，处理的流程图如图 8-9 所示。组合查询函数逻辑较复杂且代码比较长，需要学生非常有耐心才能看懂。

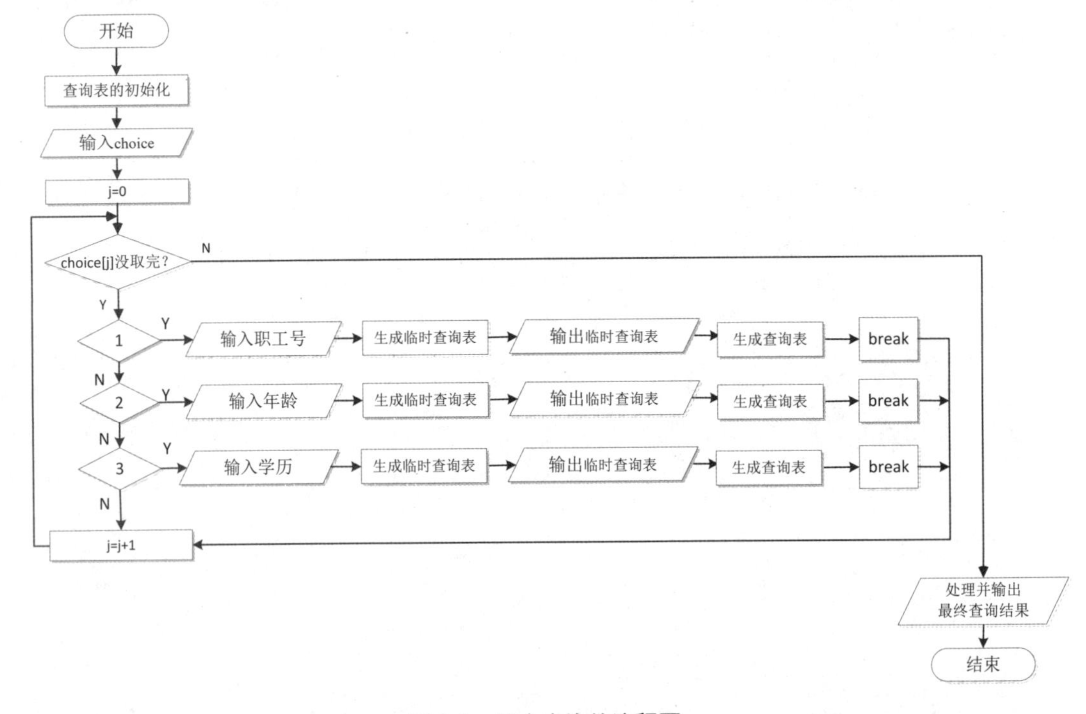

图 8-9　组合查询的流程图

```
/*组合查询函数(能查找到多条记录，多个条件组合进行查询，逻辑比较复杂)
返回值：顺序表类型*/
EmployeeList EmployeeList::CombinateSearchEmployee()
{
    EmployeeList Eb;                    //声明一个职工对象用于查找
    Employee searchTable[MaxSize];      //第 1 个查询表
    Employee tempTable[MaxSize];        //第 2 个查询表，临时查询表，存储中间结果
    int i = 0;          //查询表的数组下标
    int k = 0;          //记录第 1 个查询表中元素的个数
    int m = 0;          //记录第 2 个查询表中元素的个数
    if (length == 0)
    {
        cout<<"没有数据，不能查找"<<endl;
```

```
    return Eb;
}

/*查询表的初始化*/
for (i = 0;i < length;i++)
{
    searchTable[k].no = data[i].no;
    strcpy(searchTable[k].name,data[i].name);
    strcpy(searchTable[k].sex,data[i].sex);
    searchTable[k].age = data[i].age;
    strcpy(searchTable[k].degree,data[i].degree);
    searchTable[k].level = data[i].level;
    strcpy(searchTable[k].departNo,data[i].departNo);
    k++;
}
cout<<"1.职工号 ";
cout<<"2.年龄 ";
cout<<"3.学历 ";
cout<<"输入编号进行查询选择，可以多选(1-3)： ";
char choice[4];       //菜单选项
cin>>choice;
int j = 0;            //菜单选项 choice 字符串的下标
while (choice[j] != '\0')
{
    switch (choice[j])
    {
    case '1':
        int noMin;    //职工号的最小值
        int noMax;    //职工号的最大值
        cout<<"输入职工号的范围：";
        cin>>noMin;
        cin>>noMax;
        m = 0;

        /*查询结果放入临时查询表*/
        for (i = 0;i < k;i++)
        {
            if (searchTable[i].no>=noMin && searchTable[i].no<=noMax)
            {
                tempTable[m].no = searchTable[i].no;
                strcpy(tempTable[m].name,searchTable[i].name);
                strcpy(tempTable[m].sex,searchTable[i].sex);
                tempTable[m].age = searchTable[i].age;
                strcpy(tempTable[m].degree,searchTable[i].degree);
                tempTable[m].level = searchTable[i].level;
                strcpy(tempTable[m].departNo,searchTable[i].departNo);
                m++;
            }
        }

        /*输出临时查询表*/
        cout<<"职工号    姓名  性别 年龄 学历 职员等级 部门号"<<endl;
```

```
        for (i = 0;i < m;i++)
        {
            cout<<setw(3)<<tempTable[i].no;
            cout<<setw(10)<<tempTable[i].name;
            cout<<setw(5)<<tempTable[i].sex;
            cout<<setw(5)<<tempTable[i].age;
            cout<<setw(6)<<tempTable[i].degree;
            cout<<setw(6)<<tempTable[i].level;
            cout<<setw(10)<<tempTable[i].departNo<<endl;
        }

        /*将临时查询表数据复制到查询表中，准备接受下一轮查询*/
        for (i = 0;i < m;i++)
        {
            searchTable[i].no = tempTable[i].no;
            strcpy(searchTable[i].name,tempTable[i].name);
            strcpy(searchTable[i].sex,tempTable[i].sex);
            searchTable[i].age = tempTable[i].age;
            strcpy(searchTable[i].degree,tempTable[i].degree);
            searchTable[i].level = tempTable[i].level;
            strcpy(searchTable[i].departNo,tempTable[i].departNo);
        }
        k = m;
        break;
    case '2':
        int ageMin;//职工年龄的最小值
        int ageMax;//职工年龄的最大值
        cout<<"输入职工年龄的范围：";
        cin>>ageMin;
        cin>>ageMax;

        /*查询结果放入临时查询表*/
        m = 0;
        for (i = 0;i < k;i++)
        {
            if (searchTable[i].age>=ageMin && searchTable[i].age<=ageMax)
            {
                tempTable[m].no = searchTable[i].no;
                strcpy(tempTable[m].name,searchTable[i].name);
                strcpy(tempTable[m].sex,searchTable[i].sex);
                tempTable[m].age = searchTable[i].age;
                strcpy(tempTable[m].degree,searchTable[i].degree);
                tempTable[m].level = searchTable[i].level;
                strcpy(tempTable[m].departNo,searchTable[i].departNo);
                m++;
            }
        }

        /*输出临时查询表*/
        cout<<"职工号     姓名  性别 年龄 学历 职员等级 部门号"<<endl;
        for (i = 0;i < m;i++)
        {
```

```
            cout<<setw(3)<<tempTable[i].no;
            cout<<setw(10)<<tempTable[i].name;
            cout<<setw(5)<<tempTable[i].sex;
            cout<<setw(5)<<tempTable[i].age;
            cout<<setw(6)<<tempTable[i].degree;
            cout<<setw(6)<<tempTable[i].level;
            cout<<setw(10)<<tempTable[i].departNo<<endl;
        }

        /*将临时查询表数据复制到查询表中，准备接受下一轮查询*/
        for (i = 0;i < m;i++)
        {
            searchTable[i].no = tempTable[i].no;
            strcpy(searchTable[i].name,tempTable[i].name);
            strcpy(searchTable[i].sex,tempTable[i].sex);
            searchTable[i].age = tempTable[i].age;
            strcpy(searchTable[i].degree,tempTable[i].degree);
            searchTable[i].level = tempTable[i].level;
            strcpy(searchTable[i].departNo,tempTable[i].departNo);
        }
        k = m;
        break;
    case '3':
        char degree[10];//职工学历
        cout<<"输入职工学历：";
        cin>>degree;

        /*查询结果放入临时查询表*/
        m = 0;
        for (i = 0;i < k;i++)
        {
            if (!strcmp(searchTable[i].degree,degree))
            {
                tempTable[m].no = searchTable[i].no;
                strcpy(tempTable[m].name,searchTable[i].name);
                strcpy(tempTable[m].sex,searchTable[i].sex);
                tempTable[m].age = searchTable[i].age;
                strcpy(tempTable[m].degree,searchTable[i].degree);
                tempTable[m].level = searchTable[i].level;
                strcpy(tempTable[m].departNo,searchTable[i].departNo);
                m++;
            }
        }

        /*输出临时查询表*/
        cout<<"职工号      姓名   性别  年龄  学历  职员等级  部门号"<<endl;
        for (i = 0;i < m;i++)
        {
            cout<<setw(3)<<tempTable[i].no;
            cout<<setw(10)<<tempTable[i].name;
            cout<<setw(5)<<tempTable[i].sex;
            cout<<setw(5)<<tempTable[i].age;
```

```
            cout<<setw(6)<<tempTable[i].degree;
            cout<<setw(6)<<tempTable[i].level;
            cout<<setw(10)<<tempTable[i].departNo<<endl;
        }

        /*将临时查询表数据复制到查询表中，准备接受下一轮查询*/
        for (i = 0;i < m;i++)
        {
            searchTable[i].no = tempTable[i].no;
            strcpy(searchTable[i].name,tempTable[i].name);
            strcpy(searchTable[i].sex,tempTable[i].sex);
            searchTable[i].age = tempTable[i].age;
            strcpy(searchTable[i].degree,tempTable[i].degree);
            searchTable[i].level = tempTable[i].level;
            strcpy(searchTable[i].departNo,tempTable[i].departNo);
        }
        k = m;
        break;
    }//switch
    j++;
}//while

/*处理最终查询结果*/
if (k == 0)
{
    cout<<"没有找到"<<endl;
    return Eb;
}
EmployeeList Ec(searchTable,k);      //声明一个职工对象用于显示和返回
/*显示查找到的职工信息*/
cout<<"找到的职工信息"<<endl;
Ec.DisplayEmployee();

return Ec;
}
```

2. 完善查询功能

第 5 次迭代继续完善查询功能，修改查询函数、精确查询函数、范围查询函数和模糊查询函数 4 个函数。本次迭代修改了精确查询函数的返回值类型，使其与范围查询函数和模糊查询函数的返回值类型相同，便于查询函数统一处理查询结果。范围查询函数补全了职员等级的范围查询，模糊查询函数补全了学历和部门号的模糊查询。本次迭代只修改了 employee.h 和 employee.cpp，department.h、salary.h 和 systemmain.cpp 没有变化，所有文件放在 employee-system-v5.0 文件夹下。变化情况如表 8-13 所示。

(1) 修改头文件和查询函数。

当数据量很大时，需要先查询到记录才能进行删除和修改操作。因此，在删除和修改之前都调用了查询函数，调用语句“Eb = SearchEmployee();”，根据查询结果进行删除和修改操作。但是，上一个版本的精确查询函数 AccurateSearchEmployee()的返回值为整型，不是顺序表类型，在执行“Eb = SearchEmployee();”语句时无法得到精确查询结果。因此，需要修改精确查询函数的返回值类型及其在查询函数 SearchEmployee()中的语句。

表 8-13　第 5 次迭代完善查询功能的变化情况表

文件类型	修　改	修改内容
头文件 employee.h	精确查询函数	返回值类型
实现文件 employee.cpp	精确查询函数	大调整，代码写法与范围查询函数思路类似
	查询函数	精确查询函数的调用
	范围查询函数	补全了职员等级的范围查询
	模糊查询函数	补全了学历和部门号的模糊查询

头文件 employee.h 中修改了精确查询函数的返回值类型，将精确查询函数的声明“int AccurateSearchEmployee();”修改为“EmployeeList AccurateSearchEmployee();”。

修改实现文件 employee.cpp 中的查询函数 SearchEmployee()，将调用精确查询函数的语句“AccurateSearchEmployee();”修改为“Eb = AccurateSearchEmployee();”。

(2) 修改精确查询函数的实现代码。

本次迭代修改了函数返回值，调用顺序表的显示函数输出查询结果，并增加了性别查询。本次修改内容很多，代码写法与范围查询函数思路类似。因此，把整个代码展示出来。数组赋值方式有 2 种，可以采用语句“searchTable[k].no = data[i].no;”进行分属性赋值，也可以采用语句“searchTable[k] = data[i];” 进行整体赋值。

```
/*精确查询函数，只能查询符合条件的第一条记录
返回值：顺序表类型*/
EmployeeList EmployeeList::AccurateSearchEmployee()
{
    EmployeeList Eb;                    //声明一个职工对象用于查找
    int i = 0;                          //数组下标，循环控制变量
    int choice = 0;                     //菜单选项
    Employee searchTable[MaxSize];      //查找表
    int k = 0;                          //记录查找表中元素的个数

    /*处理特殊情况，增强健壮性*/
    if (length == 0)
    {
        cout<<"没有数据，不能查找"<<endl;
        return Eb;
    }

    /*选择菜单进行查询*/
    cout<<"1.职工号 ";
    cout<<"2.姓名 ";
    cout<<"3.性别 ";
    cout<<"4.年龄 ";
    cout<<"5.学历 ";
    cout<<"6.等级 ";
    cout<<"7.部门号"<<endl;
    cout<<"查询选择(1-7): ";
    cin>>choice;
    switch (choice)
```

```
{
case 1:
    int no;                             //职工号
    cout<<"输入职工号：";
    cin>>no;
    for (i = 0;i < length;i++)
    {
        if (data[i].no == no)
        {
            /*数组赋值方式 1*/
            searchTable[k].no = data[i].no;
            strcpy(searchTable[k].name,data[i].name);
            strcpy(searchTable[k].sex,data[i].sex);
            searchTable[k].age = data[i].age;
            strcpy(searchTable[k].degree,data[i].degree);
            searchTable[k].level = data[i].level;
            strcpy(searchTable[k].departNo,data[i].departNo);
            k++;
        }
    }
    break;
case 2:
    char name[10];
    cout<<"输入职工姓名：";
    cin>>name;
    for (i = 0;i < length;i++)
    {
        if (strcmp(data[i].name,name) == 0)
        {
            searchTable[k].no = data[i].no;
            strcpy(searchTable[k].name,data[i].name);
            strcpy(searchTable[k].sex,data[i].sex);
            searchTable[k].age = data[i].age;
            strcpy(searchTable[k].degree,data[i].degree);
            searchTable[k].level = data[i].level;
            strcpy(searchTable[k].departNo,data[i].departNo);
            k++;
        }
    }
    break;
case 3:
    char sex[3];                            //性别
    cout<<"输入职工性别：";
    cin>>sex;
    for (i = 0;i < length;i++)
    {
        if (strcmp(data[i].sex,sex) == 0)
        {
            searchTable[k] = data[i];      //数组赋值方式 2
            k++;
        }
    }
```

```
        break;
    case 4:
        break;
    case 5:
        break;
    case 6:
        break;
    case 7:
        break;
    }//switch

    /*处理查询结果*/
    /*增强健壮性*/
    if (k == 0)
    {
        cout<<"没有找到"<<endl;
        return Eb;//空的顺序表
    }
    /*生成查找表并显示查找到的职工信息*/
    EmployeeList Ec(searchTable,k);        //声明一个职工对象用于显示和返回
    cout<<"找到的职工信息"<<endl;
    /*cout<<"职工号 姓名 性别 年龄 学历 职员等级 部门号"<<endl;
    cout<<setw(3)<<data[i].no;
    cout<<setw(10)<<data[i].name;
    cout<<setw(5)<<data[i].sex;
    cout<<setw(5)<<data[i].age;
    cout<<setw(6)<<data[i].degree;
    cout<<setw(6)<<data[i].level;
    cout<<setw(10)<<data[i].departno<<endl;    */
    Ec.DisplayEmployee();

    return Ec;
}
```

(3) 修改范围查询函数的实现代码。

本次迭代在范围查询函数中增加了职员等级的范围查询，RangeSearchEmployee()函数只增加了 case 3 分支的代码，其他代码没有修改。

```
case 3:
    int levelMin;         //职员等级的最小值
    int levelMax;         //职员等级的最大值
    cout<<"输入职员等级的范围：";
    cin>>levelMin;
    cin>>levelMax;
    for (i = 0;i < length;i++)
    {
        if (data[i].level >= levelMin && data[i].level <= levelMax)
        {
            searchTable[k].no = data[i].no;
            strcpy(searchTable[k].name,data[i].name);
            strcpy(searchTable[k].sex,data[i].sex);
            searchTable[k].age = data[i].age;
```

```
            strcpy(searchTable[k].degree,data[i].degree);
            searchTable[k].level = data[i].level;
            strcpy(searchTable[k].departNo,data[i].departNo);
            k++;
        }
    }
    break;
```

(4) 修改模糊查询函数的实现代码。

本次迭代在模糊查询函数中增加了学历和部门号的模糊查询，FuzzySearchEmployee()函数只增加了case 2和case 3分支，其他代码没有修改。

```
case 2:
    char degree[10];          //职工学历
    cout<<"输入职工学历(部分内容): ";
    cin>>degree;
    for (i = 0;i < length;i++)
    {
        if (strstr(data[i].degree,degree))
        {
            searchTable[k] = data[i];
            k++;
        }
    }
    break;
case 3:
    char departNo[8];         //部门号
    cout<<"输入部门号(部分内容): ";
    cin>>departNo;
    for (i=0;i<length;i++)
    {
        if (strstr(data[i].departNo,departNo))
        {
            searchTable[k] = data[i];
            k++;
        }
    }
    break;
```

3. 补充查询属性

第6次迭代继续完善查询功能和修改功能，调整了精确查询函数和修改函数2个函数的实现，补全了剩余属性的处理。精确查询函数增加了年龄、学历、职员等级和部门号4个属性的查询，修改函数增加了性别、年龄、学历、职员等级和部门号5个属性的修改。本次迭代只修改了employee.cpp，employee.h、department.h、salary.h和systemmain.cpp没有变化，所有文件放在employee-system-v6.0文件夹下。

(1) 修改精确查询函数的实现代码。

本次迭代完整地实现了精确查询函数AccurateSearchEmployee()。在精确查询函数中增加了年龄、学历、职员等级、部门号的精确查询，只增加了case 4、case 5、case 6和case 7分支的代码，其他代码没有修改。因此，省略其他代码，这里只给出修改的代码。

```
case 4:
    int age;                //年龄
    cout<<"输入职工年龄：";
    cin>>age;
    for (i = 0;i < length;i++)
    {
        if (data[i].age == age)
        {
            searchTable[k] = data[i];
            k++;
        }
    }
    break;
case 5:
    char degree[10];     //职工学历
    cout<<"输入职工学历：";
    cin>>degree;
    for (i = 0;i < length;i++)
    {
        if (strcmp(data[i].degree,degree) == 0)
        {
            searchTable[k] = data[i];
            k++;
        }
    }
    break;
case 6:
    int level;            //职员等级
    cout<<"输入职员等级：";
    cin>>level;
    for (i = 0;i < length;i++)
    {
        if (data[i].level == level)
        {
            searchTable[k] = data[i];
            k++;
        }
    }
    break;
case 7:
    char departNo[8];//部门号
    cout<<"输入部门号：";
    cin>>departNo;
    for (i = 0;i < length;i++)
    {
        if (strcmp(data[i].departNo,departNo) == 0)
        {
            searchTable[k] = data[i];
            k++;
        }
    }
    break;
```

(2) 调整修改函数的实现代码。

本次迭代完整地实现了修改函数 ModifyEmployee()。在修改函数中增加了性别、年龄、学历、职员等级和部门号 5 个属性，只增加了 case 3、case 4、case 5、case 6 和 case 7 分支的代码。其他代码没有修改，因此，省略其他代码，这里只给出修改的代码。

```
case 3:
    char sex[3];                //职工性别
    cout<<"输入新的职工性别：";
    cin>>sex;
    strcpy(data[m].sex,sex);
    break;
case 4:
    int age;                    //职工年龄
    cout<<"输入新的职工年龄：";
    cin>>age;
    data[m].age=age;
    break;
case 5:
    char degree[10];            //职工学历
    cout<<"输入新的职工学历：";
    cin>>degree;
    strcpy(data[m].degree,degree);
    break;
case 6:
    int level;                  //职员等级
    cout<<"输入新的职员等级：";
    cin>>level;
    data[m].level=level;
    break;
case 7:
    char departNo[8];           //部门号
    cout<<"输入新的部门号：";
    cin>>departNo;
    strcpy(data[m].departNo,departNo);
    break;
```

8.2.4 搭建整体系统

本节的 2 个小节完成第 7、8 次迭代，依次为增加排序速查和搭建整体框架。

1. 增加排序速查

第 7 次迭代新增排序函数、查找职工号函数，实现快速查找，调整了删除函数和修改函数，在主菜单中增加了排序菜单项。本次迭代只修改了 employee.h、employee.cpp 和 systemmain.cpp 文件，头文件 department.h 和 salary.h 没有变化，所有文件放在 employee-system-v7.0 文件夹下。变化情况如表 8-14 所示。

第 7 次迭代中函数的支撑关系与实现顺序如图 8-10 所示。排序函数能够根据菜单选择直接插入排序、冒泡排序和直接选择排序。查找职工号会经常用到，因此，有必要专门写一个查找职工号的函数。查找职工号函数实现顺序查找和二分查找。二分查找效率高，能实现快速查询。二分查找算法需要先排序，因此，查找职工号的函数还调用了冒泡排序代码。删除函数和修改函数调用了查找职工号函数。模块的调用关系如图 8-10(a)所示。需要注意的是，直接插入排序、冒泡排序、直接选择排序、顺序查找和二分查找没有用函数单独实现，只提供了实现代码。根据图 8-10(a)容易得到函数代码调整或实现的顺序，如图 8-10(b)所示。

表 8-14 第 7 次迭代增加排序速查功能的变化情况表

文 件 名	增 加	修 改
employee.h	排序和查找职工号函数的声明	
employee.cpp	排序和查找职工号函数的实现	删除和修改函数的实现
systemmain.cpp	排序菜单项	

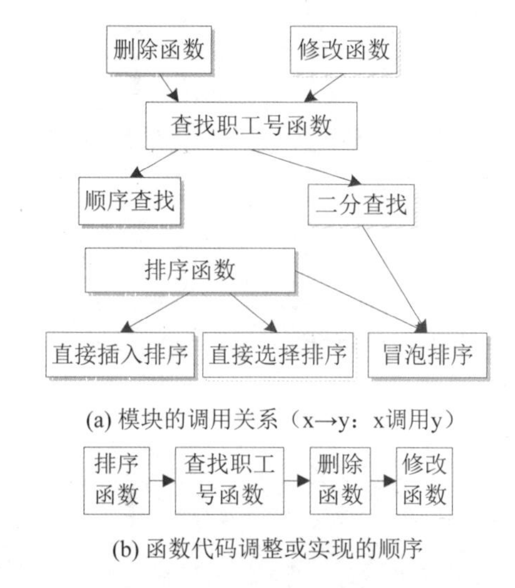

(a) 模块的调用关系（x→y：x调用y）

(b) 函数代码调整或实现的顺序

图 8-10 第 7 次迭代中模块的调用关系与实现顺序

(1) 修改头文件。

修改头文件 employee.h，为职工信息顺序表类新增排序函数和查找职工号函数。

```
bool SortEmployee();                //排序函数的声明
int FindEmployeeNo(int no);         //查找职工号函数的声明
```

(2) 实现排序函数。

在实现文件 employee.cpp 中增加排序函数的实现代码，排序函数提供排序选择菜单，可以选择直接插入排序、冒泡排序和直接选择排序。排序函数采用直接插入排序法按职工号进行升序排序，采用冒泡排序法按部门号升序排序，采用直接选择排序法按职员等级升序排序。

```
/*排序函数
返回值：true 表示排序，false 表示没排序*/
bool EmployeeList::SortEmployee()
{
    int select = 0;             //菜单选择变量
    int i = 0;                  //排序趟数，外循环控制变量
```

```
    int j = 0;                    //数组下标，内循环控制变量
    Employee temp;                //临时变量

    cout<<"现在开始排序"<<endl;
    while (1)    {
        cout<<"1.直接插入排序(按职工号)"<<endl;
        cout<<"2.冒泡排序(按部门号)"<<endl;
        cout<<"3.直接选择排序(按职员等级)"<<endl;
        cout<<"0.返回上级菜单"<<endl;
        cout<<"输入选择(0-3): ";
        cin>>select;
        switch(select)
        {
        case 1:
            for (i = 1;i < length;i++)
            {
                temp = data[i];
                j = i - 1;
                while (j >= 0 && temp.no < data[j].no)
                {
                    data[j+1] = data[j];
                    j--;
                }
                data[j+1] = temp;
                cout<<"第"<<i<<"趟排序结果"<<endl;
                DisplayEmployee();
            }
            break;
        case 2:
            bool isExchange;      //是否交换
            for (i = 0;i < length - 1;i++)
            {
                isExchange = false;
                for (j = length-1;j > i;j--)
                    if (strcmp(data[j-1].departNo,data[j].departNo) > 0)
                    {
                        temp = data[j-1];
                        data[j-1] = data[j];
                        data[j] = temp;
                        isExchange = true;
                    }
                cout<<"第"<<i+1<<"趟排序结果"<<endl;
                DisplayEmployee();
                if (!isExchange)
                    break;
            }
            break;
        case 3:
            int minPos;           //最小值的位置
            for (i = 0;i < length - 1;i++)
            {
                minPos = i;
```

```
            for (j = i+1;j < length;j++)
                if (data[j].level < data[minPos].level)
                    minPos = j;
            if (minPos != i)
            {
                temp = data[i];
                data[i] = data[minPos];
                data[minPos] = temp;
            }
            cout<<"第"<<i+1<<"趟排序结果"<<endl;
            DisplayEmployee();
        }
        break;
    case 0:
        return false;
    }//switch
}//while

return true;
}
```

(3) 实现查找职工号函数。

新增的查找职工号函数同时提供了顺序查找和二分查找两种算法。二分查找算法需要先排序，因此，算法利用冒泡排序思想巧妙地判断是否进行了排序，如果排好序就选用二分查找；如果没有排好序，就采用顺序查找。

```
/*查找职工号函数
参数：no 表示要查找的工号
返回值：返回逻辑位置，0 表示没找到*/
int EmployeeList::FindEmployeeNo(int no)
{
    int i = 0;                      //数组下标，循环控制变量
    int j = 0;                      //数组下标，循环控制变量
    bool isExchange = false;        //是否交换

    /*利用冒泡排序思想判断是否排好序*/
    for (j = length - 1;j > 0;j--)
        if (data[j-1].no > data[j].no)
            isExchange = true;
    if (isExchange)                 //没有排好序，则进行顺序查找
    {
        i = 0;
        while (i < length && data[i].no != no)
            i++;
        if (i >= length)
        {
            cout<<"没有找到"<<endl;
            return 0;
        }//if
        return i + 1;
    }//if
    else//排好序，则进行二分查找
```

```
    {
        int low = 0;                //低位指针(不是真的指针，借用指针更形象化)
        int high = length - 1;      //高位指针
        int mid = 0;                //中位指针
        while (low <= high)
        {
            mid = (low + high) / 2;
            if (data[mid].no == no)
                return mid + 1;
            if (no < data[mid].no)
                high = mid - 1;
            else
                low = mid + 1;
        }//while
        cout<<"没有找到"<<endl;
        return 0;
    }//else
}
```

(4) 调整删除函数和修改函数。

本次迭代在删除函数和修改函数中，调用了查找职工号函数，替换原来的职工号查找代码，两个函数中替换的代码完全相同，其他代码没有修改。

```
/*查找表中的记录号 k 转换为原始表中的下标 m*/
/*m = 0;
i = 0;
while (i < length && data[i].no != Eb.data[k-1].no)     //no 是主关键字
{
    i++;
}
m = i;*/
m = FindEmployeeNo(Eb.data[k-1].no);
if (m >= 1)
    m = m - 1;
else
    return 0;
```

(5) 调整主调程序。

本次迭代在 systemmain.cpp 中调整了主菜单，增加了排序菜单项。主函数只增加了 case 7 分支，其他代码没有修改。

```
//systemmain.cpp
#include <iostream>
#include "employee.h"
using namespace std;
void input(Employee Eb[],int &m);   //数据输入函数的声明
int main(){
    int select = 0;                 //菜单选项
    bool isDelete = 0;              //是否删除
    Employee Ea[MaxSize];           //职工数组
    int n = 0;                      //元素个数
    EmployeeList La;                //职工信息表
```

```
    La.ReadFile();                        //读入职工信息
    while (1)  {
        cout<<"1.增加职工信息"<<endl;
        cout<<"2.删除职工信息"<<endl;
        cout<<"3.修改职工信息"<<endl;
        cout<<"4.查询职工信息"<<endl;
        cout<<"5.显示职工信息"<<endl;
        cout<<"6.保存职工信息"<<endl;
        cout<<"7.职工信息排序"<<endl;
        cout<<"0.退出"<<endl;
        cout<<"输入选择(0-7):";
        cin>>select;
        switch(select)  {
        case 1:
            input(Ea,n);
            La.InputEmployee(Ea,n);
            break;
        case 2:
            isDelete = La.DeleteEmployee();
            /*如果在删除函数中没有选择保存，用户还可以选择保存*/
            if (isDelete)
            {
                La.SaveFile();
            }
            break;
        case 3:
            La.ModifyEmployee();
            break;
        case 4:
            La.SearchEmployee();
            break;
        case 5:
            La.DisplayEmployee();
            break;
        case 6:
            La.SaveFile();
            break;
        case 7:
            La.SortEmployee();
            break;
        case 0:
            return 0;
        } //switch
    }
    system("pause");

    return 0;
}
/*略去数据输入函数的实现代码*/
```

2. 搭建整体框架

第 8 次迭代搭建整个系统框架的主菜单，实现职工信息、工资信息和部门信息 3 个子系统的菜单，实现工资顺序表类的定义、构造函数和输入函数。本次迭代只修改 salary.h 和 systemmain.cpp 文件，新增 salary.cpp 文件。调用文件 systemmain.cpp 的变化最大，但是 employee.h、employee.cpp 和 department.h 没有变化，所有文件放在 employee-system-v8.0 文件夹下。变化情况如表 8-15 所示。

表 8-15　第 8 次迭代搭建整体框架的变化情况表

文件类型	文 件 名	增　加	修　改
头文件	employee.h	无	无
	salary.h	工资顺序表类和常量 MaxSalaryNumber 的定义	无
	department.h	无	无
实现文件	employee.cpp	无	无
	salary.cpp	默认构造函数和输入数据函数的实现	无
调用文件	systemmain.cpp	系统菜单，工资、职工和部门 3 个子系统的菜单和实现代码	大量修改

(1) 修改头文件。

本次迭代修改头文件 salary.h，新增工资顺序表类和常量 MaxSalaryNumber 的定义。

```
//salary.h
#pragma once
#define MaxSalaryNumber 20000
/*工资信息类型*/
struct Salary
{
   int no;                                     //职工号
   float basicSalary;                          //基本工资
   float positionSalary;                       //职务工资
   float salarySum;                            //总工资
   char date[11];                              //发工资时间
};

/*工资顺序表类的定义*/
class SalaryList
{
private:
   Salary data[MaxSalaryNumber];               //数据
   int length;                                 //长度
public:
   SalaryList();                               //默认构造函数
   bool InputSalary();                         //输入数据函数
   bool AppendSalary(Salary b[],int m);        //追加记录函数
   void DisplaySalary();                       //显示函数
   bool SaveSalary();                          //保存函数
   bool ReadSalary();                          //读取数据函数
   SalaryList SearchSalary();                  //查询函数
```

```
    bool DeleteSalary();                              //删除函数
    bool ModifySalary();                              //修改函数
};
```

(2) 增加实现文件。

增加工资顺序表类的实现文件 salary.cpp，本次迭代新增职工工资顺序表类中默认构造函数和输入数据函数的实现。输入函数只完成了框架，没有给出实质性代码。

```
//salary.cpp
#include <iostream>
#include "salary.h"
using namespace std;
/*职工工资顺序表类的实现*/
/*默认构造函数*/
SalaryList::SalaryList()
{
    length = 0;
}

/*输入数据函数(没完成，学生补充)*/
bool SalaryList::InputSalary()
{
    int i = 0;            //数组下标，循环控制变量
    char isInput = 'Y'; //是否继续输入

    while (isInput == 'Y' || isInput == 'y')
    {
        cout<<"是否继续输入？(Y/N)：";
        cin>>isInput;
    }
    system("pause");

    return true;
}
```

(3) 修改调用文件。

本次迭代调用文件 systemmain.cpp 的变化最大，增加了系统菜单，增加了职工、工资和部门 3 个子系统的菜单。采用职工菜单函数、工资信息菜单函数和部门信息菜单函数，分别实现职工信息管理子系统、工资信息管理子系统和部门信息管理子系统的菜单结构和函数调用。上一个版本 systemmain.cpp 文件中的 main()函数中的菜单和代码全部移到职工信息菜单函数中。

```
#include <iostream>
#include "employee.h"
#include "salary.h"
#include "department.h"
using namespace std;
void input(Employee Eb[],int &m);   //数据输入函数的声明
void EmployeeMenu();                //职工信息菜单函数的声明
void SalaryMenu();                  //职工工资菜单函数的声明
void DepartMenu();                  //部门菜单函数的声明
```

```
int main()
{
    int select = 0;                          //菜单选项
    while (1)
    {
        system("cls");
        cout<<"职工管理系统"<<endl;
        cout<<"1.部门信息管理子系统"<<endl;
        cout<<"2.职工信息管理子系统"<<endl;
        cout<<"3.工资信息管理子系统"<<endl;
        cout<<"0.退出"<<endl;
        cout<<"输入选择(0-3):";
        cin>>select;
        switch(select)
        {
        case 1:
            DepartMenu();
            break;
        case 2:
            EmployeeMenu();
            break;
        case 3:
            SalaryMenu();
            break;
        case 0:
            exit(0);
        }//switch
    }//while
    system("pause");

    return 0;
}

/*数据输入函数没有变化，略去数据输入函数的实现代码*/
/*职工信息菜单函数的实现(不需要参数和返回值)*/
void EmployeeMenu()
{
    int select = 0;             //菜单选项
    bool isDelete = 0;          //是否删除
    Employee Ea[MaxSize];       //职工数组
    int n = 0;                  //元素个数
    EmployeeList La;            //职工信息表

    La.ReadFile();              //读入职工信息
    while (1)
    {
        system("cls");
        cout<<"职工信息管理子系统"<<endl;
        cout<<"1.增加职工信息"<<endl;
        cout<<"2.删除职工信息"<<endl;
        cout<<"3.修改职工信息"<<endl;
        cout<<"4.查询职工信息"<<endl;
```

高等院校计算机教育系列教材

```
        cout<<"5.显示职工信息"<<endl;
        cout<<"6.保存职工信息"<<endl;
        cout<<"7.职工信息排序"<<endl;
        cout<<"0.返回上级菜单"<<endl;
        cout<<"输入选择(0-7):";
        cin>>select;
        switch(select)
        {
        case 1:
            input(Ea,n);
            La.InputEmployee(Ea,n);
            break;
        case 2:
            isDelete = La.DeleteEmployee();
            /*如果在删除函数中没有选择保存，用户还可以选择保存*/
            if (isDelete)
            {
                La.SaveFile();
            }
            break;
        case 3:
            La.ModifyEmployee();
            break;
        case 4:
            La.SearchEmployee();
            break;
        case 5:
            La.DisplayEmployee();
            break;
        case 6:
            La.SaveFile();
            break;
        case 7:
            La.SortEmployee();
        case 0:
            return;
        }//switch
    }//while
}

/*工资信息菜单函数的实现(不需要参数和返回值)*/
void SalaryMenu()
{
    int select=0;              //菜单选项
    bool isDelete = 0;         //是否删除
    int n = 0;                 //元素个数
    SalaryList Sa;             //工资信息类对象
    while (1)
    {
        system("cls");
        cout<<"工资信息管理子系统"<<endl;
        cout<<"1.增加工资信息"<<endl;
```

```
        cout<<"2.删除工资信息"<<endl;
        cout<<"3.修改工资信息"<<endl;
        cout<<"4.查询工资信息"<<endl;
        cout<<"5.显示工资信息"<<endl;
        cout<<"6.保存工资信息"<<endl;
        cout<<"0.返回上级菜单"<<endl;
        cout<<"输入选择(0-6):";
        cin>>select;
        switch(select)
        {
        case 1:
            Sa.InputSalary();
            break;
        case 2:
            break;
        case 3:
            break;
        case 4:
            break;
        case 5:
            break;
        case 6:
            break;
        case 0:
            return;
        }//switch
    }//while
}

/*部门信息菜单函数的实现(不需要参数和返回值)*/
void DepartMenu(){
    int select = 0;                 //菜单选项
    bool isDelete = 0;              //是否删除
    int n = 0;                      //元素个数
    while (1)   {
        system("cls");
        cout<<"部门信息管理子系统"<<endl;
        cout<<"1.增加部门信息"<<endl;
        cout<<"2.删除部门信息"<<endl;
        cout<<"3.修改部门信息"<<endl;
        cout<<"4.查询部门信息"<<endl;
        cout<<"5.显示部门信息"<<endl;
        cout<<"6.保存部门信息"<<endl;
        cout<<"0.返回上级菜单"<<endl;
        cout<<"输入选择(0-6):";
        cin>>select;
        switch(select)    {
        case 1:
            break;
        case 2:
            break;
        case 3:
```

```
            break;
        case 4:
            break;
        case 5:
            break;
        case 6:
            break;
        case 0:
            return;
        }//switch
    }//while
}
```

系统主菜单和 3 个子系统菜单如图 8-11 所示。

职工管理系统
1.部门信息管理子系统
2.职工信息管理子系统
3.工资信息管理子系统
0.退出
输入选择（0-3）：

(a) 主菜单

(b) 部门子系统菜单

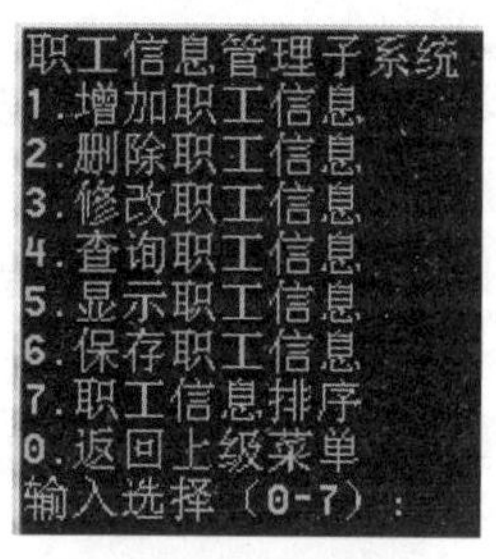

(c) 职工子系统菜单

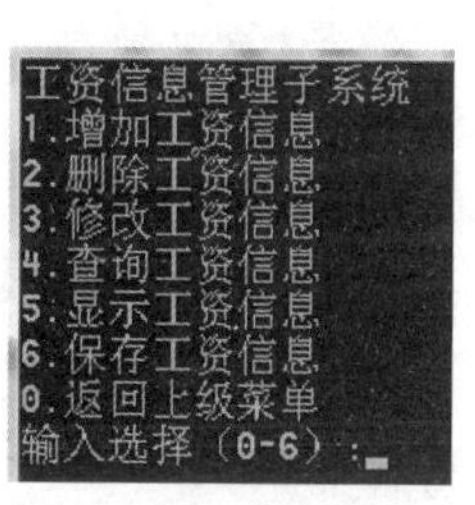

(d) 工资子系统菜单

图 8-11　系统主菜单和子系统菜单

8.3　实践运用

8.3.1　基础练习

(1) 如何定义案例 8-1 的部门信息顺序表类？
(2) 案例 8-1 采用了 C 语言的文件读写，如果要采用 C++语言的文件读写，如何实现？
(3) 案例 8-1 中如何实现块读写文件？
(4) 案例 8-1 中 SalaryList 类的 InputSalary()函数没有完成，应该如何补充代码？
(5) 案例 8-1 如何实现工资信息管理子系统？
(6) 案例 8-1 中如何实现部门信息管理子系统？
(7) 案例 8-1 中如何采用动态内存分配方式实现职工信息管理子系统？
(8) 案例 8-1 中职工信息和职工信息顺序表都用类，应该如何实现？
(9) 案例 8-1 中如何实现职工信息、工资信息和部门信息的联合查询和统计？

8.3.2　综合练习

这里提供几个设计性课题，供学生选择练习，可以调整要求，提升综合实践能力。

1. 网吧收费管理系统

(1) 输入功能：输入若干名用户的用户号、身份证号码、年龄、姓名、开始上机时间

和结束上机时间。

(2) 计算功能：计算每个用户的上机费用，计算公式：上机费用=(结束上机时间-开始上机时间)×收费标准，以分钟为单位。

(3) 修改功能：修改用户上机的个人档案(如：增添或删除)。

(4) 查询功能：按条件(用户号、年龄、姓名)查询用户的上机信息，并能显示查询用户的全部档案和机器使用情况。

2. 职工工资管理系统

功能设计要求：

(1) 输入记录：将每一个职工的姓名、ID 号以及基本工资、职务工资、岗位津贴、医疗保险、公积金的数据作为一条记录。该软件能建立一个新的数据文件或给已建立好的数据文件增加记录。

(2) 显示记录：根据用户提供的记录或者根据职工姓名显示一个或几个职工的各项工资和平均工资。

(3) 修改记录：可以对数据文件的任意记录的数据进行修改并在修改前后对记录内容进行显示。

(4) 查找记录：可以对数据文件的任意记录的数据进行查找并在查找前后对记录内容进行显示。

(5) 删除记录：可删除数据文件中的任意一条记录。

(6) 统计：①计算各项工资的平均工资及总工资。②统计符合指定工资条件(如职工工资前三项之和在 3000 元以上、3000～2000 元、2000～1000 元)的职工人数及占总职工人数的百分比。③按字符表格形式打印全部职工工资信息及平均工资(包括各项总的平均工资)。例如，职工工资信息如表 8-16 所示。

表 8-16　职工工资信息表

ID 号	姓　名	基本工资	职务工资	津　贴	医疗保险	公 积 金	总 工 资
01	张望	1286	794	198	109	135	2034
02	李明	1185	628	135	94	114	1740
03	王小民	895	438	98	64	73	1294
04	张效章	1350	868	210	116	150	2162
05	彭山	745	398	84	61	68	1098
各项平均工资		1092.2	625.2	145	88.8	108	1665.6

(7) 保存数据文件。

3. 歌唱比赛评分系统

有 10 位选手参加歌唱比赛，10 位裁判对每位选手的演唱进行打分，去掉一个最高分，去掉一个最低分，剩下分数的平均值作为每位选手最后的成绩。

(1) 要求：①采用结构体定义每位选手的参赛编号、姓名以及 10 位裁判打出的分数；②从键盘输入每位选手的相关信息：参赛编号、姓名和 10 个得分；③计算每位选手的最后得分，并按分数由高到低排序；④查询功能：输入参赛选手的编号或姓名，便可输出该

选手的得分以及排名；⑤找出最不公平的评委和最公平的评委。以上功能采用菜单操作方式，并实现从文件读取数据并向文件保存数据。

(2) 问题分析。

对于要求①和②，输入 10 位评委的打分，假设分数存放在数组 score[10]中，然后对分数由高到低排序(冒泡排序、插入排序、选择排序)，选手最后得分为(score[1]+score[2]+…+score[8])/8。对于要求⑤，最不公平的评委比较容易找到，就是把最高分 score[0]和最低分 score[9]分别与①得到的平均分比较，给出差值最大的评分的评委就是最不公平的评委。找最公平的评委，可以先把中间元素 score[5]与平均分比较，计算差值，然后往前推，计算 score[4]、score[3]，如果差值比上一次计算所得值大，则停止；再往后推，计算 score[6]与平均值的差值，并与前面得到的最小差值比较，如果大于最小差值，则得到最小差值的评分对应的评委就是最公平的评委；如果小于最小差值，则把最小差值改为 score[6]，并继续比较 score[7]，直到所得差值比上一次计算所得值大。

4. 歌曲信息管理

1) 需求分析

用文件存储信息，需要提供文件的输入/输出功能；对歌曲信息进行输入、删除、浏览，需要提供歌曲的输入、删除和信息显示功能；查询歌曲信息，需要提供查找功能；实现按作者分组显示，则要提供排序功能；另外，还要提供键盘式选择菜单以实现功能选择。

2) 总体设计

整个管理系统可以被设计为数据输入模块、数据删除模块、信息浏览模块、信息查询模块和信息分组显示模块。

3) 详细设计

数据结构采用结构体，建立歌曲信息结构体：

```
struct SongInfo
{
    char name[20];        //歌曲名
    char author[20];      //作者
    char singer[20];      //演唱者
    char pub_date[6];     //发行年月(yyyymm)
};
```

(1) 数据输入模块：用 fprintf()或 fwrite()把歌曲信息写入文件。

(2) 数据删除模块：采用基本的查找算法，查找歌曲信息，如果是要删除的歌曲，则舍弃该信息，并保存删除结果。

(3) 信息浏览模块：分屏显示输出，每屏 10 条信息。

(4) 信息查询模块：通过菜单选择查询字段：歌曲名　作者　演唱者。然后采用基本查找算法在歌曲信息中查找，如果找到，则输出；否则输出“对不起，没有您要找的歌曲信息！”。

(5) 信息分组显示模块：选择按作者分组显示歌曲信息，采用排序算法(冒泡排序、插入排序、选择排序等)把歌曲信息按照作者排序，然后分屏输出，每屏 10 条记录。

5. 机房机位预约模拟

假设有 20 台机器，编号为 1～20，营业时间为 8:00~20:00。每两小时为一个时间段，

每次可预订一个时间段。功能要求：①系统以菜单方式工作；②查询，根据输入时间，输出机位信息；③机位预订，根据输入的时间查询是否有空机位，若有则预约，若无则提供最近的时间段；若用户在非空时间上机，则将用户信息列入等待列表；④退出预订，根据输入的时间，机器号撤销该时间的预订；⑤查询是否有等待信息，若有则提供最优解决方案(等待时间尽量短)，若无则显示提示信息。

1) 数据结构

顾客信息结构体：

```
struct CusInfo
{
    char name[20];          //顾客姓名
    int sex;                //性别
    char tel[11];           //电话
};
机位信息结构体：
struct PCInfo
{
    int  State[6];          //机位状态，每 2 个小时为一个时间段，08：00~20：00 共 6 个时间段。0 表示有空机位，1 表示没有空机位
    CInfo waitlist[6];   //各个时间段的运行客户
    int  year;
    int  month;
    int  day;               //日期
};
PCInfo  info[100];        //存放 100 天的机位信息
```

2) 具体实现

(1) 查询：输入时间，则遍历 info 数组，查看日期(year/month/day)，如果日期匹配，则把机位信息输出。

(2) 机位预订：输入日期(或时间段)查询机位信息文件，如果日期符合，再查看状态字段，若相应字段为 0，则预约(即把该用户信息写入机位 waitlist 相应时间段中)；若相应字段为 1，则查看本天其他时间段，寻找最近空时间段。如果用户要求在非空时间上机，则查找 info 数组中该时间段为空的元素，把该时间段的状态字段设为 1，并把用户信息加入机位当天 waitlist 相应时间段中。

(3) 退出预订：根据预订日期和客户信息找到预订信息，把客户信息删除，并把该时间段的状态置为 0。

(4) 查询：输入日期和时间段，查看该时间段的状态。如果为 1，则把相应时间段的运行客户信息打印输出；如果为 0，则显示“该时间段空闲！”。

第9章源程序.zip

第 9 章

链表类实现面向对象编程

9.1 理 论 要 点

学法指导.mp4

第 8 章介绍了用顺序表类实现面向对象编程，本章将介绍用链表类实现面向对象编程、类定义和封装的实现方法，实现多态的运算符重载和链表排序，展示链表结点类的作用。本章第 1 节理论要点部分主要介绍链表类、链表排序算法和 C++的文件读写。第 2 节解析用链表类实现职工管理系统案例。第 3 节给出实践运用供学生思考和练习，提高理解能力、思考水平和实践能力。通过本章的学习，希望学生学会用链表类实现系统，理解链表类、运算符重载和链表排序(直接插入排序、直接选择排序和冒泡排序)，掌握通用性软件开发的方法。

案例 9-1 采用链表类实现职工管理系统。该项目经历 4 轮大迭代数十次小迭代实现简单的职工管理系统，代码共 799 行。通用性是本项目的核心目标，整个迭代过程充分展示了借助 ElemType 通用类型实现从简单的整数型到复杂数据类型的转换，实现更加通用、更容易迭代的信息管理系统。此外，本项目还提供了链表的不同排序算法(直接插入排序、直接选择排序和冒泡排序)。

案例 7-1 采用链表实现的学生管理系统和案例 8-1 采用顺序表类实现的职工管理系统，可以帮助学生理解本章链表类的面向对象编程方法。由于链表的逻辑比较复杂，希望学生可以按照迭代顺序耐心阅读和实现代码，并能绘制一些运行过程图或流程图来辅助理解代码。

9.1.1 链表类

链表类.mp4

链表类将链表的头指针和长度(可以省略)定义为类的属性成员，将链表的函数定义为成员函数，还需要增加构造函数和析构函数。此外，成员函数既可以放在类的外部实现，又可以放在类的内部实现。链表类的创建操作与第 7 章链表的创建操作基本相同，都有头插法和尾插法。链表和链表类的对照如表 9-1 所示。当然，链表中的结构体 Student 还可以定义为类。

链表分为不带头结点和带头结点两种类型，如图 9-1 所示。第 7 章的链表是不带头结点的链表，是指头指针 head 直接指向第一个数据结点(称为首元结点)，没有头结点。本章用的链表是带头结点的链表，即头指针 head 不是直接指向首元结点，而是指向头结点，头结点再指向首元结点。头结点的指针域存储首元结点的地址，数据域可以不存储任何数据，当然也可以根据实际情况存储相应信息，例如，链表的长度等。带头结点的链表在许多情况下可以减少一些特殊判断，能够方便操作。

表 9-1　链表和链表类的对照表

类　型	链　表	链 表 类

定义学生类型	/*定义学生结点类型 Student*/
	struct Student
	{
	　int num;　　//学号
	　char name[20]; //姓名
	　float score;　　//分数
	　struct Student *next;　//指针
	};
		/*定义学生结点类型 Student*/
		struct Student
		{
		　int num;　　//学号
		　char name[20]; //姓名
		　float score;　　//分数
		　struct Student *next;　//指针
		};

定义数据结构及其实现	struct Student *head;//链表的头指针
	/*输入函数的实现*/
	void input(struct Student *stu)
	{代码略}
		/*定义链表类*/
		class StudentList
		{
		private:
		　Student *head;//头指针
		　int length;//链表长度，可省略
		public:
		　StudentList(){代码略}//构造函数
		　~StudentList(){代码略}//析构函数
		　void input(){代码略}//输入函数
		　void output();//输出函数的声明
		};

外部实现	/*输出函数的实现*/ void output(struct Student *stu) {代码略}	/*输出函数的实现(类的外部)*/ void StudentList::output(){代码略}

调用示例	Student *stu;//定义链表即头指针
	input(stu);//调用输入函数
	output(stu);//调用输出函数
		StudentList stu;//定义类的对象
		stu.input();//调用输入函数
		stu.output();//调用输出函数

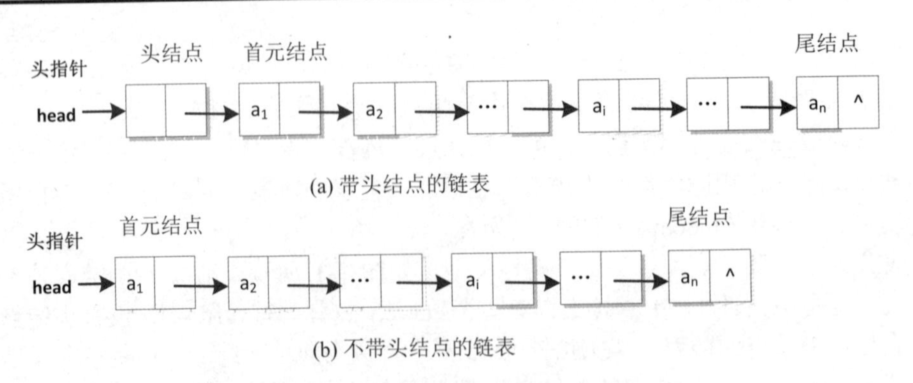

(a) 带头结点的链表

(b) 不带头结点的链表

图 9-1　带头结点链表和不带头结点链表的对照图

链表类的定义不需要考虑头结点，但是使用链表类的所有函数都要考虑头结点，需要注意带头结点链表与不带头结点链表的区别。例如，构造函数创建带头结点的链表时需要先分配一个头结点，析构函数释放所有结点时需要考虑到头结点，显示函数需要跨过头结点再依次显示数据结点的信息。

顺序表类和链表类的设计、使用方式基本相同，都需要增加构造函数和析构函数，都是面向对象编程。但是，顺序表类和链表类的插入、删除等操作各有自己的特点，它们的对比如表 9-2 所示。

表 9-2　顺序表类和链表类的对照表

类　型	顺序表类	链 表 类

定义学生类型	/*定义学生类型 Student*/
	struct Student
	{
	int num;　　　//学号
	char name[20]; //姓名
	float score;　　//分数
	};
		/*定义学生结点类型 Student*/
		struct Student
		{
		int num;　　　//学号
		char name[20]; //姓名
		float score;　　//分数
		struct Student *next;　//指针
		};

定义类及函数内部实现	/*定义顺序表类*/
	class StudentList
	{
	private:
	Student data[50];//数据表
	int length;//顺序表长度
	public:
	StudentList(){代码略}//构造函数
	~StudentList(){代码略}//析构函数
	void input(){代码略}//输入函数
	void output();//输出函数的声明
	};
		/*定义链表类*/
		class StudentList
		{
		private:
		Student *head;//头指针
		int length;//链表长度，可省略
		public:
		StudentList(){代码略}//构造函数
		~StudentList(){代码略}//析构函数
		void input(){代码略}//输入函数
		void output();//输出函数的声明
		};

外部实现	/*输出函数的实现(类的外部)*/ void StudentList::output(){代码略}	/*输出函数的实现(类的外部)*/ void StudentList::output(){代码略}

调用示例	StudentList stu;//定义类的对象
	stu.input();//调用输入函数
	stu.output();//调用输出函数
		StudentList stu;//定义类的对象
		stu.input();//调用输入函数
		stu.output();//调用输出函数

插入	移动多个数据，效率低	只修改指针不移动数据，效率高
删除	移动多个数据，效率低	只修改指针不移动数据，效率高

9.1.2 链表排序算法

链表排序算法.mp4

常用排序算法主要有直接插入排序、直接选择排序(即简单选择排序)和冒泡排序。排序算法采用的数据结构可以选择结构体数组、顺序表和链表。第 4.1 节已经介绍了用数组实现的冒泡排序算法并在 4.2 节实现了代码；第 5.1 节介绍用数组实现的直接插入排序算法和直接选择排序算法并在 5.2 节实现了代码；第 6 章用顺序表实现了这些排序算法；第 8 章用顺序表类实现了这些排序算法。由于链表排序很难，第 7 章没有展示用链表实现排序的代码，本章将介绍用带头结点链表实现的排序。本节介绍链表实现的直接插入排序，直接选择排序和冒泡排序的实现放在 9.2.4 节。

直接插入排序算法是把待排序的数据插入到已排序子序列的适当位置，直到所有数据插入完成为止。假设有一个带头结点的单链表 L(至少有一个数据结点)，设计一个直接插入排序算法使其元素递增有序排列。链表中的结点类型定义如下：

```
struct LinkNode
{
    int data;                      //数据
    struct LinkNode *next;         //指针
};
直接插入排序算法为:
void InsertSort(LinkNode *head)
{
    LinkNode *p = NULL;            //指向待插入结点，外循环控制变量
    LinkNode *pre = NULL;          //指向插入位置的前驱结点，内循环控制变量
    LinkNode *q = NULL;            //q 为指向待插入结点(即 p 结点)后继结点的指针
    p = head ->next->next;         //p 指向 head 的第 2 个数据结点
    head ->next->next = NULL;      //构造只含一个数据结点的有序表
    while (p != NULL)
    {
        q = p->next;        //q 为指向 p 结点后继结点的指针，最后指向原单链表余下的结点
        /*在已经排好序的有序子序列中，寻找插入位置的前驱结点 pre*/
        pre = head;         //从有序表开头进行比较
        while (pre->next != NULL && pre->next->data < p->data)
            pre = pre->next;
        /*在 pre 之后插入待插入结点 p*/
        p->next = pre->next;
        pre->next = p;
        p = q;                     //扫描原单链表余下的结点
    }
}
```

例如，待排序列{9,3,7,5}有 4 个整数，采用带头结点链表的直接插入排序过程如图 9-2 所示。

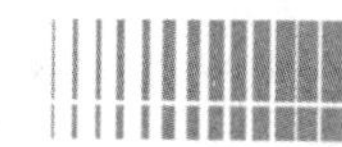

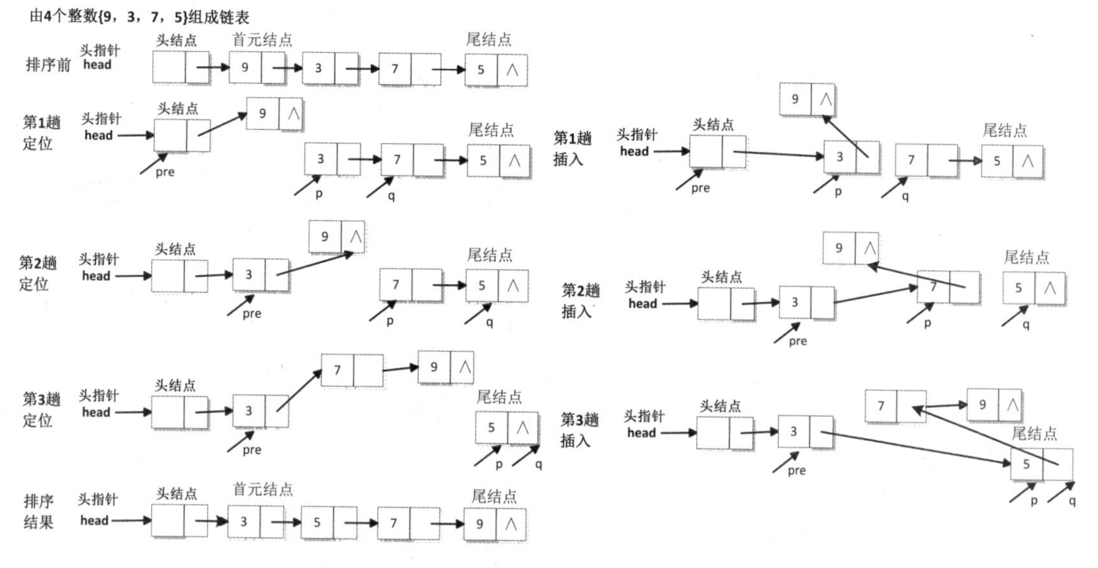

图 9-2　带头结点链表的直接插入排序过程图

9.1.3　C++的文件读写

C 和 C++常用文件读写的差异很大，例如，C 读写文件需要头文件 stdio.h 并建立文件指针，C++则需要文件流头文件 fstream、不需要文件指针、具有更多的打开文件参数。C 和 C++常用文件读写的对照情况如表 9-3 所示。但是 C++的文件读写没有在案例 9-1 实现，请学生自己查询资料并修改案例 9-1 的文件读写。

C++的文件读写.mp4

表 9-3　C 和 C++常用文件读写的对照表

类　型	C	C++
头文件	输入/输出 stdio.h	文件流 fstream
文件指针	需要	不需要
打开	fopen()指定文件名、读写方式(r/w)和文件格式(文本文件 t 或二进制文件 b)等参数	读文件：打开输入流 ifstream is 带 in 参数 写文件：打开输出流 ofstream os 带 out 参数 还可以用 os.open()和 is.open()函数带参数 指定文件名和文件格式(文本文件带默认参数或二进制文件带 binary 参数)等参数
关闭	fclose()	os.close()
格式读写	fscanf()和 fprintf() 读写文本文件	读文件操作 is.read() 写文件操作 os.write()
块读写	fread()和 fwrite() 读写二进制文件	

9.2 案 例 解 析

9.2.1 系统分析

系统分析.mp4

【案例 9-1】用链表类实现案例 5-1 要求的职工管理系统，这里采用链表类实现信息管理操作。

案例 6-2 采用顺序表实现了案例 5-1，案例 8-1 又采用顺序表类实现案例 5-1，案例 9-1 的整个系统分析与 5.2 节案例 5-1 相同，采用的软件结构和 5.2 节相同。这里采用的数据结构与案例 8-1 不同，从顺序表类变成了链表类。因此，这里首先给出了职工信息管理子系统的数据结构，给出了职工信息类型的类定义和通用链表类的定义，实现了职工基本信息管理。只要定义了部门信息和工资信息的类定义，学生就可以完成部门信息和工资信息管理。这里没有给出工资信息管理子系统和部门信息管理子系统的数据结构，学生可以自己补充。

首先，完成职工信息类型的类定义，还重载了大于>、小于<和不等于!=这 3 个运算符。

```
/*定义职工信息类*/
class Employee
{
private:
   int no;                              //职工号
   char name[10];                       //姓名
   char sex[3];                         //性别
   int age;                             //年龄
   char degree[10];                     //学历
   int  level;                          //职员等级
   char departNo[8];                    //部门号
public:
   Employee();                          //默认构造函数
   void inPut();                        //输入函数
   void outPut();                       //输出函数
   bool operator !=(Employee &);        //不等于运算符重载
   bool operator <(Employee &);         //小于运算符重载
   bool operator >(Employee &);         //大于运算符重载
   bool readFile(FILE *fp);             //读文件函数
   bool search();                       //查找函数
   bool modify();                       //修改函数
};
其次，完成职工信息链表类的定义。
typedef Employee ElemType;              //定义通用类型，增加通用性
/*定义一个结点类型*/
struct Node
{
   ElemType data;                       //数据
   Node *next;                          //指针
};
```

```
/*定义一个链表类*/
class LinkedList
{
private:
    Node *head;                                  //头指针
    int length;                                  //链表长度
public:
    LinkedList();                                //默认构造函数
    LinkedList(ElemType b[],int n);              //一般的构造函数
    ~LinkedList();                               //析构函数
    void displayList();                          //显示函数
    bool insertList(int i,ElemType e);           //插入函数
    bool deleteList(int i,ElemType &e);          //删除函数
    bool getElem(int i,ElemType &e);             //取结点函数
    int locateElem(ElemType e);                  //查找函数
    int getLenth();                              //求表长函数
    bool listEmpty();                            //判断表空函数
    void inputList();                            //输入函数
    bool modifyElem();                           //修改函数
    bool saveList();                             //保存函数
    bool readList(char *fileName);               //读取函数
    bool deleteElem();                           //删除链表中的元素
    void selectSort();                           //简单选择排序
    void bubbleSort();                           //冒泡排序
};
```

本案例采用 Visual Studio 2010 编写程序，源程序是 C++代码，采用链表类实现。这里采用带头结点的链表类，共实现 4 轮大迭代、数十次小迭代，代码共 799 行。为了便于复杂代码的管理和编写，整个系统采用多文件实现。说明：多文件的系统集成原理和软件工具使用，请参考 6.1 节系统集成和附录 B 中采用多文件实现项目集成的方法。为了简单展示迭代过程，这里给出每个版本主要实现的功能及简要的实现过程，迭代过程如图 9-3 所示，迭代过程完成的任务如表 9-4 所示。这里只实现了职工信息管理子系统的部分功能，没有实现工资信息管理子系统和部门信息管理子系统，学生可以自己补充。

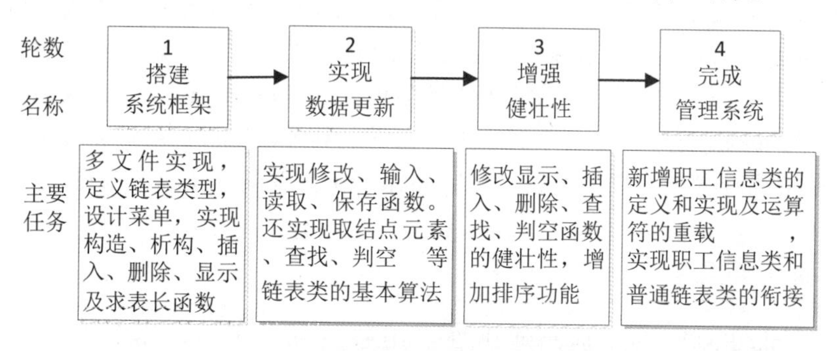

图 9-3　链表类实现系统的迭代过程图

通用性是本系统一直追求的目标。为了使该系统便于拓展，提高其通用性，采用 ElemType 通用类型来实现链表类。系统迭代从整型数据构成的链表类开始，逐步实现链表的基本操作，在最后一轮迭代才把职工信息类型代入。整个迭代过程充分展示了借助 ElemType 通用类型完成从简单的整数类型到复杂数据类型的转换，实现更加通用、更容易

迭代的信息管理系统。整个系统的源程序文件放在文件夹“第 9 章源程序”的子文件夹 example9-1 下，4 个版本的源代码分别用 V1.0、V2.0、V3.0 和 V4.0 表示，这种表示能更好地进行版本管理，回顾开发过程，回溯过去开发版本所做的工作和存在的问题。后面几节介绍这 4 次迭代开发过程。

表 9-4　迭代过程完成的任务表

轮　数	名　称	主要增加的功能
1	搭建系统框架	采用多文件实现链表类的声明，构造函数、析构函数、插入函数、删除函数、显示函数及求表长函数的实现和调用，主菜单的设计。本轮迭代完成后代码达到 226 行
2	实现数据更新	基本实现了链表类的基本算法。实现取结点元素函数、查找函数、判空函数，新增输入函数、修改函数、保存文件函数、读取文件函数的声明、实现和调用，修改析构函数，调整主菜单和主调 main()函数。本轮迭代完成后代码达到 439 行
3	增强健壮性	简化 main()函数操作，提高软件通用性，增强软件健壮性，增加排序功能。调整主菜单，新增删除链表元素函数、简单选择排序函数和冒泡排序函数的声明、实现和调用，调整修改函数的声明、实现和调用，修改了显示函数、插入函数、删除函数、查找函数、判空函数的健壮性。本轮迭代完成后代码达到 620 行
4	完成管理系统	进一步提高软件通用性，新增职工信息类的定义和实现及运算符的重载，实现新增职工信息类和普通链表类的衔接，初步完成一个链表类实现的职工信息管理子系统。展示了采用通用链表类实现信息管理系统的迭代过程，本轮迭代完成后代码达到 799 行

9.2.2　搭建系统框架

第一轮迭代搭建系统框架，将整个系统功能分为初始化、创建、显示、插入、删除、查找、取结点、求长度和判空，实现了主菜单。采用多文件实现链表类的声明，实现构造函数、析构函数、插入函数、删除函数、显示函数及求表长函数。系统采用带头结点的链表类构建，采用头插法建立链表。多文件包含头文件 linkedlist.h、实现文件 linkedlist.cpp 和调用文件 designapp.cpp，放在 V1.0 文件夹下。其中，linkedlist.h 完成链表类的定义，linkedlist.cpp 实现链表类的成员函数，designapp.cpp 实现菜单及成员函数的调用。

头文件.mp4

1. 头文件

头文件 linkedlist.h 为了提高通用性，用整型 int 表示通用类型 ElemType，完成结点类型和链表类的定义。

```
//linkedlist.h
typedef int ElemType;    //增加通用性
/*定义一个结点类型*/
struct Node
{
```

```
    ElemType data;          //数据
    Node *next;             //指针
};
/*定义一个链表类(带头结点的链表类)*/
class LinkedList
{
private:
    Node *head;             //头指针
    int length;             //链表长度即结点数，可以省略
public:
    LinkedList();           //默认构造函数
    LinkedList(ElemType b[],int n);             //一般的构造函数
    ~LinkedList();                              //析构函数
    void displayList();                         //显示函数
    bool insertList(int i,ElemType e);          //插入函数
    bool deleteList(int i,ElemType &e);         //删除函数
    bool getElem(int i,ElemType &e);            //取结点函数
    int locateElem(ElemType e);                 //查找函数
    int getLenth();                             //求表长函数
    bool listEmpty();                           //判断表空函数
};
```

2. 实现文件

实现文件.mp4

实现文件 linkedlist.cpp 实现了链表类的默认构造函数、一般构造函数、析构函数、插入函数、删除函数、显示函数及求表长函数。

```
//linkedlist.cpp
#include <iostream>
#include "linkedlist.h"
using namespace std;
/*链表类的实现*/
/*默认构造函数的实现
功能：实现初始化*/
LinkedList::LinkedList()
{
    cout<<"创建一个空链表!"<<endl;
    head = new Node;
    head->next = NULL;
    length = 0;
}
```

一般构造函数采用头插法创建带头结点链表，创建过程如图 9-4 所示。

```
/*一般构造函数的实现
功能：用数组 b 的 n 个元素，采用头插法生成一个带头结点的链表
参数：b 是数组，n 是数组长度*/
LinkedList::LinkedList(ElemType b[],int n)
{
    Node *s = NULL;             //指向结点的指针
    int i = 0;                  //数组下标，循环控制变量
    head = new Node;
    head->next = NULL;
```

```
    for (i = 0;i < n;i++)     //采用头插法
    {
        s = new Node;
        s->data = b[i];
        s->next = head->next;
        head->next = s;
    }
    length = n;
}
```

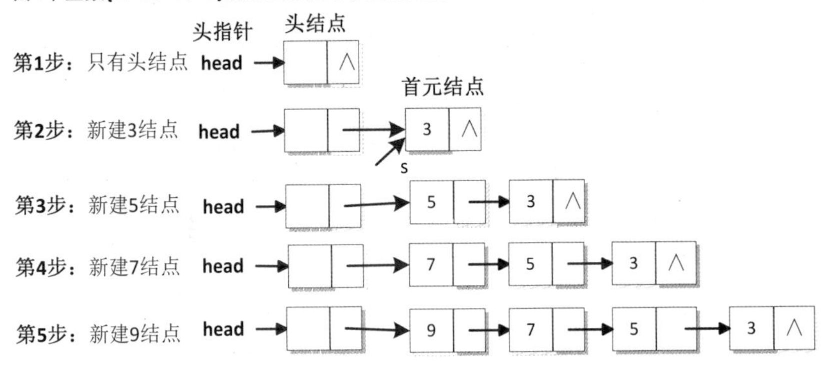

图 9-4 头插法创建带头结点链表

析构函数释放链表占用的内存空间，给出了两种实现方式，实现方式 1 可以直接运行，但注释掉了实现方式 2。链表释放结点的过程如图 9-5 所示。实现方式 1 和实现方式 2 都是从头结点开始，释放前后分别如图 9-5(a)和图 9-5(b)所示；实现方式 2 只剩余一个结点时，如图 9-5(c)所示。特别提醒：释放内存空间是一个良好习惯，否则会造成内存泄漏。

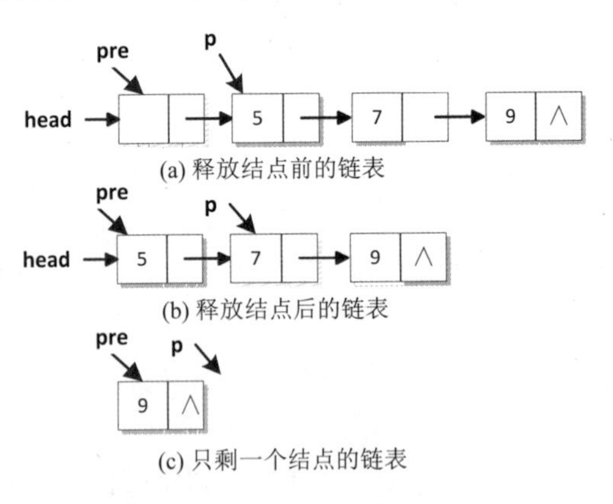

图 9-5 链表释放结点的过程

```
/*析构函数的实现
功能：释放链表占用的内存空间*/
LinkedList::~LinkedList()
{
    /*实现方式 1*/
    cout<<"销毁链表!"<<endl;
    Node *p = head;          //指向结点的指针
```

```
    while (p != NULL)
    {
        p = p->next;
        cout<<p->data<<" ";
        delete head;
        head = p;
    }

    /*实现方式 2
    Node *pre = head;         //指向前驱的指针
    Node *p = head->next;     //指向当前结点的指针
    cout<<"销毁链表!"<<endl;
    while (p != NULL)
    {
        delete pre;
        pre = p;
        cout<<p->data<<" ";
        p = p->next;
    }
    delete pre;*/
}

/*显示函数的实现*/
void LinkedList::displayList()
{
    Node *p = NULL;           //指向结点的指针
    p = head->next;           //指向链表的首元结点
    while (p != NULL)
    {
        cout<<p->data<<" ";
        p = p->next;
    }
    cout<<endl;
}
```

插入操作分两步：①找到插入位置(找前驱结点)；②插入新结点。链表中第 3 个位置插入结点 5 的过程如图 9-6 所示。

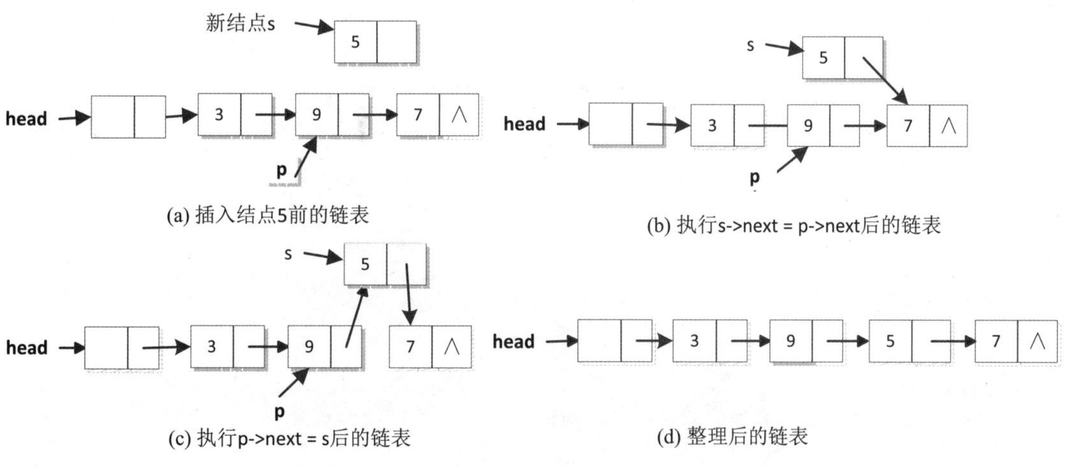

图 9-6　链表中第 3 个位置插入结点 5 的过程

```
/*插入函数的实现
功能：在位置 i 插入元素 e
参数：i 是插入位置(即元素的逻辑序号)，e 是插入元素
返回值：true 表示插入成功，false 表示插入失败*/
bool LinkedList::insertList(int i,ElemType e)
{
    int j = 0;              //结点位置序号，循环控制变量
    Node *p = head;         //指向第 i-1 个结点的指针
    Node *s = NULL;         //指向新生成结点的指针
    while (j < i - 1 && p != NULL)
    {
        j++;
        p = p->next;
    }
    if (p == NULL)
        return false;
    s = new Node;
    s->data = e;
    s->next = p->next;
    p->next = s;
    length++;

    return true;
}
```

删除操作分两步：①找到删除位置(找前驱结点)；②删除结点。链表删除结点的示意图如图 9-7 所示，删除第 2 个结点 5 的示意图如图 9-7(a)和图 9-7(b)所示。删除不存在的第 4 个结点的指针位置如图 9-7(c)所示，这时 q=NULL。如果删除不存在的第 5 个结点，则有 p=NULL。

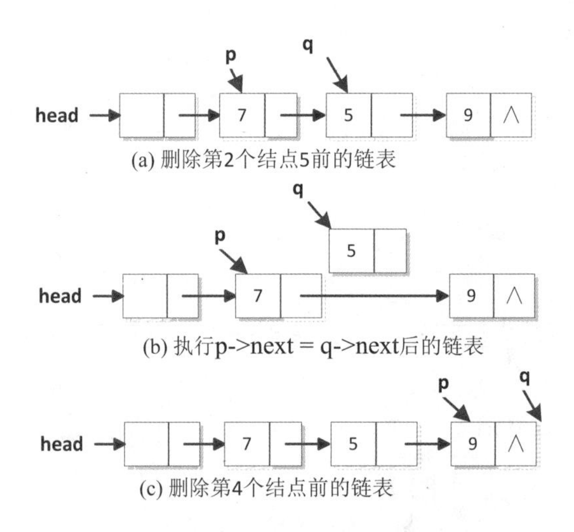

图 9-7　链表删除结点的示意图

```
/*删除函数的实现
功能：删除位置 i 的元素通过 e 传给调用函数
参数：i 是删除位置(即元素的逻辑序号)，e 是被删除元素
返回值：true 表示删除成功，false 表示删除失败*/
```

```
bool LinkedList::deleteList(int i,ElemType &e)
{
    int j = 0;              //结点位置序号，循环控制变量
    Node *p = head;         //指向第 i-1 个结点的指针
    Node *q = NULL;         //指向被删除结点
    while (j < i - 1 && p)
    {
        j++;
        p = p->next;
    }

    if (!p)
        return false;
    q = p->next;
    if (!q)
        return false;
    e = q->data;
    p->next = q->next;
    delete q;
    length--;

    return true;
}

/*求表长函数的实现
返回值：链表长度即结点数*/
int LinkedList::getLenth()
{
    return length;
}
```

3. 调用文件

调用文件.mp4

调用文件 designapp.cpp 实现主菜单，实现和调用链表类的默认构造函数、一般构造函数、析构函数、插入函数、删除函数、显示函数及求表长函数。

```
//designapp.cpp
/**
 * 项目名称：链表类实现的职工管理系统 1.0 版
 * 作    者：梁新元
 * 实现任务：完成主菜单，搭建系统框架，建立链表类的数据结构，采用多文件实现链表类的声明，
 * 实现和调用构造函数、析构函数、插入函数、删除函数、显示函数及求表长函数
 * 开发日期：2015 年 11 月 13 日 04:25pm
 * 修订日期：2020 年 10 月 03 日 09:50pm
 * 修订日期：2022 年 02 月 04 日 00:13pm
 */
#include <iostream>
#include "linkedlist.h"
using namespace std;

int main()
```

```
{
    LinkedList la;        //定义一个链表对象(仅用于测试默认构造函数)

    ElemType a[] = {1,2,3,4,5,6,7,8,9,10};       //输入数据的数组
    int m = 10;           //元素个数
    LinkedList lc(a,m); //创建一个链表对象
    ElemType element;    //元素值
    int choice = 0;      //菜单选择

    while (1)
    {
        /*定义菜单*/
        cout<<"链表操作"<<endl;
        cout<<"1.初始化"<<endl;
        cout<<"2.创建"<<endl;
        cout<<"3.显示"<<endl;
        cout<<"4.插入"<<endl;
        cout<<"5.删除"<<endl;
        cout<<"6.查找"<<endl;
        cout<<"7.取结点"<<endl;
        cout<<"8.求长度"<<endl;
        cout<<"9.判空"<<endl;
        cout<<"0.退出"<<endl;
        cout<<"请输入(0-9): ";
        cin>>choice;

        /*调用菜单*/
        switch (choice)
        {
        case 1://初始化
            break;
        case 2://创建一个链表
            break;
        case 3://显示
            lc.displayList();
            break;
        case 4://插入
            lc.insertList(4,20);
            break;
        case 5://删除
            lc.deleteList(6,element);
            cout<<"被删除元素是"<<element<<endl;
            break;
        case 6://查找
            break;
        case 7://取结点
            break;
        case 8://求长度
            cout <<"链表长度为"<<lc.getLenth()<<endl;
            break;
        case 9://判空
            break;
```

```
        case 0://退出
            lc.~LinkedList();
            system("pause");
            exit(0);
            break;
        } //swtich
    }
    system("pause");

    return 0;
}
```

主菜单运行结果如图 9-8 所示。

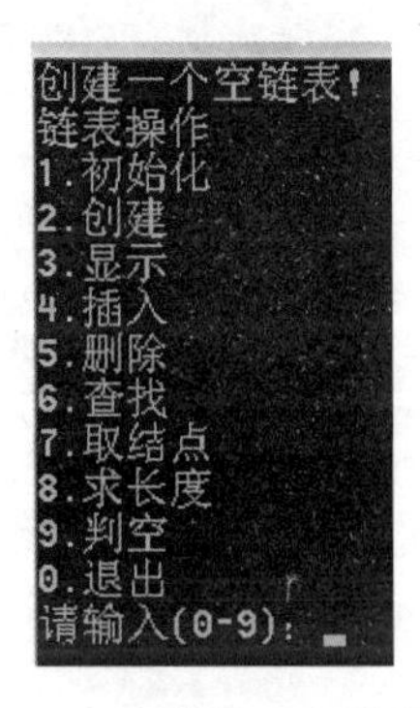

图 9-8　主菜单运行结果图

9.2.3　实现数据更新

第二轮迭代基本完成链表类的基本算法，实现取结点元素函数、查找函数、判空函数，增加修改函数、输入函数、保存文件函数、读取文件函数的声明、实现和调用，通过这些函数实现系统的数据更新。本轮迭代对主调函数 main()做了 4 次小迭代，调整主菜单，主菜单中增加“修改”选项且去掉“创建”选项。析构函数采用第一轮迭代给出的第 2 种实现方式，输入函数和读取文件函数都调用插入函数，文件读写采用 C 语言格式读写函数(没有采用 C++的文件操作)实现。头文件 linkedlist.h、实现文件 linkedlist.cpp 和调用文件 designapp.cpp 都进行了大量修改操作，放在 V2.0 文件夹下。

1. 调整头文件

调整头文件.mp4

头文件 linkedlist.h 中新增链表类的输入、修改、保存、读取 4 个函数的声明，增加了避免重复包含的代码，还定义了最大长度 MAXLENGTH。

```
//linkedlist.h
#ifndef LINKEDLIST_H
#define LINKEDLIST_H
const int MAXLENGTH = 1000;
typedef int ElemType;           //增加通用性
/*定义一个结点类型*/
struct Node
{
```

```
    ElemType data;              //数据
    Node *next;                 //指针
};
/*定义一个链表类(带头结点的链表类)*/
class LinkedList
{
private:
    Node *head;                              //头指针
    int length;                              //链表长度
public:
    LinkedList();                            //默认构造函数
    LinkedList(ElemType b[],int n);          //一般的构造函数
    ~LinkedList();                           //析构函数
    void displayList();                      //显示函数
    bool insertList(int i,ElemType e);       //插入函数
    bool deleteList(int i,ElemType &e);      //删除函数
    bool getElem(int i,ElemType &e);         //取结点函数
    int locateElem(ElemType e);              //查找函数
    int getLenth();                          //求表长函数
    bool listEmpty();                        //判断表空函数
    void inputList();                        //输入函数
    bool modifyElem(ElemType e);             //修改函数
    bool saveList();                         //保存函数
    bool readList();                         //读取函数
};
#endif
```

2. 调整实现文件

调整实现文件.mp4

在第一轮迭代的基础上，linkedlist.cpp 实现上次声明的有取结点元素函数、查找函数、判空函数。此外，析构函数采用上次迭代给出的第 2 种实现方式。

```
//linkedlist.cpp
#include <iostream>
#include "LinkedList.h"
using namespace std;
/*第一轮迭代已经实现默认构造函数、一般构造函数、插入函数、删除函数、显示函数及求表长函数，这里省略实现代码*/

/*析构函数的实现
功能：释放链表占用的内存空间
特别提醒：释放空间是良好习惯，否则会造成内存泄漏*/
LinkedList::~LinkedList()
{
    Node *pre = head;           //指向前驱的指针
    Node *p = head->next;       //指向当前结点的指针
    cout<<"销毁链表!"<<endl;
    while (p != NULL)
    {
        delete pre;
        pre = p;
```

```
        cout<<p->data<<" ";
        p = p->next;
    }
    delete pre;
}

/*取结点函数的实现
功能：取位置 i 的元素值并通过 e 传给调用函数
参数：i 是元素的逻辑序号，e 是取得的元素
返回值：true 表示取值成功，false 表示取值失败*/
bool LinkedList::getElem(int i,ElemType &e)
{
    int j = 0;              //结点位置序号，循环控制变量
    Node *p = NULL;         //指向结点的指针
    p = head;
    while (j < i && p != NULL)
    {
        j++;
        p = p->next;
    }

    if (p == NULL)
    {
        cout<<"希望取的结点不存在"<<endl;
        return false;
    }
    else
    {
        e = p->data;
        cout<<"第"<<i<<"个元素是"<<e<<endl;
        return true;
    }
}

/*查找函数的实现
功能：查找元素值 e 并返回所在位置序号
返回值：位置序号，0 表示没找到*/
int LinkedList::locateElem(ElemType e)
{
    Node *p = NULL;         //结点指针
    int k = 1;              //结点的位置序号
    p = head->next;
    while (p && p->data != e)
    {
        p = p->next;
        k++;
    }
    if (!p)
    {
        cout<<e<<"没有找到"<<endl;
        return 0;
    }
```

```
    else
    {
        cout<<e<<"的位置是"<<k<<endl;
        return k;
    }
}

/*判断表空函数的实现
返回值：true 表示链表为空，false 表示链表非空*/
bool LinkedList::listEmpty()
{
    if (head->next == NULL)
    {
        cout<<"链表为空!"<<endl;
        return true;
    }
    else
    {
        cout<<"链表不为空"<<endl;
        return false;
    }
}
```

3. 实现新增函数

实现新增函数.mp4

linkedlist.cpp 还要完成本次新增输入函数、修改函数、读取文件函数和写入文件函数的实现代码。输入函数和读取文件函数都调用了第 1 轮迭代实现的插入函数，插入到链表尾部，其中读取文件函数将读取的数据插入到空链表末尾。输入函数将新数据插入到链表末尾，实现数据积累。修改函数修改指定数据，功能与查找函数类似，先查找再修改。文件读写采用 C 语言格式读写函数实现，没有采用 C++实现。

```
/*输入函数的实现
功能：调用插入函数实现数据输入*/
void LinkedList::inputList()
{
    int m = 0;              //元素个数
    int i = 0;              //序号，循环控制变量
    ElemType element;       //输入的数据
    cout<<"请确定输入数据个数：";
    cin>>m;
    cout<<"输入数据：";
    while (i < m)
    {
        cin>>element;
        insertList(length + 1,element);
        i++;
    }
}
```

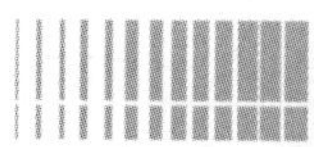


```
/*修改函数的实现
参数：e 是被修改元素
返回值：true 表示修改成功，false 表示修改失败*/
bool LinkedList::modifyElem(ElemType e)
{
    Node *p = head->next;    //指向结点的指针
    while (p != NULL && p->data != e)
    {
        p = p->next;
    }
    if (p == NULL)
    {
        cout<<e<<"没有找到！"<<endl;
        return false;
    }
    cout<<"请输入新的值：";
    cin>>p->data;

    return true;
}

/*保存函数的实现
返回值：true 表示保存成功，false 表示保存失败*/
bool LinkedList::saveList()
{
    char isSave = 'Y';          //是否保存
    cout<<"是否保存(Y/N):";
    cin>>isSave;
    if (isSave == 'N' || isSave == 'n')
    {
        return false;
    }

    FILE *fp = NULL;            //文件指针
    if ((fp = fopen("list.txt","w")) == NULL)
    {
        cout<<"文件打开失败!"<<endl;
        return false;
    }

    Node *p = NULL;             //指向结点的指针
    p = head->next;
    while (p != NULL)
    {
        fprintf(fp,"%d\t",p->data);
        p = p->next;
    }
    fclose(fp);

    return true;
}
```

```
/*读取函数的实现，调用插入函数实现链表创建
返回值：true 表示读取成功，false 表示读取失败*/
bool LinkedList::readList()
{
   ElemType b;                 //数据元素
   int n = 0;                  //元素个数
   FILE *fp = NULL;            //文件指针
   if ((fp = fopen("list.txt","r")) == NULL)
   {
      cout<<"文件打开失败!"<<endl;
      return false;
   }
   while (!feof(fp))
   {
      fscanf(fp,"%d\t",&b);
      n++;
      insertList(n,b);        //插入到表尾
   }
   fclose(fp);

   return true;
}
```

4. 修改调用文件

修改调用文件.mp4

designapp.cpp 实际上完成了 4 次迭代，第 1 次迭代调整主菜单和函数调用代码，第 2 次迭代完成保存函数，第 3 次迭代将保存函数放在所有变动操作(输入、插入、删除和修改)之后进行调用，第 4 次迭代实现读取文件操作。其实，每个函数都可以进行 1 次迭代，每次迭代还可以分为若干次迭代，分别实现取结点元素函数、查找函数、判空函数、输入函数、修改函数。第 4 次迭代完成后，系统可以通过读取文件操作获得数据，因此，创建链表的操作由一般构造函数交给读取文件函数。主菜单中增加了管理系统必须具备的“修改”功能，去掉了没有使用的“创建”功能。

```
//designapp.cpp
/**
 * 项目名称：链表类实现的职工管理系统 2.0 版
 * 作    者：梁新元
 * 实现任务：实现判空、查找和取结点 3 个函数，新增输入、修改、读文件、写文件
 4 个函数的声明、实现和调用，修改析构函数、主菜单和主调 main()函数
 * 开发日期：2015 年 11 月 20 日 04:25pm
 * 修订日期：2020 年 10 月 04 日 07:20am
 * 修订日期：2022 年 03 月 31 日 09:24am
 */
#include <iostream>
#include "linkedlist.h"
using namespace std;

int main()
{
```

```
LinkedList lc;              //定义一个链表对象
ElemType element;           //元素值
int k = 0;                  //表示位置
int choice = 0;             //菜单选择

lc.readList();
while (1)
{
    /*定义菜单*/
    cout<<"\n 链表操作"<<endl;
    cout<<"1.输入"<<endl;
    cout<<"2.显示"<<endl;
    cout<<"3.插入"<<endl;
    cout<<"4.删除"<<endl;
    cout<<"5.查找"<<endl;
    cout<<"6.取结点"<<endl;
    cout<<"7.求长度"<<endl;
    cout<<"8.判空"<<endl;
    cout<<"9.修改"<<endl;
    cout<<"0.退出"<<endl;
    cout<<"请输入(0-9): ";
    cin>>choice;

    /*调用菜单*/
    switch (choice)
    {
    case 1:
        /*输入*/
        lc.inputList();
        lc.saveList();
        break;
    case 2:
        /*显示*/
        lc.displayList();
        break;
    case 3:
        /*插入*/
        cout<<"输入插入位置: ";
        cin>>k;
        cout<<"插入元素值: ";
        cin>>element;
        lc.insertList(k,element);
        lc.saveList();
        break;
    case 4:
        /*删除*/
        cout<<"输入删除位置: ";
        cin>>k;
        if (lc.deleteList(k,element))
        {
```

```
                cout<<"被删除元素是"<<element<<endl;
                lc.saveList();
            }
            break;
        case 5:
            /*查找*/
            cout<<"输入要查找的元素值: ";
            cin>>element;
            lc.locateElem(element);
            break;
        case 6:
            /*取结点*/
            cout<<"输入取值的位置: ";
            cin>>k;
            lc.getElem(k,element);
            break;
        case 7:
            /*求长度*/
            cout <<"链表长度为"<<lc.getLenth()<<endl;
            break;
        case 8:
            /*判空*/
            lc.listEmpty();
            break;
        case 9:
            /*修改*/
            cout<<"输入要修改的元素值: ";
            cin>>element;
            lc.modifyElem(element);
            lc.saveList();
            break;
        case 0:
            /*退出*/
            lc.~LinkedList();
            system("pause");
            exit(0);
            break;
        } //switch
    } //while

    return 0;
}
```

为了便于对比，图 9-9(a)给出了第一轮迭代的主菜单，第二轮迭代调整后的主菜单如图 9-9(b)所示，这次迭代删除了“初始化”和“创建”菜单项并增加了“输入”和“修改”菜单项。

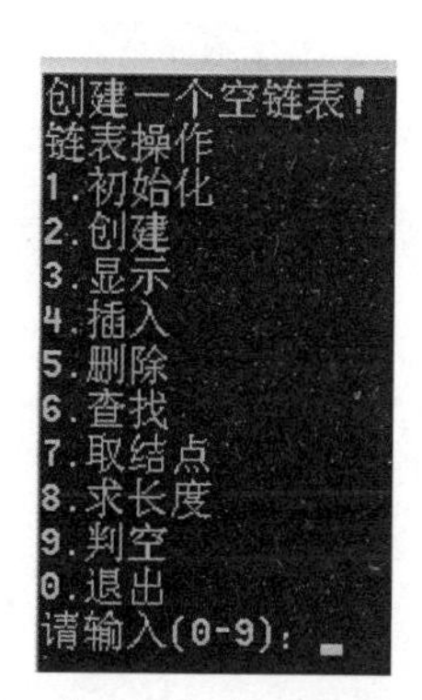

(a) 第一轮迭代的主菜单

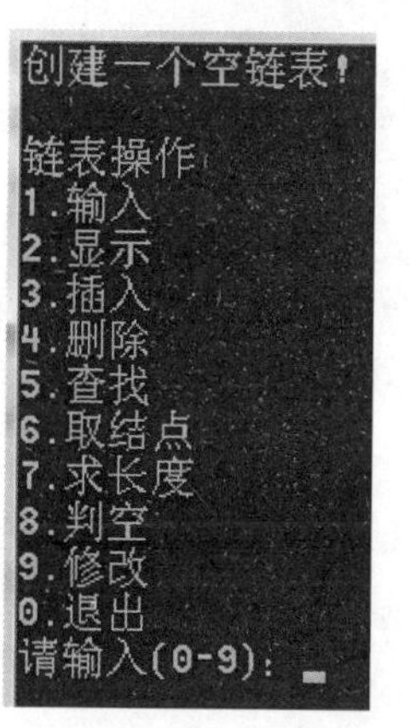

(b) 第二轮迭代的主菜单

图 9-9　第一、二轮迭代的主菜单对比

9.2.4　增强健壮性

第三轮迭代进一步简化 main()函数操作，提高软件的通用性，增强软件的健壮性，增加排序功能。本次迭代调整主菜单，新增删除链表元素函数、选择排序函数和冒泡排序函数的声明、实现和调用，调整修改函数的声明、实现和调用，修改显示函数、插入函数、删除函数、查找函数、判空函数的代码。头文件 linkedlist.h、实现文件 linkedlist.cpp 和调用文件 designapp.cpp 都进行了大量修改操作，放在 V3.0 文件夹下。

本轮迭代进行了一系列修改。首先，调整操作界面，调整主菜单，取消部分操作(如“取结点”“判空”和“求表长”)，增加“排序”操作。其次，简化 main()函数中的删除和修改操作，数据输入移到链表类中进行，提高通用性，以方便搭建多个子系统。然后，需要进一步增强软件的健壮性，在显示函数、插入函数、删除函数、查找函数、判空函数中考虑了特殊取值情况。最后，增加排序函数，实现链表的简单选择排序函数和冒泡排序函数。

1. 调整操作界面

调整操作界面.mp4

本轮迭代调整主菜单的操作界面，增加排序功能。信息管理系统的基本操作主要是增加(输入和插入都是增加操作)、删除、修改、查询、显示、排序和统计等。完成第二轮迭代已经实现了链表类的基本算法，但是“取结点”“判空”和“求长度”操作都不是信息管理系统的主要操作，它们常常被其他操作调用。因此，本轮迭代重新调整主菜单，取消“取结点”“判空”和“求长度”菜单项，新增“排序”菜单项，如图 9-10 所示。调用文件 designapp.cpp 做了大量调整，充分体现了本轮迭代的思想。

```
//designapp.cpp
/**
 * 项目名称：链表类实现的职工管理系统 v3.0 版
 * 作　　者：梁新元
 * 实现任务：新增删除表中元素函数、简单选择排序函数和冒泡排序函数，增强
   显示、插入、删除、查找、判空和修改的健壮性，调整主菜单和主调 main()函数
```

```
 * 开发日期：2015 年 12 月 04 日 05:12pm
 * 修订日期：2020 年 10 月 04 日 10:15am
 * 修订日期：2022 年 03 月 31 日 05:01pm
 */
#include <iostream>
#include "linkedlist.h"
using namespace std;
int main()
{
    LinkedList lc;        //定义一个链表对象
    ElemType element;     //元素值
    int k = 0;            //表示位置
    int choice = 0;       //菜单选择

    lc.readList();
    while (1)
    {
        /*定义菜单*/
        cout<<"链表操作"<<endl;
        cout<<"1.输入"<<endl;
        cout<<"2.显示"<<endl;
        cout<<"3.插入"<<endl;
        cout<<"4.删除"<<endl;
        cout<<"5.查找"<<endl;
        /*cout<<"6.取结点"<<endl;
        cout<<"7.求长度"<<endl;
        cout<<"8.判空"<<endl;
        cout<<"9.修改"<<endl;
        cout<<"0.退出"<<endl;
        cout<<"请输入(0-9): ";*/
        cout<<"6.修改"<<endl;
        cout<<"7.排序"<<endl;
        cout<<"0.退出"<<endl;
        cout<<"请输入(0-7): ";
        cin>>choice;

        /*调用菜单*/
        switch (choice)
        {
        case 1:
            /*输入*/
            lc.inputList();
            lc.saveList();
            break;
        case 2:
            /*显示*/
            lc.displayList();
            break;
        case 3:
            /*插入*/
            cout<<"输入插入位置: ";
```

```
        cin>>k;
        cout<<"插入元素值：";
        cin>>element;
        lc.insertList(k,element);
        lc.saveList();
        break;
    case 4:
        /*删除*/
        /*cout<<"输入删除位置：";
        cin>>k;
        if (lc.deleteList(k,element))
        {
            cout<<"被删除元素是"<<element<<endl;
            lc.saveList();
        }*/
        lc.deleteElem();
        break;
    case 5:
        /*查找*/
        cout<<"输入要查找的元素值：";
        cin>>element;
        lc.locateElem(element);
        break;
    /*case 6:           //取结点
        cout<<"输入取值的位置：";
        cin>>k;
        lc.getElem(k,element);
        break;
    case 7:             //求长度
        cout <<"链表长度为"<<lc.getLenth()<<endl;
        break;
    case 8:             //判空
        lc.listEmpty();
        break;
    case 9:
        //修改
        cout<<"输入要修改的元素值：";
        cin>>element;
        lc.modifyElem(element);
        lc.saveList();*/
    case 6:
        /*修改*/
        //cout<<"输入要修改的元素值：";
        //cin>>element;
        lc.modifyElem();
        lc.saveList();
        break;
    case 7:
        /*排序*/
        //cout<<"简单选择排序"<<endl;
```

```
            //lc.selectSort();
            cout<<"冒泡排序"<<endl;
            lc.bubbleSort();
            break;
        case 0:
            /*退出*/
            exit(0);
            break;
        }//switch
    }//while
    system("pause");

    return 0;
}
```

本轮迭代重新调整主菜单，取消“取结点”“判空”和“求长度”菜单项，新增“排序”菜单项，第二、三轮迭代的主菜单对比如图 9-10 所示。

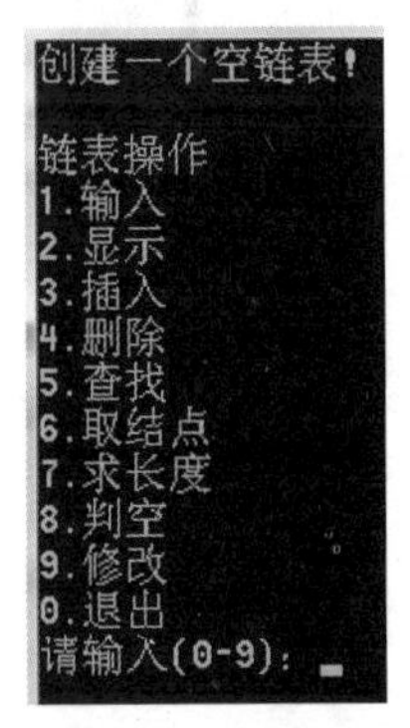

(a) 第二轮迭代的主菜单

(b) 第三轮迭代的主菜单

图 9-10　第二、三轮迭代的主菜单对比

2. 修改头文件

修改头文件.mp4

头文件 linkedlist.h 中新增删除链表元素函数、选择排序函数和冒泡排序函数的声明，并去掉了修改函数的参数。

```
//linkedlist.h
#ifndef LINKEDLIST_H
/*其余内容与上一个版本相同，略去*/
/*定义一个链表类*/
class LinkedList
{
private:
    Node *head;             //头指针
    int length;             //链表长度
public:
    /*其他函数声明略去*/
    //bool modifyElem(ElemType e);  //修改函数
    bool modifyElem();  //修改函数
    bool deleteElem();  //删除链表元素函数
    void selectSort();  //简单选择排序函数
```

```
    void bubbleSort();  //冒泡排序函数
};
#endif
```

3. 提高通用性

提高通用性.mp4

本轮迭代简化了 main()函数操作，进一步提高了软件的通用性。将 main()函数菜单中为删除和修改提供数据输入的操作移到链表类中进行，使得删除和修改操作更具有通用性。基本思想是 ElemType 从 int 型转换为职工信息类型、工资信息类型和部门信息类型，只要建立了一个子系统，就能很容易应用到其他两个子系统，为整个信息管理系统的建立打下坚实基础。

main()函数中删除和修改操作的调整见 designapp.cpp 文件。实现文件 linkedlist.cpp 中调整了修改函数 modifyElem()，新增了删除链表元素函数 deleteElem()。deleteElem()函数调用原来的 deleteList()函数执行删除操作。

首先，本轮迭代取消修改函数原来的参数。将函数 modifyElem()中被修改元素从原来的函数参数改为在函数中输入，输入要修改的元素值，新增判空代码。

```
/*修改函数的实现
返回值：true 表示修改成功，false 表示修改失败*/
bool LinkedList::modifyElem(){
    if (listEmpty()){
        cout<<"链表为空，不能修改！"<<endl;
        return false;
    }

    ElemType element;         //要修改的值
    cout<<"输入要修改的元素值：";
    cin>>element;

    Node *p = head->next;    //指向结点的指针
    while (p != NULL && p->data != element)
    {
        p = p->next;
    }
    if (p == NULL){
        cout<<element<<"没有找到！"<<endl;
        return false;
    }
    cout<<"请输入新的值：";
    cin>>p->data;

    return true;
}
```

其次，新增删除元素函数，简化菜单的删除操作。删除元素函数 deleteElem()是新增函数，先调用查询函数 locateElem()找到删除位置，再调用 deleteList()函数删除指定位置的元素。deleteElem()函数提供了新的删除操作，简化了菜单操作中的代码，不需要在菜单中指定被删除元素的位置，deleteElem()函数根据输入对象查询位置，再调用 deleteList()执行删除操作。因此，菜单的“删除”操作从调用指定位置的 deleteList()函数调整为调用不指定

位置的 deleteElem()函数，使得删除操作更具有通用性。

```
/*删除链表元素函数的实现
功能：提供删除操作，简化菜单操作中的代码
返回值：true 表示删除成功，false 表示删除失败*/
bool LinkedList::deleteElem()
{
    /*先查询，再执行删除操作，调用 deleteList()删除指定位置的元素*/
    if (listEmpty())
    {
        cout<<"链表为空，不能删除！"<<endl;
        return false;
    }
    ElemType element;          //要查找的元素值
    cout<<"输入要查找的元素值：";
    cin>>element;

    int k = 0;                 //位置序号
    k = locateElem(element);
    if (k == 0)
        return false;
    deleteList(k,element);

    return true;
}
```

4. 增强健壮性

增强健壮性.mp4

为了增强健壮性，本轮迭代 linkedlist.cpp 在第二轮迭代的基础上，在显示函数、插入函数、删除函数、查找函数、判空函数中增加了特殊取值的情况。

```
/*显示函数的实现
本轮迭代增加了界面友好性，考虑了空链表的显示情况*/
void LinkedList::displayList()
{
    if (listEmpty())
    {
        cout<<"空链表！"<<endl;
        return;
    }

    Node *p = NULL;            //指向结点的指针
    p = head->next;            //指向链表的首元结点
    while (p != NULL)
    {
        cout<<p->data<<" ";
        p = p->next;
    }
    cout<<endl;
}
```

```
/*插入函数的实现
功能：在位置 i 插入元素 e
参数：i 是插入位置(即元素的逻辑序号)，e 是插入元素
返回值：true 表示插入成功，false 表示插入失败
本轮迭代增加了健壮性，考虑了插入位置非法的提示*/
bool LinkedList::insertList(int i,ElemType e)
{
    int j = 0;                  //结点位置序号，循环控制变量
    Node *p = head;             //指向第 i-1 个结点的指针
    Node *s = NULL;             //指向新生成结点的指针
    while (j < i - 1 && p != NULL)
    {
        j++;
        p = p->next;
    }
    if (p == NULL)
    {
        cout<<"插入位置非法!"<<endl;
        return false;
    }
    s = new Node;
    s->data = e;
    s->next = p->next;
    p->next = s;
    length++;
    return true;
}

/*删除函数的实现
功能：删除位置 i 的元素通过 e 传给调用函数
参数：i 是删除位置(即元素的逻辑序号)，e 是被删除元素
返回值：true 表示删除成功，false 表示删除失败
本轮迭代增加了健壮性，考虑了删除位置非法的提示*/
bool LinkedList::deleteList(int i,ElemType &e)
{
    char isDelete = 'Y';            //是否删除
    cout<<"是否删除(Y/N):";
    cin>>isDelete;

    if (isDelete=='N' || isDelete=='n')
    {
        return false;
    }

    int j = 0;                      //结点位置序号，循环控制变量
    Node *p = head;                 //指向第 i-1 个结点的指针
    Node *q = NULL;                 //指向被删除结点
    while (j < i - 1 && p)
    {
        j++;
        p=p->next;
    }
```

```
    if (!p)
    {
        cout<<"删除位置非法！"<<endl;
        return false;
    }
    q = p->next;
    if (!q)
    {
        cout<<"删除位置非法！"<<endl;
        return false;
    }
    e = q->data;
    p->next = q->next;
    delete q;
    length--;

    return true;
}

/*查找函数的实现
功能：查找元素值 e 并返回所在位置序号
返回值：位置序号，0 表示没找到
本轮迭代增加了健壮性，考虑了链表为空的情况*/
int LinkedList::locateElem(ElemType e)
{
    if (listEmpty())
    {
        cout<<"链表为空，不能查找！"<<endl;
        return 0;
    }

    Node *p = NULL;         //结点指针
    int k = 1;              //结点的位置序号
    p = head->next;
    while (p && p->data != e)
    {
        p = p->next;
        k++;
    }
    if (!p)
    {
        cout<<e<<"没有找到"<<endl;
        return 0;
    }
    else
    {
        cout<<e<<"的位置是"<<k<<endl;
        return k;
    }
}
```

```
/*判断表空函数的实现
功能：判断是否为空，但不显示
返回值：true 表示链表为空，false 表示链表非空
本轮迭代去掉显示功能*/
bool LinkedList::listEmpty()
{
    if (head->next==NULL)
    {
        //cout<<"链表为空！"<<endl;
        return true;
    }
    else
    {
        //cout<<"链表不为空"<<endl;
        return false;
    }
}
```

5. 增加排序功能

增加排序功能_简单选择排序.mp4

第三轮迭代的 linkedlist.cpp 新增简单选择排序函数和冒泡排序函数的实现，实现链表的升序排序。由于链表的排序逻辑比较复杂，建议学生画图来理解其逻辑关系。

首先，实现简单选择排序函数。简单选择排序函数的思路是将无序序列的最小值结点插入有序链表末尾。每趟排序先选择最小值，再插入有序表末尾。注意：本案例没有将无序序列的最小值与当前位置的值进行交换，采用的是插入有序表末尾；如果要交换，请学生自己修改代码。例如，待排序列{9,3,7,5}有 4 个整数，采用带头结点链表的简单选择排序函数 selectSort()，其排序过程如图 9-11 所示。结点类型的定义如下：

```
struct Node
{
    ElemType data;        //数据
    Node *next;           //指针
};

/*简单选择排序函数的实现
功能：升序排序
思路：将无序序列的最小值结点插入有序链表末尾，没有与当前位置进行交换*/
void LinkedList::selectSort()
{
    if (listEmpty())
    {
        cout<<"链表为空，不能排序！"<<endl;
        return;
    }

    Node *p = head->next;          //p 指向首元结点，开始无序表，外循环控制变量
    Node *q = NULL;                //指向待比较结点，内循环控制变量
    Node *pre = NULL;              //指向 q 结点的前驱结点
```

```
    Node *pmin = NULL;              //指向最小值结点
    Node *premin = NULL;            //指向 pmin 的前驱结点
    Node *rear = NULL;              //尾指针

    /*构造一个空链表*/
    rear = head;
    head->next = NULL;

    /*从无序表开头进行比较*/
    while (p != NULL)
    {
        q = p->next;
        pre = p;                    //指向 q 结点的前驱结点
        pmin = p;                   //假设当前结点值是最小值
        premin = NULL;

        /*找到最小值结点的位置*/
        while (q != NULL)
        {
            if (q->data < pmin->data)
            {
                premin = pre;
                pmin = q;           //记录最小值结点的位置
            }
            pre = q;
            q = q->next;
        }

        /*取出最小值结点 pmin*/
        if (premin == NULL)
            p = p->next;            //p 指向最小结点时，直接移到下一个结点
        else
            premin->next = pmin->next;    //最小值结点的前驱后继相连

        /*将最小值结点 pmin 插入表尾*/
        rear->next = pmin;
        rear = pmin;
        rear->next = NULL;
        displayList();
    }//while
}
```


其次，实现冒泡排序函数。冒泡排序函数采用下沉法，相邻位置不符合升序特征，则交换指针。例如，待排序列{9,3,7,5}有 4 个整数，采用带头结点链表的冒泡排序函数 bubbleSort()，其带头结点链表冒泡排序中 3 和 9 的交换过程如图 9-12 所示。绘制整个冒泡排序过程的图太大，这里只给出两个数交换的过程。

增加排序功能_冒泡排序.mp4

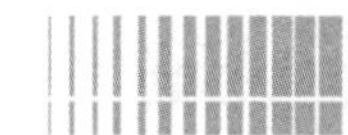

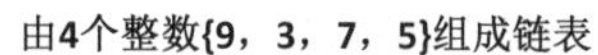

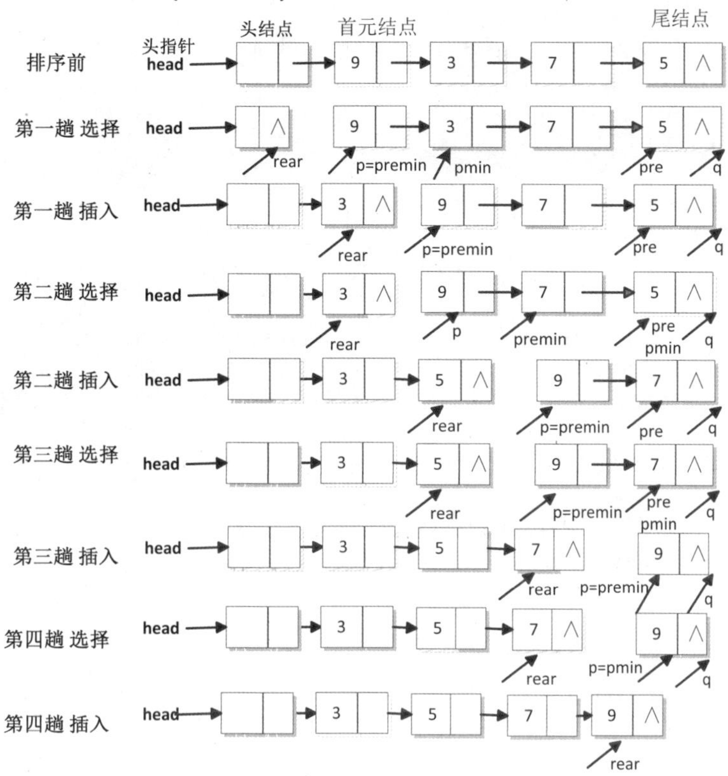

图 9-11　带头结点链表的简单选择排序过程图

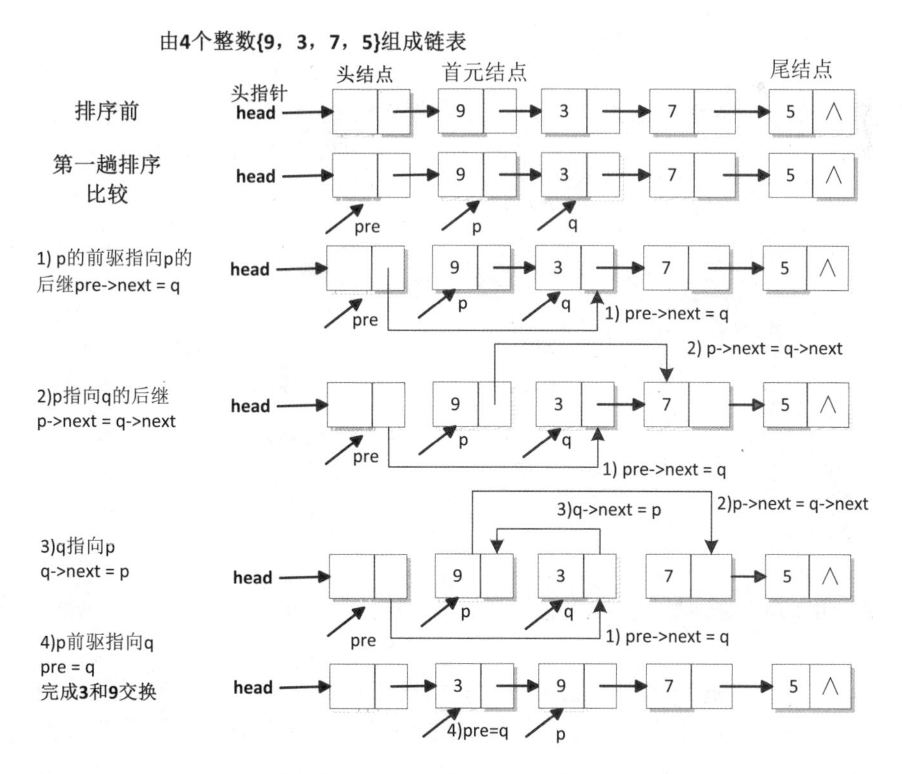

图 9-12　带头结点链表冒泡排序中 3 和 9 的交换过程图

```
/*冒泡排序
功能：升序排序
思路：采用下沉法，相邻位置不符合升序特征，则交换指针*/
void LinkedList::bubbleSort()
{
    if (listEmpty())
    {
        cout<<"链表为空，不能排序！"<<endl;
        return;
    }

    bool exchange = true;            //该趟排序中是否发生交换，外循环控制变量
    Node *rear = NULL;               //尾指针，外循环控制变量
    Node *p = NULL;                  //指向待比较结点的指针，内循环控制变量
    Node *q = NULL;                  //指向p结点的后继结点
    Node *pre = NULL;                //指向p结点的前驱结点

    /*链表非空或者发生了交换则继续排序*/
    while (rear != head->next && exchange)
    {
        exchange = false;
        pre = head;
        p = head->next;              //p指向首元结点
        while (p->next != NULL && p->next != rear)
        {
            q = p->next;             //指向p的后继结点
            if (p->data > q->data)   //修改指针，交换位置
            {
                pre->next = q;       //1)p的前驱指向p的后继
                p->next = q->next;   //2)p指向q的后继
                q->next = p;         //3)q指向p
                pre = q;             //4)p前驱指向q
                exchange = true;
            }
            else  //移动指针
            {
                pre = p;
                p = p->next;
            }
        }//while
        rear = p;
        displayList();
    }//while
}
```

9.2.5 完成管理系统

第四轮迭代进一步提高软件的通用性，新增职工信息类的定义、实现及调用，初步完成一个用链表类实现的职工信息子系统，展示了采用通用链表类实现信息管理系统的迭代过程。本次新增头文件 employe.h 及其实现文件 employe.cpp，并对头文件 linkedlist.h、实

现文件 linkedlist.cpp 和调用文件 designapp.cpp 都进行了少量修改操作，放在 V4.0 文件夹下。

为了提高软件的通用性，本轮迭代进行了一系列修改。首先，定义职工信息类并完成相应的实现代码。其次，将原来整数的输入/输出操作修改为调用职工信息类的输入/输出函数(还可以对 C++标准输入/输出进行重载)，原来对整数的比较操作在职工信息类中无法进行，在职工信息类中重载了比较运算符(>、<和!=)。原来读写的文件数据是整数，也要修改为读写职工信息数据。

1. 新增 Employee 类的头文件

新增 Employee 类的头文件.mp4

employe.h 文件重新定义针对 Employee 类型的输入函数 inPut()、输出函数 outPut()、读文件函数 readFile(FILE *fp)、查找函数 search()、修改函数 modify()。为了减少代码修改量、提高代码通用性，对 3 个比较运算符(!=、<和>)进行了重载。另外，标准输入运算符>>和输出运算符<<也可以重载，只要将输入函数 inPut()和输出函数 outPut()改变为运算符>>和<<的重载即可，从而实现自定义数据类型的输入和输出。这样能更好地减少代码修改量，进一步提高代码通用性。

```
//employe.h
#ifndef EMPLOYEE_H
#define EMPLOYEE_H

/*定义职工信息类*/
class Employee
{
private:
    int no;                              //职工号
    char name[10];                       //姓名
    char sex[3];                         //性别
    int age;                             //年龄
    char degree[10];                     //学历
    int  level;                          //职员等级
    char departNo[8];                    //部门号
public:
    Employee();                          //默认构造函数
    void inPut();                        //输入函数
    void outPut();                       //输出函数
    bool operator !=(Employee &);        //不等于运算符重载
    bool operator <(Employee &);         //小于运算符重载
    bool operator >(Employee &);         //大于运算符重载
    bool readFile(FILE *fp);             //读文件函数
    bool search();                       //查找函数
    bool modify();                       //修改函数
};
#endif
```

2. 新增 Employee 类的实现文件

employe.cpp 给出了 Employee 类型的实现代码，既提供了输入函数 inPut()、输出函数

新增 Employee 类的实现文件.mp4

outPut()、读文件函数 readFile()、查找函数 search()和修改函数 modify()的实现代码，又提供了 3 个比较运算符(!=、<和>)重载的代码。此外，还提供了默认构造函数、修改和查找子菜单。

```
//employe.cpp
#include <iostream>
#include "employee.h"
using namespace std;

/*默认构造函数*/
Employee::Employee()
{
   no = 0;
   name[0] = '\0';
   sex[0] = '\0';
   age = 0;
   degree[0] = '\0';
   level = 0;
   departNo[0] = '\0';
}

/*输入函数*/
void Employee::inPut()
{
   cout<<"职工号: ";
   cin>>no;
   cout<<"姓名: ";
   cin>>name;
   cout<<"性别: ";
   cin>>sex;
   cout<<"年龄: ";
   cin>>age;
   cout<<"学历: ";
   cin>>degree;
   cout<<"职员等级: ";
   cin>>level;
   cout<<"部门号: ";
   cin>>departNo;
}

/*输出函数*/
void Employee::outPut()
{
   cout<<"职工号: ";
   cout<<no;
   cout<<"姓名: ";
   cout<<name;
   cout<<"性别: ";
   cout<<sex;
   cout<<"年龄: ";
   cout<<age;
   cout<<"学历: ";
```

```
    cout<<degree;
    cout<<"职员等级：";
    cout<<level;
    cout<<"部门号：";
    cout<<departNo<<endl;
}

/*不等于运算符重载(在关键字 no 上比较)
返回值：true 表示不等于，false 表示等于*/
bool Employee::operator != (Employee & em)
{
    if (no == em.no)
        return false;
    /*if (name == em.name)
        return false;*/
    return true;
}

/*小于运算符重载(在关键字 no 上比较)
返回值：true 表示小于，false 表示不小于*/
bool Employee::operator  < (Employee &em)
{
    if (no >= em.no)
        return false;
    return true;
}

/*大于运算符重载(在关键字 no 上比较)
返回值：true 表示大于，false 表示不大于*/
bool Employee::operator > (Employee &em)
{
    if (no <= em.no)
        return false;
    return true;
}

/*读文件函数
参数：fp 是文件指针
返回值：true 表示读取文件成功，false 表示读取文件失败*/
bool Employee::readFile(FILE *fp)
{
    if (fp == NULL)
        return false;
    fscanf(fp,"%d\t",&no);
    fscanf(fp,"%s\t",&name);
    fscanf(fp,"%s\t",&sex);
    fscanf(fp,"%d\t",&age);
    fscanf(fp,"%s\t",&degree);
    fscanf(fp,"%d\t",&level);
    fscanf(fp,"%s\t\n",&departNo);

    return true;
```

```
}

/*查找函数
返回值：true 表示查找成功，false 表示查找失败*/
bool Employee::search()
{
    int choice = 0;       //菜单选项
    cout<<"查询选择：1.职工号  2.姓名 0.不查找";
    cin>>choice;
    switch(choice)
    {
    case 1:
        cout<<"职工号：";
        cin>>no;
        break;
    case 2:
        cout<<"姓名：";
        cin>>name;
        break;
    case 0:
        return false;
    }

    return true;
}

/*修改函数
返回值：true 表示修改成功，false 表示修改失败*/
bool Employee::modify()
{
    int choice = 0;       //菜单选项
    cout<<"修改选择：1.职工号  2.姓名 0.不修改";
    cout<<"输入(0-2):";
    cin>>choice;
    switch(choice)
    {
    case 1:
        cout<<"职工号：";
        cin>>no;
        break;
    case 2:
        cout<<"姓名：";
        cin>>name;
        break;
    case 0:
        return false;
    }

    return true;
}
```

3. 修改链表类的头文件

修改链表类的头文件.mp4

链表类的头文件 linkedlist.h 中引用了头文件 employee.h，修改了 ElemType 类型，增加了 readList()函数的参数。

```
//linkedlist.h
/*引用了头文件 employee.h，修改了 ElemType 类型，增加了 readList()函数的参数*/
#ifndef LINKEDLIST_H
#define LINKEDLIST_H
#include "employee.h"
const int MAXLENGTH = 1000;
//typedef int ElemType;                //增加通用性
typedef Employee ElemType;             //定义通用类型,增加通用性
/*定义一个结点类型*/
struct Node
{
   ElemType data;                      //数据
   Node *next;                         //指针
};
/*定义一个链表类(带头结点的链表类)*/
class LinkedList
{
private:
   Node *head;                             //头指针
   int length;                             //链表长度
public:
   LinkedList();                           //默认构造函数
   LinkedList(ElemType b[],int n);         //一般的构造函数
   ~LinkedList();                          //析构函数
   void displayList();                     //显示函数
   bool insertList(int i,ElemType e);      //插入函数
   bool deleteList(int i,ElemType &e);     //删除函数
   bool getElem(int i,ElemType &e);        //取结点函数
   int locateElem(ElemType e);             //查找函数
   int getLenth();                         //求表长函数
   bool listEmpty();                       //判断表空函数
   void inputList();                       //输入函数
   bool modifyElem();                      //修改函数
   bool saveList();                        //保存函数
   //bool readList();                      //读取函数
   bool readList(char *fileName);          //读取函数
   bool deleteElem();                      //删除链表元素函数
   void selectSort();                      //简单选择排序
   void bubbleSort();                      //冒泡排序
};
#endif
```

4. 修改链表类的实现文件

实现文件 linkedlist.cpp 中的默认构造函数、一般构造函数、插入函数、删除函数、求表长函数、判空函数、保存函数、简单选择排序函数和冒泡排序函数的代码都没有发生变

化。第四轮迭代的 linkedlist.cpp 调整了析构、显示、取结点、查找、输入、修改、读取、删除元素函数的实现代码，主要调整了这些函数中涉及的输入、输出、读文件、查找和修改操作。保存函数也需要修改，本轮迭代没有给出代码，学生可以自己补充。

修改链表类的实现文件.mp4

首先，修改了显示函数、析构函数、取结点函数和查找函数的输出语句，修改方案如表 9-5 所示。

表 9-5　函数代码修改前后的对照表

函　数	修改前代码	修改后代码
显示函数	cout<<p->data<<" ";	p->data.outPut();
析构函数	cout<<p->data<<" ";	p->data.outPut();
取结点函数	cout<<"第"<<i<<"个元素是"<<e<<endl;	cout<<"第"<<i<<"个元素是"; e.outPut();
查找函数	cout<<e<<"没有找到"<<endl;	e.outPut(); cout<<"没有找到"<<endl;
	cout<<e<<"的位置是"<<k<<endl;	e.outPut(); cout<<"的位置是"<<k<<endl;

这里给出查找函数的完整实现代码，并注释掉修改前的代码。

```
/*查找函数的实现*/
int LinkedList::locateElem(ElemType e)
{
    if (listEmpty())
    {
        cout<<"表空，不能查找！"<<endl;
        return 0;
    }

    Node *p = NULL;       //结点指针
    int k = 1;            //结点的位置序号
    p = head->next;
    while (p && p->data != e)
    {
        p = p->next;
        k++;
    }
    if (!p)
    {
        //cout<<e<<"没有找到"<<endl;
        e.outPut();
        cout<<"没有找到"<<endl;
        return 0;
    }
    else
    {
        //cout<<e<<"的位置是"<<k<<endl;
        e.outPut();
```

```
        cout<<"的位置是"<<k<<endl;
        return k;
    }
}
```

其次，修改输入函数和删除链表元素函数中的输入语句；在读取函数中，增加函数参数“char *fileName”，将打开文件名作为函数参数，并调用了 Employee 类的读文件函数，代码的修改方案如表 9-6 所示。

表 9-6　函数代码修改前后的对照表

函　数	修改前代码	修改后代码
输入函数	cin>>element;	element.inPut();
删除链表元素函数	cin>>element;	element.inPut();
读取函数	fopen("list.txt","r")	fopen(fileName,"r")
	fscanf(fp,"%d\t",&b);	b.readFile(fp);

这里给出读取函数的完整实现代码，并注释掉修改前的代码。

```
/*读取函数的实现*/
bool LinkedList::readList(char *fileName)
{
    ElemType b;           //数据元素
    int n = 0;            //元素个数
    FILE *fp = NULL;      //文件指针

    //if ((fp = fopen("list.txt","r")) == NULL)
    if ((fp = fopen(fileName,"r")) == NULL)
    {
        cout<<"文件打开失败!"<<endl;
        return false;
    }
    while (!feof(fp))
    {
        //fscanf(fp,"%d\t",&b);
        b.readFile(fp);
        n++;
        insertList(n,b); //插入到表尾
    }
    fclose(fp);

    return true;
}
```

最后，调整修改函数 modifyElem()的输入和输出语句，进行了 3 处修改。这里给出整个代码，并注释掉修改前的代码。

```
/*修改函数*/
bool LinkedList::modifyElem()
{
    if (listEmpty())
    {
```

```
        cout<<"表空，不能修改！"<<endl;
        return false;
    }

    ElemType element;        //要修改的值
    cout<<"输入要修改的元素值：";
    //cin>>element;
    //element.inPut();
    element.search();

    Node *p = head->next;    //指向结点的指针
    while (p != NULL && p->data != element)
    {
        p = p->next;
    }
    if (p == NULL)
    {
        //cout<<element<<"没有找到！"<<endl;
        element.outPut();
        cout<<"没有找到！"<<endl;
        return false;
    }
    cout<<"请输入新的值：";
    //p->data.inPut();
    p->data.modify();
    return true;
}
```

5. 修改调用文件

修改调用文件.mp4

designapp.cpp 的 main()函数中修改了读取文件、插入调用和查找调用 3 处代码，修改方案如表 9-7 所示。

表 9-7　main()函数代码修改前后的对照表

作　用	修改前代码	修改后代码

读取文件	lc.readList();	char fName[20];//文件名
		memcpy(fName,"Employee.txt",20);
		lc.readList(fName);

插入调用	cin>>element;	element.inPut();
查找调用	cout<<"输入要查找的元素值："; cin>>element;	if (element.search()) 　　lc.locateElem(element);

这里给出完整的实现代码，并注释掉修改前的代码。

```
#include <iostream>
#include <string>
#include "linkedlist.h"
using namespace std;

int main()
```

```
{
    LinkedList lc;          //定义一个链表对象
    ElemType element;       //元素值
    int k = 0;              //表示位置
    int choice = 0;         //菜单选择

    //lc.readList();
    char fName[20];         //文件名
    memcpy(fName,"employee.txt",20);
    lc.readList(fName);

    while (1)
    {
        /*定义菜单*/
        cout<<"链表操作"<<endl;
        cout<<"1.输入"<<endl;
        cout<<"2.显示"<<endl;
        cout<<"3.插入"<<endl;
        cout<<"4.删除"<<endl;
        cout<<"5.查找"<<endl;
        cout<<"6.修改"<<endl;
        cout<<"7.排序"<<endl;
        cout<<"0.退出"<<endl;
        cout<<"请输入(0-7): ";
        cin>>choice;

        /*调用菜单*/
        switch (choice)
        {
        case 1:
            /*输入*/
            lc.inputList();
            lc.saveList();
            break;
        case 2:
            /*显示*/
            lc.displayList();
            break;
        case 3:
            /*插入*/
            cout<<"输入插入位置: ";
            cin>>k;
            cout<<"插入元素值: ";
            //cin>>element;
            element.inPut();
            lc.insertList(k,element);
            lc.saveList();
            break;
        case 4:
            /*删除*/
            lc.deleteElem();
            break;
```

```
    case 5:
        /*查找*/
        /*cout<<"输入要查找的元素值：";
        cin>>element;
        element.inPut();*/
        if (element.search())
            lc.locateElem(element);
        break;
    case 6:
        /*修改*/
        lc.modifyElem();
        lc.saveList();
        break;
    case 7:
        /*排序*/
        //lc.selectSort();
        lc.displayList();
        //system("pause");
        cout<<"冒泡排序"<<endl;
        lc.bubbleSort();
        lc.displayList();
        break;
    case 0:
        /*退出*/
        exit(0);
        break;
    } //switch
  }//while
  system("pause");

  return 0;
}
```

9.3 实践运用

9.3.1 基础练习

(1) 如何定义案例 9-1 的部门信息链表类？

(2) 如何定义案例 9-1 的工资信息链表类？

(3) 案例 9-1 采用头插法生成一个不带头结点的链表，应该如何修改一般构造函数？

(4) 案例 9-1 采用尾插法如何建立带头结点的链表，应该如何修改一般构造函数？

(5) 案例 9-1 的链表是带头结点的，如果链表是不带头结点的(即 head 直接指向数据结点)，如何修改程序？

(6) 案例 9-1 第四轮迭代中保存函数也需要修改，但是没有给出代码，能否修改代码？

(7) 案例 9-1 采用了 C 语言的文件读写，那么应该如何用 C++文件流进行文件读写操作？

(8) 案例 9-1 如何实现块读写文件(块读写含义见 4.1 节)？

(9) 案例 9-1 给出了读取职工信息文件的代码，但是没有给出保存文件的代码，应该如何实现保存文件？

(10) 案例 9-1 中如何进一步完善职工信息管理子系统的显示功能？

(11) 案例 9-1 中如何实现 C++标准输入/输出运算符的重载？

(12) 案例 9-1 中如何实现链表的直接插入排序功能？

(13) 案例 9-1 中实现了链表的直接选择排序和冒泡排序的升序排序，如何实现降序排序？

(14) 案例 9-1 中如何实现工资信息管理子系统？

(15) 案例 9-1 中如何实现部门信息管理子系统？

(16) 案例 9-1 中如何实现职工信息、工资信息和部门信息的联合查询或者统计？

(17) 案例 9-1 中如何采用链表类模板实现整个信息管理系统？

(18) 待排序列{18,2,20,34,12}采用带头结点链表的直接插入排序方法排序，请给出排序过程图。

(19) 案例 9-1 中简单选择排序函数的思路是将无序序列的最小值结点插入到有序链表末尾。没有将无序序列的最小值与当前位置的值进行交换，如果要交换，应该如何修改代码？

(20) 案例 9-1 中冒泡排序函数的思路是交换相邻两个元素的指针，如果要交换值，应该如何修改代码？

9.3.2　综合练习

这里提供几个设计性课题，供学生选择练习，可以调整要求，提升综合实践能力。

1. 简单的英文词典排版系统

1) 需求分析

运行结果以文本形式存储，因此要提供文件的输入/输出操作；检查重复单词，要提供查找操作；按 A～Z 的顺序排版，要提供排序操作；添加新单词并重新排版，要提供插入操作。另外，应能通过键盘式菜单实现功能选择。

2) 总体设计

整个系统被设计为单词录入模块、文件存储模块和单词浏览模块。其中，单词录入模块要具有输入单词、检查是否重复、排序的功能。文件存储模块用于把存放单词的数组中的数据写入文件。单词浏览模块完成英文词典的输出，即文件的输出操作。

3) 详细设计

数据结构采用链表。

(1) 单词录入模块：输入一个单词，存放在一个临时字符数组中，以空格或回车表示单词的结束(这也是默认操作)，然后换行输出刚刚输入的单词。采用插入排序算法的思想把该单词插入单词数组中，如果出现两个单词相同则不插入新单词。

(2) 文件存储模块：采用 fwrite()或 fprintf()把单词数组输入到文件中。

(3) 单词浏览模块：采用 fread()或 fscanf()把单词从文件中读出，然后输出。

2. 职工工资信息管理系统

(1) 信息描述。

职工基本信息：如工资卡号、身份证号、姓名、性别、年龄、工龄、部门、技术职称、技术职称编号、家庭电话号码、手机号码等。

工资基础信息：技术职称编号、技术职称、基本工资、职务工资、各种补助等。

费用扣除信息：工资卡号、水费、电费、清洁费(5 元/月)、闭路电视费(10 元/月)等。

工资单数据：工资卡号、姓名、应发工资、水费、电费、清洁费、闭路电视费、税金、实发工资、特别奖励。其中，税金的计算方法为：应发工资<800 元，税金=0；800<应发工资≤1400 元，税金=(应发工资-800)×5%；应发工资>1400 元，税金=(应发工资-1400)×10%。税金标准可调整。

(2) 功能描述：①职工基本信息录入；②对录入的职工基本信息进行修改；③职工信息的插入；④职工信息删除；⑤查询信息；⑥计算工资和税金。

3. 银行卡管理系统

银行卡信息采用结构体，设立银行卡信息结构体：

```
struct CreditCard
{
    char cardNo[20];      //卡号
    char name[20];        //持卡人姓名
    char ID[20];          //持卡人身份证号码
    char password[20];    //密码
    int  flag;            //标志该卡是否启用(0 表示未启用，1 表示启用)
    float account;        //账户金额
    int integral;         //积分
};
```

(1) 制卡指申请一个银行卡。即建立一个 CreditCard 对象，输入信息对其初始化。

(2) 账户信息存储到账户信息文件中，当制作新卡时，就把该新卡追加到账户信息文件。对账户信息的管理需要实现账户信息查询，用基本的查找算法按卡号对账户信息文件进行查找，并打印输出。

(3) 实现卡交易和合法性检查。用户首先依靠卡号和密码登录(通过查找账户信息文件，来查看卡号和密码是否正确匹配)，输入交易金额，如果 account≥输入金额，则输出“交易成功!”，并更改 account=account-输入金额。否则输出“对不起，您的余额不足！”。

(4) 实现卡金融交易积分功能。把积分初始化为 0，只需在卡交易的时候，把交易金额取整加到积分上。

(5) 实现卡报表功能。读账户信息文件，分屏输出所有账户的账号和交易金额。

4. 实验设备管理系统

实验设备信息包括：设备编号、设备种类(例如，电脑、打印机、扫描仪等)、设备名称、设备价格、设备购入日期、是否报废、报废日期等。主要功能：①能够完成对设备的录入和修改；②对设备进行分类统计；③设备的破损耗费和遗损处理；④设备的查询。要求：采用二进制文件方式存储数据，系统以菜单方式工作。

1) 需求分析

实验室设备信息用文件存储，因此要提供文件的输入/输出操作；要能够完成设备的录入和修改，需要提供设备添加和修改操作；实现对设备进行分类统计，需要提供排序操作；实现对设备的查询，需要提供查找操作；另外，还要提供键盘式选择菜单以实现功能选择。

2) 总体设计

整个系统被设计为实验设备信息输入模块、实验设备信息添加模块、实验设备信息修改模块、实验设备分类统计模块和实验设备查询模块。

3) 详细设计

数据结构采用结构体，设计实验设备信息结构体：

```
struct EquipmentInfo
{
    char equipCode[10];       //设备编号
    char equipType[20];       //设备种类
    char equipName[20];       //设备名称
    float equipPrice;         //设备价格
    char buyDate[20];         //设备购入日期
    int  scrap;               //是否报废，0 表示没有报废，1 表示报废
    char scrapDate[20];       //报废日期
};
```

(1) 实验设备信息输入模块：采用 fwrite()或 fprintf()把实验设备基本信息写入实验设备信息文件。

(2) 实验设备信息添加模块：添加设备时，采用 fwrite()或 fprintf()把添加的设备基本信息采用追加的方式写入设备信息文件。

(3) 实验设备信息修改模块：判断信息是否是要修改的设备的信息，如果是，则修改，重新写入文件。

(4) 实验设备分类统计模块：根据给定的分类标准(设备种类、设备名称、设备购入日期)对文件的记录进行排序，排序算法可以选择冒泡、插入、选择等方法。然后采用查找算法查找同类设备，采用基本的数学运算统计同类设备的相关信息，例如，数量、价格等。

(5) 实验设备查询模块：通过菜单选择查询方式，提供按设备编号、设备种类、设备名称、设备购入日期和设备状态这些查询方式查询。采用基本查找算法即可。

5. 超市销售业绩信息管理系统

商品信息包括商品编号、商品名称、商品类别、商品进价、商品售价、产地、生产厂家等，如表 9-8 所示。

表 9-8　商品基本信息

中文字段名	类型及长度	举　例
商品编号	char[8]	1000101 代表铅笔，1000201 代表圆珠笔等
商品名称	char[20]	矿泉水
商品类别	char	‘1’表示文具类，‘2’表示食品类等
进货数量	int	

续表

中文字段名	类型及长度	举　例
商品进价	float	
销售数量	int	
商品售价	float	
库存数量	int	
库存金额	float	
产地	char[10]	
生产厂家	char[20]	

员工销售业绩基本信息如表 9-9 所示。金额单位为万元。

表 9-9　员工销售业绩基本信息

中文字段名	类型及长度	举　例
商品编号	char[8]	1000101 代表铅笔，1000201 代表圆珠笔等
员工编号	char[4]	0001 代表中北仓储珞喻店食品柜台
员工姓名	char[20]	
当月销售数量	int	
当月销售金额	float	
累计销售数量	int	
累计销售金额	float	

(1) 输入商品和员工信息，并存储到文件中。

(2) 修改商品和员工信息。

(3) 删除商品和员工信息。

(4) 浏览商品信息：输入商品名即能显示相关信息。

(5) 统计并显示各员工的销售量。

附　　录

附录 A 和附录 B 的具体内容请扫描下方二维码。

附录 A 附录 B.docx

参 考 文 献

[1] 刘玉英，刘臻，肖启莉. C 语言程序设计——案例驱动教程[M]. 北京：清华大学出版社，2011.

[2] 刘玉英，肖启莉，邹运兰. C 程序设计实验实践教程[M]. 北京：清华大学出版社，2013.

[3] 王一萍，梁伟，金梅. C 程序设计与项目实践[M]. 北京：清华大学出版社，2011.

[4] 谭浩强. C 语言程序设计[M]. 3 版. 北京：清华大学出版社，2005.

[5] 杨路名. C 语言程序设计教程[M]. 3 版. 北京：北京邮电大学出版社，2015.

[6] 杨永斌，丁明勇，何希平，等. 程序设计基础(C 语言)实验与习题指导[M]. 北京：科学出版社，2014.

[7] 于延. C 语言程序设计与实践[M]. 北京：清华大学出版社，2018.

[8] 林锐，韩永泉. 高质量程序设计指南：C++/C 语言[M]. 3 版. 北京：电子工业出版社，2012.

[9] 李春葆. 数据结构教程[M]. 5 版. 北京：清华大学出版社，2021.

[10] 许家珆. 软件工程——方法与实践[M]. 北京：电子工业出版社，2009.

[11] 韩万江，姜立新. 软件工程案例教程：软件项目开发实践[M]. 2 版. 北京：机械工业出版社，2009.

[12] 梁新元，丁明勇，杨永斌，等. 面向新工科的 C 程序设计与项目实践(适用于对分课堂教学法)[M]. 成都：西南财经大学出版社，2020.

[13] 梁新元. C 语言程序设计教学过程管理的改革与实践[J]. 现代计算机，2018(6)：62-67.

[14] 梁新元. 提升 C 语言编程实践能力的对分课堂教学改革探索[J]. 软件导刊，2020，19(2)：217-221.

[15] 梁新元. 新工科背景下程序设计类课程的核心能力[J]. 电脑知识与技术，2018，14(17)：146-149.

[16] 梁新元. 新工科背景下程序设计类课程的核心能力评价标准研究[A]. 朱超平，杨永斌，严胡勇. 重庆工商大学计算机特色专业建设和实践：智能类专业人才培养[C]. 成都：西南财经大学出版社，2019：38-47.

[17] 张学新. 对分课堂：中国教育的新智慧[M]. 北京：科学出版社，2016.